高等院校应用型本科“十三五”规划教材·数学类

概率论与数理统计

主　编　孟晓华　吴小霞　黄　敏

编　委　朱家砚　李丽容　李　甜

肖　艳　陈　芬　蒋　磊

强静仁　程淑芳　孙新蕾

中国·武汉

图书在版编目(CIP)数据

概率论与数理统计/孟晓华，吴小霞，黄敏主编. —武汉：华中科技大学出版社，2019.1（2024.12重印）

ISBN 978-7-5680-4227-7

Ⅰ.①概… Ⅱ.①孟… ②吴… ③黄… Ⅲ.①概率论-高等学校-教材 ②数理统计-高等学校-教材 Ⅳ.①O21 ②TP312

中国版本图书馆CIP数据核字(2019)第005803号

概率论与数理统计 孟晓华 吴小霞 黄敏 主编

Gailülun yu Shuli Tongji

策划编辑：曾 光

责任编辑：史永霞

封面设计：孢 子

责任监印：朱 玢

出版发行：华中科技大学出版社（中国·武汉） 电话：(027)81321913

武汉市东湖新技术开发区华工科技园 邮编：430223

录 排：华中科技大学惠友文印中心

印 刷：武汉市洪林印务有限公司

开 本：710mm×1000mm 1/16

印 张：18

字 数：361千字

版 次：2024年12月第1版第5次印刷

定 价：44.00元

序

课本乃一课之“本”.虽然高校的教材一般不会被称为“课本”,其分量也没有中小学课本那么重,但教材建设实为高校的基本建设之一,这大概是多数人都接受或认可的.

无论是教还是学,教材都是不可或缺的.一本好的教材,既是学生的良师益友,亦是教师之善事利器.应该说,这些年来,我国的高校教材建设工作取得了很大的成绩.其中,举全国之力而编写的“统编教材”和“规划教材”,为千百万人的成才作出了突出的贡献.这些“统编教材”和“规划教材”无疑具有权威性;但客观地说,随着我国社会改革的深入发展,随着高校的扩招和办学层次的增多,以往编写的各种“统编教材”和“规划教材”,就日益显露出其弊端和不尽如人意之处.其中最为突出的表现在于两个方面.一是内容过于庞杂.无论是“统编教材”还是“规划教材”,由于过分强调系统性与全面性,以至于每本教材都是章节越编越长,内容越写越多,不少教材在成书时接近百万字,甚至超过百万字,其结果既不利于学,也不便于教,还增加了学生的经济负担.二是重理论轻技能.几乎所有的“统编教材”和“规划教材”都有一个通病,即理论知识的分量相当重甚至太重,技能训练较少涉及.这样的教材,不要说“二本”、“三本”的学生不宜使用,就是一些“一本”的学生也未必适合.

现代高等教育背景下的本专科合格毕业生应该同时具备知识素质和技能素质.改革开放以后,人们都很重视素质教育;毫无疑问,素质教育中少不了知识素质的培养,但是仅注重学生知识素质的培养而轻视实际技能的获得肯定是不对的.我们都知道,在任何国家和任何社会,高端的研究型人才毕竟是少数,应用型、操作型的人才正是社会所需的人才.因此,对于“二本”尤其是“三本”及高职高专的学生来说,在大学阶段的学习中,其知识素质与技能素质的培养具有同等的重要性.从一定意义上说,为了使其动手能力和实践能力明显强于少数日后从事高端研究的人才,这类学生技能素质的培养甚至比知识素质的培养还要重要.

学生技能素质的培养涉及方方面面,教材的选择与使用便是其中重要的一环.正是基于上述考虑,在贯彻落实科学发展观的活动中,我们结合“二本”尤其是“三本”及高职高专学生培养的实际,组织编写了这一套系列教材.这一套教材与以往的“统编教材”和“规划教材”有很大的不同.不同在哪里?其一,体例与内容有所不同.每本教材一般不超过40万字.这样,既利于学,亦便于教.其二,理论与技能并重.在确保基本理论与基本知识不能少的前提下,注重专业技能的训练,增加专业技能训练的内容,让“二本”、“三本”及高职高专的学生通过本专科阶段的学习,在动手能力上明显强于研究生和“一本”的学生.当然,我们的这些努力无疑也是一种摸索.既然是一种摸索,其中的不足和疏漏甚至谬误就在所难免.

中南财经政法大学武汉学院在本套教材的组织编写活动中，为了确保质量，成立了以主管教学的副院长徐仁璋教授为主任的教材建设委员会，并动员校内外上百名专家学者参加教材的编写工作. 在这些学者中，既有曾经担任国家"规划教材"、"统编教材"的主编或撰写人的老专家，也有教学经验丰富、参与过多部教材编写的年富力强的中年学者，还有很多博士、博士后及硕士等青年才俊. 他们之中不少人都已硕果累累，因而仅就个人的名利而言，编写这样的教材对他们并无多大意义. 但为了教育事业，他们都能不计个人得失，甘愿牺牲大量的宝贵时间来编写这套教材，精神实为可嘉. 在教材的编写和出版过程中，我们还得到了众多前辈、同仁及方方面面的关心、支持和帮助. 在此，对为本套教材的面世而付出辛勤劳动的所有单位和个人表示衷心的感谢.

最后，恳请学界同仁和读者对本套教材提出宝贵的批评和建议.

中南财经政法大学武汉学院院长

2011. 7. 16

前　言

21世纪以来，随着我国经济建设与科学技术的迅速发展，高等教育已由“精英式”教育模式转向“大众化”教育模式，教学观念不断更新，教学改革不断深入，办学规模不断扩大.作为高等院校经管类专业三大基础数学课程之一的“概率论与数理统计”，其开设专业的覆盖面也不断扩大，为适应这一发展需要，我们编写了本教材.

本教材根据高等院校经管类本科专业概率论与数理统计课程的教学大纲及考研大纲要求编写而成，沿袭传统理论体系，注重基本概念和概率思想，强调实际应用，力求做到难易适当，易教好学，其主要特点如下.

· 理论与实际应用有机结合.大量的实际应用贯穿于理论之中，体现了概率论与数理统计在各个领域中的广泛应用.

· 紧密结合统计软件R.最后一章介绍了专业统计软件——R在各种概率与数理统计问题中的应用，加强了对学生分析问题和解决问题能力的培养.

· 习题安排合理.每一节后面给出简单易算的习题，各章后面给出综合性的总习题，使学生的学习由浅入深，循序渐进.

· 数学名言和数学名家.每章前附有一句数学名言，每章后介绍一位数学名家，以增强读者的学习兴趣.

· 考研真题.附录A收集了2007—2018年硕士研究生入学考试(数学三)试题(概率论与数理统计部分)，并给出了参考答案，供学生进行练习.

本教材是对武汉学院吴小霞主编的《概率论与数理统计》的修订.在保持第一版的风格与体系的基础上，根据近几年教材在使用过程中存在的一些问题，一方面对各章知识点做了进一步的梳理和调整，力求叙述更加准确清晰，难易适中；另一方面对各章例题和练习题做了全面的修正和补充，使其更适合课堂教学和练习使用.

本教材可以作为普通高等学校非数学专业“概率论与数理统计”课程的教材或教学参考书，也可供各类需要提高数学素质和能力的人员学习使用.

本教材共10章，参加本次修订的有武汉学院孟晓华(第1章、第8章、第10章、附录A并统稿)、吴小霞(第5章、第9章、附录C)、黄敏(第2章、第7章)、肖艳(第3章)、李丽容(第4章)、蒋磊(第6章).在编写过程中，我们得到了许多同行的支持和帮助，在此表示感谢.

教材中难免存在错漏或不妥之处，希望广大读者批评指正.

编　者

2018年10月

目　　录

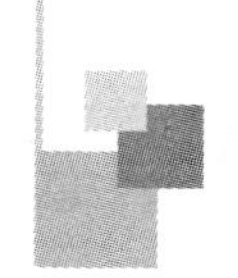

第1章　随机事件及其概率

在数学的领域中，提出问题的艺术比解答问题的艺术更为重要.

——康托尔

在一定条件下，必然发生的自然现象和社会现象称为**确定性现象**. 例如：早晨太阳必然从东方升起；一枚硬币向上抛后必然下落；同性电荷相互排斥，异性电荷相互吸引. 在一定条件下，可能出现也可能不出现的自然现象和社会现象称为**随机现象**. 例如：抛掷一枚硬币可能出现正面，也可能出现反面；下周三某公司的股票可能会上涨，也可能会下跌；某人射击一次，可能会命中0环，1环，…，10环.

虽然随机现象具有不确定性，但在进行大量重复试验或观察时，出现的结果会呈现出某种规律性. 例如，在相同条件下，多次抛掷一枚均匀硬币，得到正面朝上的次数与抛掷的总次数的比值随着次数的增多会越来越接近0.5；又如，同一门炮向同一目标发射多发同种炮弹，弹着点不一样，但是弹着点是按一定规律分布的. 随机现象在大量重复试验中呈现出来的固有规律性称为**统计规律性**.

概率论正是为研究随机现象中的数量关系而形成的一个数学分支，它在自然科学和社会科学中所体现的作用使其成为当今世界发展最为迅速的学科之一.

1.1　随机事件

1.1.1　随机试验

要对随机现象的统计规律性进行研究，就需要对随机现象进行重复观察. 这种对随机现象的观察称为**随机试验**，简称**试验**，用字母 E 表示. 下面是一些试验的例子.

E_1：抛掷一枚硬币，观察出现正面 H、反面 T 的情况.

E_2：抛掷一颗骰子，观察出现的点数.

E_3：在一大批灯泡中任取一只，测试其寿命.

E_4:记录一天内进入某大型超市的顾客人数.

上述试验具有以下共同特征.

(1)**可重复性**:试验可以在相同条件下重复进行.

(2)**可观察性**:每次试验的可能结果不止一个,并且能事先明确试验的所有可能结果.

(3)**不确定性**:每次试验出现的结果事先不能准确预知,但肯定会出现所有可能结果中的一个.

1.1.2 样本空间与随机事件

对于一个随机试验 E,通常用 Ω 来表示它的所有不同的可能结果构成的集合,称 Ω 为 E 的**样本空间**.样本空间里的元素,即 E 的每个可能结果,称为**样本点**,记为 ω 或 ω_i.

1.1.1 节中提到的试验 E_1,E_2,E_3,E_4 所对应的样本空间 $\Omega_1,\Omega_2,\Omega_3,\Omega_4$ 分别是:

$\Omega_1=\{H,T\}$;

$\Omega_2=\{1,2,3,4,5,6\}$;

$\Omega_3=\{t|0\leqslant t<+\infty\}$;

$\Omega_4=\{0,1,2,3,\cdots\}$.

进行随机试验时,人们往往关心满足某种条件的样本点所组成的集合.例如,若规定某种灯泡的寿命超过 10 000 h 为合格品,则在试验 E_3 中人们关心灯泡寿命是否大于 10 000 h.满足这一条件的样本点组成 Ω_3 的一个子集 $A=\{t|t>10\ 000\}$.称 A 为试验 E_3 的一个随机事件.

一般地,称试验 E 的样本空间 Ω 的子集为 E 的**随机事件**,简称**事件**,通常用大写英文字母 $A,B,\cdots$ 来表示.设 A 是一个事件,当且仅当试验中出现的样本点 $\omega\in A$ 时,称**事件 A 在该次试验中发生**.

特别地,由一个样本点组成的单点集,称为**基本事件**.例如:试验 E_1 有 2 个基本事件$\{H\}$和$\{T\}$;试验 E_2 有 6 个基本事件$\{1\},\{2\},\cdots,\{6\}$.

样本空间 Ω 有两个特殊的子集:一个子集是 Ω 本身,由于它包含了试验的所有可能的结果,所以在每次试验中它总是发生,Ω 称为**必然事件**;另一个子集是空集$\varnothing$,它不包含任何样本点,因此在每次试验中都不发生,$\varnothing$称为**不可能事件**.

1.1.3 事件间的关系与事件的运算

事件是一个集合,因而事件间的关系和事件的运算可以按照集合之间的关系和集合运算来规定.

设试验 E 的样本空间为 Ω，而 $A,B,A_k(k=1,2,\cdots)$ 都是随机事件.

(1)若事件 A 发生必然导致事件 B 发生，则称 B 包含 A，或称 A 是 B 的**子事件**，记为 $A\subset B$(或 $B\supset A$).

(2)若 $A\subset B$ 且 $B\subset A$，则称事件 A 与事件 B **相等**，记为 $A=B$.

(3)"事件 A 与事件 B 至少有一个发生"称为事件 A 与事件 B 的**和(并)事件**，记为 $A\cup B$ 或 $A+B$，即 $A\cup B=\{\omega|\omega\in A$ 或 $\omega\in B\}$.

类似地，$\bigcup\limits_{k=1}^{n}A_k$ 表示"n 个事件 $A_1,A_2,\cdots,A_n$ 至少有一个发生"，$\bigcup\limits_{k=1}^{\infty}A_k$ 表示"可列个事件 $A_1,A_2,\cdots,A_n,\cdots$ 至少有一个发生".

(4)"事件 A 与事件 B 同时发生"称为事件 A 与事件 B 的**积(交)事件**，记为 $A\cap B$ 或 AB，即 $A\cap B=\{\omega|\omega\in A$ 且 $\omega\in B\}$.

类似地，$\bigcap\limits_{k=1}^{n}A_k$ 表示"n 个事件 $A_1,A_2,\cdots,A_n$ 同时发生"，$\bigcap\limits_{k=1}^{\infty}A_k$ 表示"可列个事件 $A_1,A_2,\cdots,A_n,\cdots$ 同时发生".

(5)若事件 A 与事件 B 不能同时发生，即 $A\cap B=\varnothing$，则称事件 A 与事件 B **互不相容(或互斥)**.

n 个事件 $A_1,A_2,\cdots,A_n$ 互不相容$\Leftrightarrow$事件 $A_1,A_2,\cdots,A_n$ 两两互不相容.

可列个事件 $A_1,A_2,\cdots,A_k,\cdots$ 互不相容$\Leftrightarrow$事件 $A_1,A_2,\cdots,A_k,\cdots$ 两两互不相容.

(6)"事件 A 发生而事件 B 不发生"称为事件 A 与事件 B 的**差事件**，记为 $A-B$，即 $A-B=\{\omega|\omega\in A$ 且 $\omega\notin B\}$.

(7)"事件 A 不发生"称为事件 A 的**对立事件(或逆事件)**，记为 $\overline{A}$.

对任一事件 A，有 $A\cap\overline{A}=\varnothing$，$A\cup\overline{A}=\Omega$. 因此，在每次试验中，事件 A 与 $\overline{A}$ 中必有且仅有一个发生，又 A 也是 $\overline{A}$ 的对立事件，所以 A 与 $\overline{A}$ 互逆.

思考：互不相容事件与对立事件之间有什么异同点？

例1 在试验 E_2 中，令 A 表示"点数为奇数点"，B 表示"点数大于 2"，A_k 表示"点数为 k"($k=1,2,3,4,5,6$)，则 $A=\{1,3,5\}$，$B=\{3,4,5,6\}$，$A\cup B=\{1,3,4,5,6\}$，$A\cap B=\{3,5\}$，$\bigcup\limits_{k=1}^{6}A_k=\{1,2,3,4,5,6\}$，$B-A=\{4,6\}$，$\overline{A}=\{2,4,6\}$.

事件间的关系和运算可用维恩图形象表示，如图 1-1 所示.

事件的运算满足下列运算律. 设 A,B,C 为事件，则：

(1)**交换律** $A\cup B=B\cup A$，$A\cap B=B\cap A$；

(2)**结合律** $A\cup(B\cup C)=(A\cup B)\cup C$，$A\cap(B\cap C)=(A\cap B)\cap C$；

(3)**分配律** $A\cap(B\cup C)=(A\cap B)\cup(A\cap C)$，$A\cup(B\cap C)=(A\cup B)\cap(A\cup C)$；

(4)**对偶律** $\overline{A\cup B}=\overline{A}\cap\overline{B}$，$\overline{A\cap B}=\overline{A}\cup\overline{B}$.

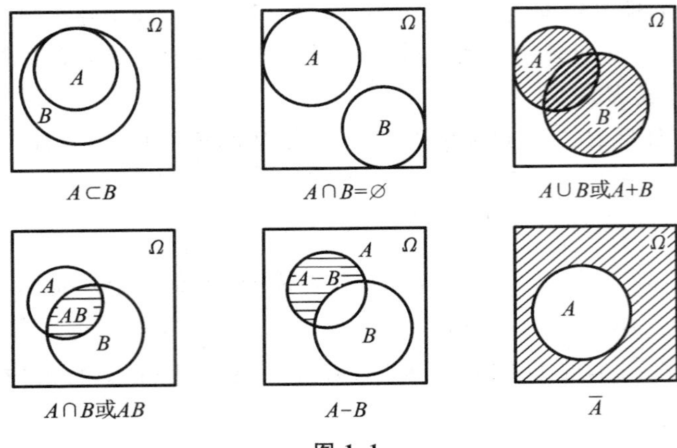

图 1-1

例 2 一批产品有合格品也有废品，从中有放回地抽取三件产品，以 $A_i(i=1,2,3)$ 表示“第 i 次抽到废品”，则可用 $A_i(i=1,2,3)$ 的运算来分别表示下列各事件.

(1)第一次和第二次抽取至少抽到一件废品：$A_1\cup A_2$.

(2)只有第一次抽到废品：$A_1\cap\overline{A_2}\cap\overline{A_3}$.

(3)三次都抽到废品：$A_1\cap A_2\cap A_3$.

(4)至少有一次抽到废品：$A_1\cup A_2\cup A_3$.

(5)只有两次抽到废品：$\overline{A_1}A_2A_3\cup A_1\overline{A_2}A_3\cup A_1A_2\overline{A_3}$.

例 3 某城市的供水系统由甲、乙两个水源与 1,2,3 三部分管道组成(见图 1-2)，每个水源都足以供应城市的用水，设事件 $A_i(i=1,2,3)$ 表示“第 i 部分管道正常工作”. 试用 $A_i(i=1,2,3)$ 表示下列事件：

(1)城市能正常供水；

(2)城市断水.

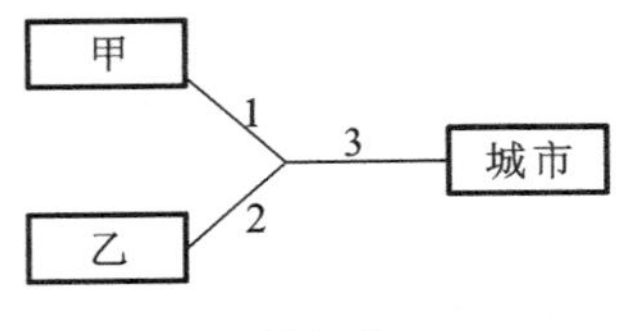

图 1-2

解 (1)“城市能正常供水”这一事件可表示为

$$(A_1\cup A_2)\cap A_3=A_1A_3\cup A_2A_3;$$

(2)“城市断水”这一事件可表示为

$$\overline{(A_1\cup A_2)\cap A_3}=\overline{(A_1\cup A_2)}\cup\overline{A_3}=(\overline{A_1}\cap\overline{A_2})\cup\overline{A_3}.$$

习题 1.1

1. 写出下列随机事件的样本空间：

 (1)一口袋中装有编号分别为 $1,2,\cdots,n$ 的 n 个球，从中任取一个球，记录其编号；

 (2)对 20 粒种子进行发芽试验，记录发芽种子的粒数；

 (3)投掷一枚硬币直到出现 10 次正面为止，记录投掷的总次数；

 (4)将长为 1 的棒任意折成 3 段，观察各段的长度.

2. 设某工厂连续生产了 4 个零件，$A_i(i=1,2,3,4)$表示"该工厂生产的第 i 个零件是合格品"，试用 $A_i(i=1,2,3,4)$表示下列各事件：

 (1)没有一个是次品；

 (2)至少有一个是次品；

 (3)至少有三个不是次品；

 (4)只有一个是次品.

3. 一名射手连续向某个目标射击三次，事件 $A_i(i=1,2,3)$表示"该射手第 i 次射击时击中目标"，试用文字叙述下列事件：

 $A_1\cup A_2\cup A_3$， $A_1A_2A_3$， A_2-A_1， $\overline{A_2A_3}$， $A_1A_2\cup A_1A_3\cup A_2A_3$.

4. 设 A,B 为两个事件，若 $AB=\overline{A}\cap\overline{B}$，问 A 和 B 有什么关系？

5. 化简$\overline{(\overline{AB}\cup C)(\overline{AC})}$.

6. 证明：$(A\cup B)-B=A-AB=A\overline{B}=A-B$.

1.2 随机事件的概率

对于一个事件 A，在一次随机试验中可能发生，也可能不发生. 人们希望找到一个合适的数来表示事件 A 在一次试验中发生的可能性的大小. 为此，先引入频率的概念，频率描述了事件发生的频繁程度，进而引出表示事件在一次试验中发生的可能性大小的数——概率.

1.2.1 频率与概率

定义 1.2.1 设随机事件 A 在 n 次重复试验中发生了 n_A 次，则称比值$\frac{n_A}{n}$为事件 A 发生的**频率**，记为 $f_n(A)$，即 $f_n(A)=\frac{n_A}{n}$.

易见，频率具有下述基本性质：

(1)**非负性** 对于任一随机事件 A，有 $f_n(A)\geqslant 0$；

(2)**规范性** 对于必然事件Ω,有$f_n(\Omega)=1$;

(3)**有限可加性** 对于两两互不相容的事件$A_1,A_2,\cdots,A_k$,有$f_n(\bigcup_{i=1}^{k}A_i)=\sum_{i=1}^{k}f_n(A_i)$.

由于事件A发生的频率是它发生的次数与试验次数的比值,其大小表示事件A发生的频繁程度.频率越大,则事件A发生得越频繁,这意味着事件A在一次试验中发生的可能性就越大.反之亦然.那么,能否用频率来近似表示事件A在一次试验中发生的可能性的大小呢?先看下面的例子.

例 1 抛掷硬币试验.

法国数学家蒲丰等曾先后进行过大量抛掷一枚硬币的试验,试验结果如表1-1所示.

表 1-1

试 验 者	抛掷次数(n)	出现正面次数(n_A)	频率($f_n(A)$)
德·摩尔根	2 048	1 061	0.518 1
蒲丰	4 040	2 048	0.506 9
皮尔逊	12 000	6 019	0.501 6
皮尔逊	24 000	12 012	0.500 5
维尼	30 000	14 994	0.499 8

表1-1中事件A表示"出现正面".其数据表明,当试验次数n逐渐增大时,频率$f_n(A)$总是在0.5附近摆动,而逐渐稳定于0.5.

例 2 英文字母使用试验.

Dewey G.统计了约438 023个英语单词中各字母出现的频率,发现各字母出现的频率不同:

A:0.078 8　B:0.015 6　C:0.026 8　D:0.038 9　E:0.126 8
F:0.025 6　G:0.018 7　H:0.057 3　I:0.070 7　J:0.001 0
K:0.006 0　L:0.039 4　M:0.024 4　N:0.070 6　O:0.077 6
P:0.018 6　Q:0.000 9　R:0.059 4　S:0.063 4　T:0.098 7
U:0.028 0　V:0.010 2　W:0.021 4　X:0.001 6　Y:0.020 2
Z:0.000 6

数据表明:字母E出现的频率最高,而字母Z出现的频率最低.可以认为,在英语单词中字母E出现的可能性最大,而字母Z出现的可能性最小。

大量的随机试验证实,当试验次数n逐渐增大时,频率$f_n(A)$会逐渐稳定于某个常数p,即呈现出所谓的"稳定性".下面给出概率的统计定义.

定义 1.2.2 在大量重复试验中，随机事件 A 发生的频率具有稳定性，即当试验次数 n 充分大时，频率 $f_n(A)$ 在某个固定的值 $p(0\leqslant p\leqslant 1)$ 附近摆动，则称 p 为事件 A 发生的**概率**，记为 $P(A)=p$.

定义 1.2.2 客观地描述了事件在一次试验中发生的可能性大小，并且在许多实际问题中具有重要意义. 人们常用试验次数足够大时的频率来估计概率，且随着试验次数的增加，估计的精度会越来越高.

在实际中，人们不可能对每一个事件都做大量的试验来计算概率. 为了理论研究的需要，苏联数学家柯尔莫哥洛夫在 1933 年提出了概率的公理化定义，并以此为基础构造了概率公理化的完整结构.

1.2.2 概率的公理化定义

定义 1.2.3 设随机试验 E 的样本空间为 Ω，对于 E 的每一个事件 A，将其对应于一个实数，记为 $P(A)$，如果集合函数 $P(\cdot)$ 满足下列条件：

(1)**非负性** 对于任一随机事件 A，有 $P(A)\geqslant 0$；

(2)**规范性** 对于必然事件 Ω，有 $P(\Omega)=1$；

(3)**可列可加性** 对于两两互不相容的事件 $A_1,A_2,\cdots$，有

$$P\left(\bigcup_{i=1}^{\infty} A_i\right)=\sum_{i=1}^{\infty} P(A_i),$$

则称 $P(A)$ 为事件 A 的概率.

1.2.3 概率的性质

由概率的公理化定义可推出概率的一些重要性质.

性质 1 $P(\varnothing)=0, P(\Omega)=1$.

值得注意的是，不可能事件的概率一定为 0，但反之不一定成立.

性质 2(有限可加性) 设 n 个事件 $A_1,A_2,\cdots,A_n$ 两两互不相容，则有

$$P(A_1\cup A_2\cup\cdots\cup A_n)=\sum_{i=1}^{n} P(A_i).$$

性质 3 对于任意两个事件 A,B，有 $P(B-A)=P(B)-P(AB)$.

推论 若事件 A,B 满足 $A\subset B$，有 $P(B-A)=P(B)-P(A)$，$P(A)\leqslant P(B)$.

性质 4(对立事件概率) 对于任意事件 A，有 $P(\overline{A})=1-P(A)$.

性质 5 对于任意事件 A，有 $P(A)\leqslant 1$.

性质 6(加法公式) 对于任意两个事件 A,B，有

$$P(A\cup B)=P(A)+P(B)-P(AB).$$

证明 因为 $A\cup B=A\cup(B-AB)$，且 $A\cap(B-AB)=\varnothing$，$AB\subset B$，故由性质 2 与性质 3，得

$$P(A\cup B)=P(A)+P(B-AB)=P(A)+P(B)-P(AB).$$

同理，设 A_1,A_2,A_3 是三个事件，那么

$$P(A_1\cup A_2\cup A_3)=P(A_1)+P(A_2)+P(A_3)-P(A_1A_2)-P(A_1A_3)-P(A_2A_3)+P(A_1A_2A_3).$$

一般地，对于任意 n 个事件 $A_1,A_2,\cdots,A_n$，有

$$P(A_1\cup A_2\cup\cdots\cup A_n)=\sum_{i=1}^{n}P(A_i)-\sum_{1\leqslant i<j\leqslant n}P(A_iA_j)+\sum_{1\leqslant i<j<k\leqslant n}P(A_iA_jA_k)+\cdots+(-1)^{n-1}P(A_1A_2\cdots A_n).$$

例 3 据天气预报知，第一天下雨的概率为 0.6，第二天下雨的概率为 0.3，两天都下雨的概率为 0.1，试求下列事件的概率：

(1)第一天下雨但第二天不下雨；

(2)第一天不下雨但第二天下雨；

(3)两天中至少有一天下雨；

(4)两天中至少有一天不下雨；

(5)两天都不下雨.

解 设 $A_i(i=1,2)$ 表示"第 i 天下雨"，已知 $P(A_1)=0.6$，$P(A_2)=0.3$，$P(A_1A_2)=0.1$. 则：

(1)$P(A_1\overline{A_2})=P(A_1)-P(A_1A_2)=0.6-0.1=0.5$；

(2)$P(\overline{A_1}A_2)=P(A_2)-P(A_1A_2)=0.3-0.1=0.2$；

(3)$P(A_1\cup A_2)=P(A_1)+P(A_2)-P(A_1A_2)=0.6+0.3-0.1=0.8$；

(4)$P(\overline{A_1}\cup\overline{A_2})=1-P(A_1A_2)=0.9$；

(5)$P(\overline{A_1}\,\overline{A_2})=1-P(A_1\cup A_2)=0.2$.

习题 1.2

1. 已知 $A\subset B$，$P(A)=0.4$，$P(B)=0.6$，求：
   (1)$P(\overline{A})$，$P(\overline{B})$； (2)$P(AB)$； (3)$P(\overline{A}B)$； (4)$P(\overline{A}\overline{B})$.
2. 已知 $P(B)=0.3$，$P(A\cup B)=0.6$，求 $P(A\overline{B})$.
3. 设 $P(A)=P(B)=\frac{1}{2}$，证明：$P(AB)=P(\overline{A}\overline{B})$.
4. 设事件 A,B,C 两两互不相容，$P(A)=0.2$，$P(B)=0.3$，$P(C)=0.4$，求$P[(A\cup B)-C]$.
5. 设 $P(A)=\frac{1}{3}$，$P(B)=\frac{1}{4}$，$P(A\cup B)=\frac{1}{2}$，求 $P(\overline{A}\cup\overline{B})$.
6. 已知 $P(A)=P(B)=\frac{1}{4}$，$P(C)=\frac{1}{2}$，$P(AB)=\frac{1}{8}$，$P(BC)=P(CA)=0$. 求 A,B，

C 中至少有一个发生的概率.

1.3 古典概型与几何概型

1.2 节介绍了概率的统计定义、公理化定义及概率的性质. 在实际中,直接计算某一事件的概率往往十分困难,但是在某些情形下,可以直接计算事件的概率.

1.3.1 古典概型

古典概型也称为等可能概型,在概率论发展初期,是一种最简单、最直观的概率模型.

定义 1.3.1 若随机试验 E 具有如下两个特征:

(1)**有限性** 试验的样本空间只包含有限个元素,即 $\Omega=\{\omega_1,\omega_2,\cdots,\omega_n\}$;

(2)**等可能性** 试验中每个基本事件发生的可能性相同,即

$$P\{\omega_1\}=P\{\omega_2\}=\cdots=P\{\omega_n\},$$

称随机试验 E 为**古典概型**.

设试验 E 是古典概型,显然 $\Omega=\{\omega_1\}\cup\{\omega_2\}\cup\cdots\cup\{\omega_n\}$,由于基本事件两两互不相容,则有

$$1=P(\Omega)=P\left(\bigcup_{i=1}^{n}\{\omega_i\}\right)=\sum_{i=1}^{n}P\{\omega_i\}=nP\{\omega_i\},$$

从而

$$P\{\omega_i\}=\frac{1}{n}\quad(i=1,2,\cdots,n).$$

定义 1.3.2 在古典概型中,如果某一事件 A 包含 k 个基本事件,则事件 A 发生的概率为

$$P(A)=\frac{k}{n}=\frac{\text{事件 } A \text{ 包含的基本事件数}}{\Omega \text{ 中基本事件总数}},\tag{1.3.1}$$

并称式(1.3.1)中的 $P(A)$ 为**古典概率**.

例 1 某个有三个子女的家庭,设每个孩子是男是女的概率相等,求至少有一个男孩的概率.

解 设 A 表示"至少有一个男孩",以 H 表示"孩子是男孩",以 T 表示"孩子是女孩",则

$$\Omega=\{HHH,HHT,HTH,THH,HTT,THT,TTH,TTT\},$$

$$A=\{HHH,HHT,HTH,THH,HTT,THT,TTH\},$$

于是,

$$P(A)=\frac{k}{n}=\frac{7}{8}.$$

例 2 设盒中有 3 个白球、2 个红球,现从盒中任取 2 个球,求取到一红一白的

概率.

解 设 A 表示"取到一红一白",样本空间中所含基本事件总数 $n=C_5^2$,事件 A 包含的基本事件数 $k=C_3^1C_2^1$,则

$$P(A)=\frac{C_3^1C_2^1}{C_5^2}=\frac{3}{5}.$$

例 3 某校二年级学生有 $n(n\leqslant 365)$ 个人,求 n 个人中至少有两个人的生日在同一天的概率.

解 设事件 B 表示"至少有两个人的生日在同一天",则事件 $\bar{B}$ 表示"没有人是同一天生日".

假定一年 365 天,把 365 天当成是 365 个盒子,将一个同学看成一个小球,某同学在某天出生相当于一个小球进入了一个盒子,则

$$P(B)=1-P(\bar{B})=1-\frac{A_{365}^n}{365^n}=1-\frac{365\times 364\times\cdots\times(365-n+1)}{365^n}.$$

在例 3 中,如果直接求 $P(B)$ 是比较麻烦的,而利用对立事件求解就简单多了. 例 3 是著名的生日问题,对于不同的 n 值,计算得相应的 $P(B)$ 值如表 1-2 所示.

表 1-2

n	20	23	30	40	50	64	100
$P(B)$	0.411	0.507	0.706	0.891	0.970	0.997	0.999 999 7

例 4 袋中有 a 个白球、b 个红球,依次将球一个个摸出,不放回. 求在第 k 次摸球时摸到白球的概率.

解 设事件 B 表示"在第 k 次摸球时摸到白球",由于并不关心第 k 次以后的取球结果,可假想将球编号,一个个抽到直至取出第 k 个球为止,则基本事件总数相当于从 $a+b$ 个编号的球中取出 k 个球进行排列的排列总数 ,即 $n=A_{a+b}^k$. 而事件 B 发生表示第 k 次取到的白球是 a 个白球中的任一个,而前 $k-1$ 个球则是其余 $a+b-1$ 个球中的任 $k-1$ 个,则

$$P(B)=\frac{A_a^1A_{a+b-1}^{k-1}}{A_{a+b}^k}=\frac{a}{a+b}.$$

例 4 也有一种更简单的方法. 假设将球编号,每次试验将 $a+b$ 个球逐一摸出并依次排列在 $a+b$ 个位置上,则

$$P(B)=\frac{(a+b-1)!\ a}{(a+b)!}=\frac{a}{a+b}.$$

从例 4 可以看出,$P(B)$ 与 k 无关. 这一结果表明,抽签、买彩票均与先后次序无关.

1.3.2 几何概型

古典概率利用等可能性成功地计算了一类事件的概率. 将这种做法推广到基本事件总数无限的场合去，就是几何概率.

定义 1.3.3 设试验 E 的样本空间 Ω 可用欧氏空间的某一有界区域表示（区域中任一点皆为试验 E 的一个样本点，区域可为一维、二维、三维或 n 维），且其任一基本事件的发生具有等可能性，则称试验 E 为**几何型随机试验（或几何概型）**.

定义 1.3.4 在几何概型中，如果令 $\mu(\Omega)$ 表示样本空间 Ω 的度量，$\mu(A)$ 表示事件 A 所对应的子区域的度量，则事件 A 发生的概率为

$$P(A)=\frac{\mu(A)}{\mu(\Omega)}, \tag{1.3.2}$$

并称式(1.3.2)中的概率为**几何概率**.

根据定义 1.3.4，Ω 中任一区域出现的可能性的大小与该区域的几何度量成正比，而与该区域的位置和形状无关.

例 5 某市地铁 2 号线列车每隔 5 分钟一班，乘客到达地铁站的时间是任意的，求一乘客候车时间不超过 3 分钟的概率.

解 本题是与长度有关的几何概型的计算问题，用 A 表示“一乘客候车时间不超过 3 分钟”，则

$$P(A)=\frac{\mu(A)}{\mu(\Omega)}=\frac{3}{5}.$$

例 6 （会面问题）两个朋友约定晚上 8 点至 9 点在某地会面，并约定先到者等候 20 分钟后若不见人来即可离去，如果每个人都可在指定的一小时内的任意时刻到达，求这对朋友能会面的概率.

解 记 8 点为计算时刻的 0 时，以分钟为时间单位，以 x,y 分别表示两人到达会面地点的时刻，则样本空间为

$$\Omega=\{(x,y)\mid 0\leqslant x\leqslant 60, 0\leqslant y\leqslant 60\},$$

以事件 A 表示“两人能会面”，由于两人能会面的充分必要条件为

$$|x-y|\leqslant 20 \quad ((x,y)\in\Omega),$$

所以

$$A=\{(x,y)\mid |x-y|\leqslant 20, 0\leqslant x,y\leqslant 60\}.$$

以上讨论的几何表示如图 1-3 所示，这是一个几何概型问题，于是这对朋友能会面的概率为

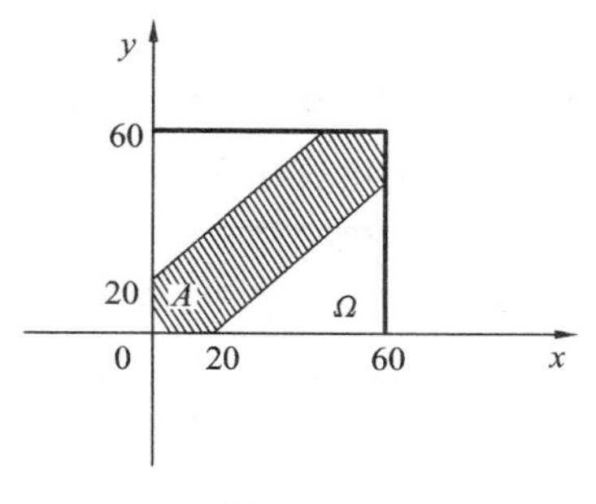

图 1-3

$$P(A)=\frac{\mu(A)}{\mu(\Omega)}=\frac{60^2-40^2}{60^2}=\frac{5}{9}.$$

习题 1.3

1. 书架上有一本五卷册的文集，求各册自左至右或自右至左排成自然顺序的概率.

2. n 个朋友随机地围绕圆桌而坐，求其中两个人一定坐在一起（即座位相邻）的概率.

3. 从 5 双不同的鞋子中任取 4 只，求 4 只鞋子中至少有 2 只鞋子可配成一双的概率.

4. 袋中有红、黄、白色球各 1 个，每次任取 1 个，有返回地取 3 次，求“取到的 3 球里没有红球或没有黄球”的概率.

5. 从 1 到 200 这 200 个自然数中任取一个，求：
   (1)取到的数能被 6 整除的概率；
   (2)取到的数能被 8 整除的概率；
   (3)取到的数既能被 6 整除也能被 8 整除的概率.

6. 从 13 张方块扑克牌中依次有放回地连续任取 3 张，求：
   (1)无同号的概率；
   (2)有同号的概率；
   (3)至多有 2 张同号的概率.

7. 10 男 4 女随机地站成一排，求任何女士都不相邻的概率.

8. 两封信随机地向标号为 1,2,3,4 的四个邮筒投寄，求：
   (1)第 2 个邮筒恰好被投入 1 封信的概率；
   (2)前 2 个邮筒中各有 1 封信的概率.

9. 某专业研究生复试时，有 3 张考签，3 个考生应试，一个人抽一张后立即放回，再由另一个人抽，如此 3 人各抽一次，求抽签结束后，至少有一张考签没有被抽到的概率.

10. 某宾馆一楼有 3 部电梯，今有 5 人要乘坐电梯，假定各人选哪部电梯是随机的，求每部电梯中至少有一人的概率.

11. 设电阻的阻值落在 200 至 230 之间任何等长范围内的可能性相等，试求阻值落在 210 至 215 之间的概率.

12. 两人约定晚上 7 点到 8 点在公园会面，求一人要等另一人半小时以上的概率.

1.4 条件概率

1.4.1 条件概率与乘法公式

在实际问题中，不仅需要知道随机事件 A,B 发生的概率，而且还需要知道在随机事件 A 发生的条件下，随机事件 B 发生的概率，通常用记号 $P(B|A)$表示.

例 1 抛掷一颗骰子，观察出现的点数，其样本空间为 $\Omega=\{1,2,3,4,5,6\}$. 若事件 A 表示"点数大于 3"，事件 B 表示"点数是偶数". 显然，$P(A)=P(B)=\frac{1}{2}$，在事件 A 发生的条件下，事件 B 发生的概率为 $P(B|A)=\frac{2}{3}$. 这是由于在事件 A 发生的条件下，新的样本空间为 $\Omega'=\{4,5,6\}$，在样本空间 Ω'下"点数为偶数"是 $AB=\{4,6\}$，则有

$$P(B|A)=\frac{2}{3}=\frac{\frac{2}{6}}{\frac{3}{6}}=\frac{P(AB)}{P(A)}.$$

注意到对于 $P(B|A)$的计算，由于已经增加了"已知事件 A 已经发生"这个条件，样本空间 Ω 缩减为 Ω'，此时事件 B 发生也就是事件 AB 发生，于是对任一古典概型，有

$$P(B|A)=\frac{k_{AB}}{k_A}=\frac{\frac{k_{AB}}{n}}{\frac{k_A}{n}}=\frac{P(AB)}{P(A)}.$$

由此，可以给出条件概率的定义如下.

定义 1.4.1 设 A,B 是两个事件，且 $P(A)>0$，称

$$P(B|A)=\frac{P(AB)}{P(A)}$$

为在事件 A 发生的条件下事件 B 发生的**条件概率**.

可以验证，条件概率 $P(\cdot|A)$满足概率公理化定义中的三条公理，即：

(1)对于任一事件 B，有 $P(B|A)\geqslant 0$；

(2)对于必然事件 Ω，有 $P(\Omega|A)=1$；

(3)设 $B_1,B_2,\cdots$是两两互不相容的事件，则有

$$P(\bigcup_{i=1}^{\infty}B_i|A)=\sum_{i=1}^{\infty}P(B_i|A),$$

从而概率所具有的性质和满足的关系式对条件概率仍适用. 例如, $P(\overline{B}|A)=1-P(B|A)$.

例 2 设某种动物从出生算起活 20 年以上的概率为 0.8, 活 25 年以上的概率为 0.4. 现在有一只 20 岁的这种动物, 求它能活 25 岁以上的概率.

解 设事件 A 表示"能活 20 岁以上", 事件 B 表示"能活 25 岁以上". 依题意, 有 $P(A)=0.8$, $P(B)=0.4$, 由于 $B\subset A$, 所以

$$P(AB)=P(B)=0.4,$$

则所求概率为

$$P(B|A)=\frac{P(AB)}{P(A)}=\frac{0.4}{0.8}=\frac{1}{2}.$$

例 3 某地区气象资料表明, 邻近的甲、乙两城市中的甲市全年雨天比例为 12%, 乙市全年雨天比例为 9%, 两市中至少有一市为雨天的比例为 16.8%. 试求下列事件的概率:

(1) 在甲市为雨天的条件下, 乙市为雨天;

(2) 在乙市无雨的条件下, 甲市也无雨.

解 设事件 A 表示"甲市为雨天", 事件 B 表示"乙市为雨天". 依题意, 有

$$P(A)=0.12,\quad P(B)=0.09,\quad P(A\cup B)=0.168.$$

由加法公式得

$$P(AB)=P(A)+P(B)-P(A\cup B)=0.12+0.09-0.168=0.042.$$

故:

(1) $$P(B|A)=\frac{P(AB)}{P(A)}=\frac{0.042}{0.12}=0.35;$$

(2) $$P(\overline{A}|\overline{B})=\frac{P(\overline{A}\,\overline{B})}{P(\overline{B})}=\frac{1-P(A\cup B)}{1-P(B)}=\frac{1-0.168}{1-0.09}\approx 0.914\ 3.$$

由条件概率的定义可以得到如下公式.

定理 1.4.1(乘法公式) 设 $P(A)>0$, 则有

$$P(AB)=P(A)P(B|A). \tag{1.4.1}$$

式(1.4.1)可以推广到多个事件的积事件的情况. 例如, 设 A_1, A_2, A_3 为事件, 且 $P(A_1A_2)>0$, 则有

$$P(A_1A_2A_3)=P(A_1)P(A_2|A_1)P(A_3|A_1A_2). \tag{1.4.2}$$

一般地, 设 $A_1, A_2, \cdots, A_n$ 为 $n(n\geqslant 2)$ 个事件, 且 $P(A_1A_2\cdots A_{n-1})>0$, 则有

$$P(A_1A_2\cdots A_n)=P(A_1)P(A_2|A_1)P(A_3|A_1A_2)\cdots P(A_n|A_1A_2\cdots A_{n-1}). \tag{1.4.3}$$

例 4 五个人进行抽签, 其中四张签是空的, 只有一张签可以得一张球赛票, 求每个人抽到球赛票的概率.

解 设事件 $A_i(i=1,2,3,4,5)$表示“第 i 个人抽到球赛票”，事件 $B_i(i=1,2,3,4,5)$表示“第 i 次抽到球赛票”，则：

$P(A_1)=P(B_1)=\frac{1}{5}$；

$P(A_2)=P(\bar{B}_1B_2)=P(\bar{B}_1)P(B_2|\bar{B}_1)=\frac{4}{5}\times\frac{1}{4}=\frac{1}{5}$；

$P(A_3)=P(\bar{B}_1\bar{B}_2B_3)=P(\bar{B}_1)P(\bar{B}_2|\bar{B}_1)P(B_3|\bar{B}_1\bar{B}_2)=\frac{4}{5}\times\frac{3}{4}\times\frac{1}{3}=\frac{1}{5}$.

同理，第 4 个人和第 5 个人抽到球赛票的概率都是$\frac{1}{5}$，可见每个人抽到球赛票的概率都是一样的，即抽签与次序无关.

例 5 某单位进行抽样调查，某炒股者首次炒股被套住的概率为$\frac{1}{2}$，首次未被套住而第二次被套住的概率为$\frac{3}{4}$，前两次未被套住而第三次被套住的概率为$\frac{7}{8}$，求该炒股者连续三次炒股而未被套住的概率.

解 设事件 $A_i(i=1,2,3)$表示“某炒股者第 i 次被套住”，事件 B 表示“连续三次炒股而未被套住”，则有

$$\begin{aligned}P(B)&=P(\bar{A}_1\bar{A}_2\bar{A}_3)=P(\bar{A}_1)P(\bar{A}_2|\bar{A}_1)P(\bar{A}_3|\bar{A}_1\bar{A}_2)\\&=\left(1-\frac{1}{2}\right)\left(1-\frac{3}{4}\right)\left(1-\frac{7}{8}\right)=\frac{1}{64},\end{aligned}$$

故连续三次炒股而未被套住的概率为$\frac{1}{64}$.

1.4.2 全概率公式与贝叶斯公式

下面介绍两个用来计算概率的重要公式. 先介绍样本空间的划分的定义.

定义 1.4.2 设 Ω 为试验 E 的样本空间，$A_1,A_2,\cdots,A_n$ 为试验 E 的一组事件. 若

(1) $A_i\cap A_j=\varnothing(i\neq j;i,j=1,2,\cdots,n)$；

(2) $A_1\cup A_2\cup\cdots\cup A_n=\Omega$，

则称 $A_1,A_2,\cdots,A_n$ 为样本空间 Ω 的**一个划分**.

定理 1.4.2(全概率公式) 设试验 E 的样本空间为 Ω，B 为试验 E 的事件，$A_1,A_2,\cdots,A_n$是 Ω 的一个划分，且 $P(A_i)>0(i=1,2,\cdots,n)$，则

$$P(B)=\sum_{i=1}^{n}P(A_i)P(B\mid A_i). \tag{1.4.4}$$

证 由于 $A_1,A_2,\cdots,A_n$ 是样本空间 Ω 的一个划分，即 $\Omega=A_1\cup A_2\cup\cdots\cup A_n$，

且 $A_1,A_2,\cdots,A_n$ 两两互不相容，所以

$$B=B\cap(\bigcup_{i=1}^{n}A_i)=\bigcup_{i=1}^{n}A_iB.$$

由假设 $P(A_i)>0(i=1,2,\cdots,n)$，且 $A_iB\cap A_jB=\varnothing(i\neq j;i,j=1,2,\cdots,n)$，则

$$P(B)=\sum_{i=1}^{n}P(A_iB)=\sum_{i=1}^{n}P(A_i)P(B\mid A_i).$$

例 6 有甲、乙两个袋子，甲袋中有两个白球、一个红球，乙袋中有两个红球、一个白球，这六个球从手感上不可区别. 现从甲袋中任取一球放入乙袋，搅匀后再从乙袋中任取一球，问此球是红球的概率是多少？

解 设事件 A_1 表示"从甲袋放入乙袋的是白球"，事件 A_2 表示"从甲袋放入乙袋的是红球"，A_1,A_2 是样本空间 Ω 的一个划分，事件 B 表示"从乙袋中任取一球是红球"，则由全概率公式，得

$$P(B)=P(A_1)P(B|A_1)+P(A_2)P(B|A_2)=\frac{2}{3}\times\frac{1}{2}+\frac{1}{3}\times\frac{3}{4}=\frac{7}{12}.$$

例 7 有甲、乙、丙三家工厂生产同一品牌产品，已知三家工厂的市场占有率分别为 1/4,1/4,1/2，三家工厂的次品率分别为 2%,1%,3%，试求市场上该品牌产品的次品率.

解 设事件 B 表示"买到一件次品"，事件 A_1 表示"买到一件甲厂的产品"，事件 A_2 表示"买到一件乙厂的产品"，事件 A_3 表示"买到一件丙厂的产品". 显然，A_1,A_2,A_3 是样本空间 Ω 的一个划分，则由全概率公式，得

$$\begin{aligned}P(B)&=P(A_1)P(B|A_1)+P(A_2)P(B|A_2)+P(A_3)P(B|A_3)\\&=\frac{1}{4}\times0.02+\frac{1}{4}\times0.01+\frac{1}{2}\times0.03\approx0.0225.\end{aligned}$$

在例 7 中，若市场上买到该品牌产品是次品，则它由甲厂生产的概率为

$$P(A_1|B)=\frac{P(A_1B)}{P(B)}=\frac{P(A_1)P(B|A_1)}{P(B)}\approx\frac{\frac{1}{4}\times0.02}{0.0225}\approx0.2222.$$

以上问题是已知事件 B 已经发生，追究导致事件 B 发生的某个原因事件发生的可能性多大. 解决这类问题就要使用下面的贝叶斯公式.

定理 1.4.3(贝叶斯公式) 设试验 E 的样本空间为 Ω，B 为试验 E 的事件，$A_1,A_2,\cdots,A_n$ 是 Ω 的一个划分，且 $P(B)>0,P(A_i)>0(i=1,2,\cdots,n)$，则

$$P(A_i\mid B)=\frac{P(A_i)P(B\mid A_i)}{\sum_{j=1}^{n}P(A_j)P(B\mid A_j)}\quad(i=1,2,\cdots,n).$$

例 8 假定用甲胎蛋白法诊断肝癌，设事件 C 表示"被检验者的确患有肝癌"，事件 A 表示"诊断结果为被检验者患有肝癌". 已知 $P(A|C)=0.95,P(\overline{A}|\overline{C})=$

0.98，$P(C)=0.004$，现有一人被此检验法诊断为患有肝癌，求此人的确患肝癌的概率.

解 当检验结果为患肝癌时，此人可能的确患肝癌也可能并未患肝癌. 依题意，有

$$P(\overline{C})=1-P(C)=0.996, \quad P(A|\overline{C})=1-P(\overline{A}|\overline{C})=0.02.$$

由贝叶斯公式，得

$$P(C|A)=\frac{P(C)P(A|C)}{P(C)P(A|C)+P(\overline{C})P(A|\overline{C})}$$

$$=\frac{0.004\times0.95}{0.004\times0.95+0.996\times0.02}\approx0.16.$$

例8的结果表明：虽然 $P(A|C)=0.95$，$P(\overline{A}|\overline{C})=0.98$，但若将此方法用于普查，则有 $P(C|A)=0.16$，亦即平均100个具有阳性反应的人中大约只有16个人确患有癌症. 如果没注意到这一点，将会得出错误的诊断，这也说明，若将 $P(A|C)$ 与 $P(C|A)$ 混淆了，会造成错误的后果.

例9 商店以箱为单位出售玻璃杯，每箱20只，其中每箱含0，1，2只次品的概率分别为0.8，0.1，0.1. 一名顾客欲购一箱玻璃杯，在购买时，售货员随机地取出一箱，而顾客从中任选4只检查，若无次品，便买下这一箱玻璃杯，否则退回. 试求：

(1)顾客买下该箱玻璃杯的概率；

(2)在顾客买下的一箱中，确实没有次品的概率.

解 设事件 A 表示“顾客买下该箱玻璃杯”，事件 B_0,B_1,B_2 分别表示事件“每箱含0，1，2只次品玻璃杯”，显然，B_0,B_1,B_2 为 Ω 的一个划分. 依题意，有

$$P(B_0)=0.8, \quad P(B_1)=0.1, \quad P(B_2)=0.1,$$

$$P(A|B_0)=1, \quad P(A|B_1)=\frac{C_{19}^4}{C_{20}^4}=\frac{4}{5}, \quad P(A|B_2)=\frac{C_{18}^4}{C_{20}^4}=\frac{12}{19}.$$

(1)由全概率公式，得

$$P(A)=\sum_{i=0}^{2}P(B_i)P(A\mid B_i)=0.8\times1+0.1\times\frac{4}{5}+0.1\times\frac{12}{19}\approx0.94;$$

(2)由贝叶斯公式，得

$$P(B_0|A)=\frac{P(B_0)P(A|B_0)}{P(A)}\approx\frac{0.8\times1}{0.94}\approx0.85.$$

习题 1.4

1. 人寿保险公司常常需要知道存活到某一个年龄段的人在下一年仍然存活的概率. 根据统计资料可知，某城市的人由出生活到50岁的概率为0.907 18，存活到51岁的概率为0.901 35. 问现在已经50岁的人，能够活到51岁的概率是多少？

2. 10件产品中有4件废品，现从中任取两件，若已知有一件是废品，求另一件也是废品的概率.
3. 设袋中有3个白球、2个红球，现从袋中任意取球两次，每次取一个，取后不放回.求下列事件的概率：
   (1)已知第一次取到红球，第二次也取到红球；
   (2)第二次取到红球；
   (3)两次均取到红球.
4. 某家庭有3个孩子，已知其中至少有1个女孩，求这一家庭中至少有一个男孩的概率.
5. 袋中有3个红球、2个白球，每次从袋中任取一个，观察其颜色后放回，并再放入一个与所取球颜色相同的球、若从袋中连续取球4次，试求第1、2次取得白球，第3、4次取得红球的概率.
6. 在数字通信过程中，信源发射“0”，“1”两种状态信号，其中发“0”的概率为0.55，发“1”的概率为0.45.由于信道中存在干扰，在发“0”的时候，接收端分别以概率0.9，0.05和0.05接收为“0”，“1”和“不清”.在发“1”的时候，接收端分别以概率0.85，0.05和0.1接收为“1”，“0”和“不清”.现接收端接收到一个“1”的信号，问发射端发的是“0”的概率是多少？
7. 用3个机床加工同一种零件，零件由各机床加工的概率分别为0.5，0.3，0.2，各机床加工的零件为合格品的概率分别等于0.94，0.9，0.95，求全部产品中的合格率.
8. 在50张彩票中仅有1张奖票.50个人排队依次任意抽取其中的1张，抽后不放回.问第1，2，3个人中奖的概率是多少？
9. 假设在某时期内影响股票价格变化的因素只有银行存款利率的变化.经分析，该时期内利率不会上调，利率下调的概率为60%，利率不变的概率为40%.根据经验，在利率下调时某只股票上涨的概率为80%，在利率不变时，这只股票上涨的概率为40%，求这只股票上涨的概率.

1.5 事件的独立性

1.5.1 两个事件的独立性

引例 抛掷两枚均匀的硬币甲、乙，记事件A表示“硬币甲出现正面”，事件B表示“硬币乙出现正面”，样本空间$\Omega=\{HH,HT,TH,TT\}$，$A=\{HH,HT\}$，$B=\{HH,TH\}$，$AB=\{HH\}$，则有

$$P(A)=\frac{1}{2},\quad P(B)=\frac{1}{2},$$

$$P(AB)=\frac{1}{4},\quad P(B|A)=\frac{P(AB)}{P(A)}=\frac{1}{2},$$

因此
$$P(B|A)=P(B).$$

类似地，可算出 $P(B|\overline{A})=\frac{1}{2}=P(B)$.

这表明事件 A 发生与否对事件 B 发生的概率没有影响，此时可以认为事件 B 与事件 A 没有“关系”，或称事件 B 与事件 A 独立.

设 A,B 是试验 E 的两个事件，$P(A)>0$，若 $P(B|A)=P(B)$，则认为事件 B 与事件 A 独立. 由此可知

$$P(AB)=P(A)P(B|A)=P(A)P(B).$$

当 $P(A)=0$ 时，虽然 $P(B|A)$没有定义，但由

$$0\leqslant P(AB)\leqslant P(A)=0$$

得到 $P(AB)=P(A)P(B)$. 下面给出两个事件相互独立的定义.

定义 1.5.1 设 A,B 是试验 E 的两个事件，如果有

$$P(AB)=P(A)P(B),$$

则称事件 A 与事件 B **相互独立**，简称**独立**.

两事件互不相容与相互独立是完全不同的两个概念，它们分别从两个不同的角度描述了两事件间的某种联系. 互不相容表述在一次随机试验中两事件不能同时发生，而相互独立表述在一次随机试验中一事件是否发生对另一事件是否发生无影响.

例 1 从一副 52 张的扑克牌(不含大小王)中任意抽取一张，以事件 A 表示“抽出一张 2”，以事件 B 表示“抽出一张黑桃”，问事件 A 与事件 B 是否独立?

解 依题意，有

$$P(A)=\frac{C_4^1}{C_{52}^1}=\frac{1}{13},\quad P(B)=\frac{C_{13}^1}{C_{52}^1}=\frac{1}{4},\quad P(AB)=\frac{1}{C_{52}^1}=\frac{1}{52}.$$

显然有 $P(AB)=P(A)P(B)$，即事件 A 与事件 B 相互独立.

定理 1.5.1 若事件 A,B 相互独立，则事件 $\overline{A}$ 与事件 B，事件 A 与事件 $\overline{B}$，事件 $\overline{A}$ 与事件 $\overline{B}$ 也相互独立.

证 若事件 A,B 相互独立，则

$$P(AB)=P(A)P(B),$$

$$\begin{aligned}P(\overline{A}\overline{B})&=P(\overline{A\cup B})=1-P(A\cup B)=1-[P(A)+P(B)-P(AB)]\\&=1-P(A)-P(B)+P(A)P(B)\\&=[1-P(A)][1-P(B)]=P(\overline{A})P(\overline{B}),\end{aligned}$$

所以事件 $\overline{A}$ 与事件 $\overline{B}$ 相互独立. 类似可证事件 $\overline{A}$ 与事件 B，事件 A 与事件 $\overline{B}$ 也相互独立.

例 2 设甲、乙两射手独立地射击同一目标，他们击中目标的概率分别为 0.9

和 0.8.求一次射击中,目标被击中的概率.

解 用 A、B 分别表示甲、乙两射手击中目标.

根据题意,目标被击中,即至少有一人击中,可表示为 $A\cup B$.因为 A 与 B 独立,所以

$$P(A\cup B)=P(A)+P(B)-P(AB)=P(A)+P(B)-P(A)P(B)$$
$$=0.9+0.8-0.9\times 0.8=0.98.$$

也可通过计算对立事件的概率得到,即

$$P(A\cup B)=1-P(\overline{A\cup B})=1-P(\bar{A}\bar{B})=1-P(\bar{A})P(\bar{B})=1-0.1\times 0.2=0.98.$$

下面将独立性的概念推广到三个及以上事件的情况.

1.5.2 有限个事件的独立性

定义 1.5.2 若三个事件 A,B,C 满足:

(1)$P(AB)=P(A)P(B)$;

(2)$P(AC)=P(A)P(C)$;

(3)$P(BC)=P(B)P(C)$,

则称事件 A,B,C **两两独立**.若在此基础上还满足

$$P(ABC)=P(A)P(B)P(C),$$

则称事件 A,B,C **相互独立**.

由定义 1.5.2 可知,相互独立一定两两独立;但一般说来,两两独立不一定相互独立.

例如设 $S=\{\omega_1,\omega_2,\omega_3,\omega_4\}$,$A=\{\omega_1,\omega_2\}$,$B=\{\omega_1,\omega_3\}$,$C=\{\omega_1,\omega_4\}$,则

$$P(A)=P(B)=P(C)=\frac{1}{2},$$

并且

$$P(AB)=\frac{1}{4}=P(A)P(B),P(AC)=\frac{1}{4}=P(A)P(C),P(BC)=\frac{1}{4}=P(B)P(C),$$

即事件 A、B、C 两两独立,但是

$$P(ABC)=\frac{1}{4}\neq P(A)P(B)P(C),$$

即事件 A、B、C 不相互独立.

例 3 一个均匀的正四面体,其中三面分别染成红色、黄色、蓝色,剩下的一面同时染上红、黄、蓝三种颜色,以 A,B,C 分别记投一次四面体看到红、黄、蓝颜色的事件(每次只能看到一面),试讨论事件 A,B,C 是否独立.

解 依题意,有

$$P(A)=P(B)=P(C)=\frac{1}{2},\quad P(AB)=P(BC)=P(AC)=\frac{1}{4},$$

显然有

$$P(AB)=P(A)P(B),P(AC)=P(A)P(C),\quad P(BC)=P(B)P(C),$$

故事件 A,B,C 是两两独立的. 但是

$$P(ABC)=\frac{1}{4}\neq P(A)P(B)P(C),$$

故事件 A,B,C 不是相互独立的.

定义 1.5.3 如果 $n(n>2)$ 个事件 $A_1,A_2,\cdots,A_n$ 中任何一个事件发生的可能性都不受其他一个或几个事件发生与否的影响,即对其中任意 $k(1<k\leqslant n)$ 个事件 $A_{i_1},A_{i_2},\cdots,A_{i_k}(1\leqslant i_1<i_2<\cdots<i_k\leqslant n)$ 满足

$$P(A_{i_1}A_{i_2}\cdots A_{i_k})=P(A_{i_1})P(A_{i_2})\cdots P(A_{i_k}),$$

则称事件 $A_1,A_2,\cdots,A_n$ **相互独立**.

独立事件具有下列几个性质:

(1)若事件 $A_1,A_2,\cdots,A_n(n\geqslant 2)$ 相互独立,则其中任意 $k(1<k\leqslant n)$ 个事件也相互独立;

(2)若事件 $A_1,A_2,\cdots,A_n(n\geqslant 2)$ 相互独立,则将其中任意 $k(1<k\leqslant n)$ 个事件换成它们的对立事件,所得的 n 个事件仍然相互独立;

(3)若事件 $A_1,A_2,\cdots,A_n$ 相互独立,则有

$$P(A_1A_2\cdots A_n)=\prod_{i=1}^{n}P(A_i),$$

$$P(A_1\cup A_2\cup\cdots\cup A_n)=1-\prod_{i=1}^{n}P(\overline{A}_i).$$

例 4 一个元件(或系统)能正常工作的概率称为该元件(或系统)的可靠性. 如图 1-4 所示,设有 4 个独立工作的元件 1,2,3,4 按先并联再串联的方式连接. 设 4 个元件的可靠性都为 p,求该系统的可靠性.

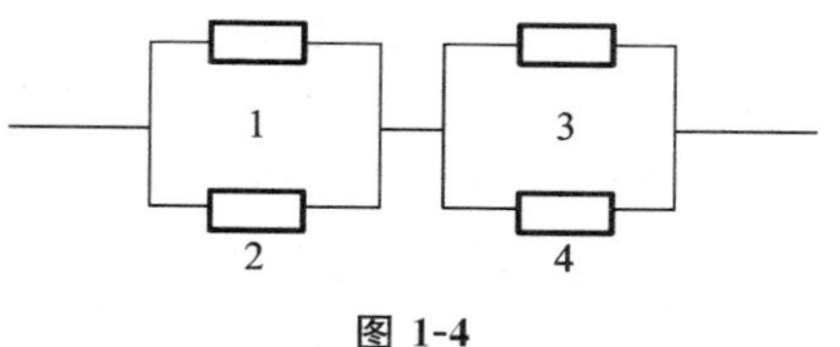

图 1-4

解 以 $A_i(i=1,2,3,4)$ 表示"第 i 个元件正常工作",以 A 表示"系统正常工作". 直接计算事件 A 发生的概率比较复杂,可通过对立事件 $\overline{A}$ 来计算. 因为

$$\overline{A}=\overline{A}_1\,\overline{A}_2\cup\overline{A}_3\,\overline{A}_4,$$

所以根据事件的对立性,可得

$$\begin{aligned}P(A)&=1-P(\overline{A})=1-P(\overline{A}_1\,\overline{A}_2\cup\overline{A}_3\,\overline{A}_4)\\&=1-P(\overline{A}_1\,\overline{A}_2)-P(\overline{A}_3\,\overline{A}_4)+P(\overline{A}_1\,\overline{A}_2\,\overline{A}_3\,\overline{A}_4)\\&=1-P(\overline{A}_1)P(\overline{A}_2)-P(\overline{A}_3)P(\overline{A}_4)+P(\overline{A}_1)P(\overline{A}_2)P(\overline{A}_3)P(\overline{A}_4)\\&=1-2(1-p)^2+(1-p)^4=[1-(1-p)^2]^2.\end{aligned}$$

例 5 设有 n 个人向保险公司购买人身意外保险(保险期为一年)，假定某人在这一年内发生意外的概率为 0.01.

(1)求保险公司赔付的概率；

(2)当 n 为多大时，使得以上赔付的概率不低于 0.5?

解 记事件 $A_i(i=1,2,\cdots,n)$表示"第 i 个投保人出现意外"，事件 A 表示"保险公司赔付".

(1)由题意可知，$A_1,A_2,\cdots,A_n$ 相互独立，且 $A=\bigcup\limits_{i=1}^{n}A_i$，因此

$$P(A)=P(\bigcup_{i=1}^{n}A_i)=1-P(\overline{\bigcup_{i=1}^{n}A_i})=1-P(\bigcap_{i=1}^{n}\overline{A_i})$$
$$=1-\prod_{i=1}^{n}P(\overline{A_i})=1-(0.99)^n;$$

(2)由 $P(A)\geqslant 0.5$ 得$(0.99)^n\leqslant 0.5$，即

$$n\geqslant\frac{\lg 2}{2-\lg 99}\approx 68.96,$$

故当投保人数 $n\geqslant 69$ 时，保险公司赔付的概率不低于 0.5.

1.5.3 独立试验概型

独立试验概型在概率论的理论和应用两个方面都起着重要的作用. 所谓 **n 次独立试验**是指在相同的条件下将某一试验独立地重复 n 次的随机试验. 这里考虑一种最基本、最重要的独立试验概型——n 重伯努利试验.

定义 1.5.4 设随机试验 E 只有两种可能结果，即事件 A 发生或事件 A 不发生，则称这样的试验 E 为**伯努利试验**，记

$$P(A)=p,\quad P(\overline{A})=1-p=q\ (0<p<1).$$

将伯努利试验在相同条件下独立地重复进行 n 次，称这种重复的独立试验为 **n 重伯努利试验**，或简称为**伯努利概型**.

在 n 重伯努利试验中，用 $P_n(k)$表示 n 重伯努利试验中事件 A 恰好发生 k 次的概率，事件 A 在指定某 k 次发生而在其余 $n-k$ 次不发生的概率为 $p^k(1-p)^{n-k}$，而事件 A 可能在 n 次试验中的任意 k 次发生，共有 C_n^k 种不同的发生方式，而这 C_n^k 种情形是互不相容的，由概率的有限可加性得事件 A 恰好发生 k 次的概率为

$$P_n(k)=C_n^k p^k(1-p)^{n-k}\quad(k=0,1,2,\cdots,n).$$

定理 1.5.2(伯努利定理) 设一次试验中事件 A 发生的概率为 $p(0<p<1)$，则在 n 重伯努利试验中，事件 A 恰好发生 k 次的概率为

$$P_n(k)=C_n^k p^k q^{n-k}\quad(k=0,1,2,\cdots,n),$$

其中 $q=1-p$.

例 6 已知某工厂生产的 1 000 件产品中有 10 件次品，现从中有放回地取 3 次，每次任取 1 件，求所取的 3 件中恰有 2 件次品的概率.

解 根据题意,每次试验取到次品的概率为 0.01.

设 A 表示所取的 3 件中恰有 2 件次品,则

$$P(A)=\mathrm{C}_3^2(0.01)^2(0.99)=0.000\ 297.$$

例 7 甲、乙两人进行比赛,在每局比赛中甲获胜的概率为 0.6,问甲在三局两胜和五局三胜两种赛制中采用哪一种对自己有利?

解 在三局两胜比赛中,甲获胜的概率为

$$\mathrm{C}_3^2 0.6^2 0.4+0.6^3=0.648,$$

在五局三胜比赛中,甲获胜的概率为

$$\mathrm{C}_5^3 0.6^3 0.4^2+\mathrm{C}_5^4 0.6^4 0.4+0.6^5=0.682\ 6,$$

所以甲应选择五局三胜的赛制.

习题 1.5

1. 两个事件 A 和 B 相互独立,而且 $P(A\bar{B})=P(\bar{A}B)=\frac{1}{4}$,求 $P(A)$ 和 $P(B)$.
2. 一工人照看 3 台机床,在 1 小时之内甲、乙、丙 3 台机床需要照看的概率分别为 0.9,0.8,0.85,求:
   (1)在 1 小时之内没有 1 台机床需要照看的概率;
   (2)在 1 小时之内至少有 1 台机床不需要照看的概率.
3. 3 个人独立地破译一道密码,他们能够破译的概率分别是 $\frac{1}{5}$,$\frac{1}{3}$,$\frac{1}{4}$,求他们 3 人能够破译这道密码的概率.
4. 某电路由元件 A 与两个并联元件 B,C 串联而成.假设各个元件的工作相互独立,元件 A,B,C 损坏的概率分别为 0.3,0.2,0.1,求该电路发生故障的概率.
5. 一个自动报警器由雷达和计算机两部分组成,两部分有任何一个失灵,这个报警器就失灵.若使用 100 h 后,雷达失灵的概率为 0.1,计算机失灵的概率为0.3.若两部分失灵与否为独立的,求这个报警器使用 100 h 而不失灵的概率.
6. 设事件 A 在每一次试验中发生的概率为 0.3,当事件 A 发生不少于 3 次时,指示灯发出信号.进行了 5 次重复独立试验,求指示灯发出信号的概率.
7. 一批产品的废品率为 $p(0<p<1)$,重复抽取 n 次,求有 k 次取到废品的概率.
8. 甲、乙各下注 a 元,以猜硬币方式赌博,五局三胜,胜者获得全部赌注.若甲赢得第一局后,赌博被迫中止,赌注该如何分?
9. 假设一厂家生产的每台仪器,以概率 0.7 可以直接出厂,以概率 0.3 需进一步调试,经调试后以概率 0.8 可以出厂,以概率 0.2 定为不合格品(不能出厂).现该厂家新生产了 $n(n\geqslant 2)$台仪器(假设每台仪器的生产过程相互独立),求:
   (1)全部能出厂的概率 α;
   (2)其中恰好有两台不能出厂的概率 β;

(3)其中至少有两台不能出厂的概率 θ.

数学家贝叶斯简介

贝叶斯

贝叶斯(Thomas Bayes),英国数学家,1702 年出生于伦敦,做过神甫,1742 年成为英国皇家学会会员,1763 年 4 月 7 日逝世. 贝叶斯在数学方面主要研究概率论. 他首先将归纳推理法用于概率论基础理论,并创立了贝叶斯统计理论,对于统计决策函数、统计推断、统计的估算等作出了贡献. 1763 年贝叶斯发表了概率论方面的论著,对于现代概率论和数理统计都有很重要的作用. 贝叶斯的另一著作《机会的学说概论》发表于 1758 年. 贝叶斯所采用的许多术语被沿用至今.

贝叶斯决策理论是主观贝叶斯派归纳理论的重要组成部分. 贝叶斯决策就是在不完全情报下,对部分未知的状态用主观概率估计,然后用贝叶斯公式对发生概率进行修正,最后再利用期望值和修正概率做出最优决策. 贝叶斯决策理论方法是统计模型决策中的一个基本方法,其基本思想是:

(1)已知条件密度函数参数表达式和先验概率;

(2)利用贝叶斯公式转换成后验概率;

(3)根据后验概率大小进行决策分类.

他对统计推理的主要贡献是使用了"逆概率"这个概念,并把它作为一种普遍的推理方法提出来. 贝叶斯定理原本是概率论中的一个定理,这一定理可用一个数学公式来表达,这个公式就是著名的贝叶斯公式. 贝叶斯公式是他在 1763 年提出来的:

假定 $B_1,B_2,\cdots$ 是某个过程的若干可能的前提，则 $P(B_i)$ 是人们事先对各前提条件出现可能性大小的估计，称之为先验概率. 如果这个过程得到了一个结果 A，那么贝叶斯公式提供了根据 A 的出现而对前提条件做出新评价的方法. $P(B_i|A)$ 是对以 A 为前提下 B_i 的出现概率的重新认识，称 $P(B_i|A)$ 为后验概率. 经过多年的发展与完善，贝叶斯公式以及由此发展起来的一整套理论与方法，已经成为概率统计中的一个冠以“贝叶斯”名字的学派，在自然科学及国民经济的许多领域中有着广泛应用.

第1章总习题

1. 单项选择题.

(1) 设 A,B 为随机事件，则下列各式中正确的是(　　).

A. $P(AB)=P(A)P(B)$　　B. $P(A-B)=P(A)-P(B)$

C. $P(A\bar{B})=P(A-B)$　　D. $P(A\cup B)=P(A)+P(B)$

(2) 设 A,B 为随机事件，则下列各式中不能恒成立的是(　　).

A. $P(A-B)=P(A)-P(AB)$

B. $P(AB)=P(B)P(A|B)$，其中 $P(B)>0$

C. $P(A\cup B)=P(A)+P(B)$

D. $P(A)+P(\bar{A})=1$

(3) 将 n 个小球随机放到 $N(n\leqslant N)$ 个盒子中，不限定盒子的容量，则每个盒子中至多有1个球的概率是(　　).

A. $\dfrac{n!}{N!}$　　B. $\dfrac{n!}{N^n}$　　C. $\dfrac{C_N^n\cdot n!}{N^n}$　　D. $\dfrac{n}{N}$

(4) 设 A,B,C 是三个相互独立的事件，且 $0<P(C)<1$，则下列给定的四对事件中，不独立的是(　　).

A. $\overline{A\cup B}$ 与 C　　B. $\overline{A-B}$ 与 C　　C. $\overline{AC}$ 与 $\bar{C}$　　D. $\overline{AB}$ 与 $\bar{C}$

(5) 已知 $P(A)=P(B)=P(C)=\dfrac{1}{4}$，$P(AB)=0$，$P(AC)=P(BC)=\dfrac{1}{16}$，则事件 A,B,C 全不发生的概率为(　　).

A. $\dfrac{1}{8}$　　B. $\dfrac{3}{8}$　　C. $\dfrac{5}{8}$　　D. $\dfrac{7}{8}$

2. 填空题.

(1) 某商场出售手机，以事件 A 表示“出售5.5寸小米手机”，以事件 B 表示“出售5.5寸华为手机”，则“只出售一种品牌的手机”可以表示为________，“至少出售一种品牌的手机”可以表示为________，“两种品牌的手机都出售”可以表示为________.

(2)设 A 表示事件“甲产品滞销，乙产品畅销”，那么对立事件 $\overline{A}$ 表示的意义是什么？

(3)设 $P(A)=0.4$，$P(A\cup B)=0.7$. 若事件 A 与事件 B 互不相容，则 $P(B)=$____；若事件 A 与事件 B 独立，则 $P(B)=$________.

(4)一批产品共有 10 个正品和 2 个次品，任意抽取两次，每次抽一个，抽出后不再放回，则第二次抽出的是次品的概率为________.

(5)假设一批产品中一、二、三等品各占 60%，30%，10%，从中随机取出一件，结果不是三等品，则取到的是一等品的概率是________.

(6)一种零件的加工由三道工序组成，第一道工序的废品率为 p_1，第二道工序的废品率为 p_2，第三道工序的废品率为 p_3，则该零件的成品率为________.

3. 随意拨一个八位电话号码，求正好找到朋友张某的概率.

4. 有三个箱子，第一个箱子中有 4 个黑球、1 个白球，第二个箱子中有 3 个黑球、3 个白球，第三个箱子中有 3 个黑球、5 个白球. 现随机取出一个箱子，再从这个箱子中取出一个球，求取到白球的概率.

5. 有三类箱子，箱中装有黑、白两种颜色的小球，各类箱子中黑球、白球数目之比分别为 4∶1，1∶2，3∶2，已知这三类箱子数目之比为 2∶3∶1. 现随机取一个箱子，再从中随机取出一个球，求：

(1)取到白球的概率；

(2)若已知取到的是一个白球，此球是来自第二类箱子的概率.

6. 设两两相互独立的三事件 A、B、C 满足条件 $ABC=\varnothing$，$P(A)=P(B)=P(C)<\frac{1}{2}$，且已知 $P(A\cup B\cup C)=\frac{9}{16}$，求 $P(A)$.

7. 记 $P(A)=a$，$P(B)=b$，试证：$P(A|B)\geqslant\frac{a+b-1}{b}$.

8. 若 $P(A)>0$，$P(B|A)=P(B|\overline{A})$，试证：事件 A 与事件 B 相互独立.

9. 按球赛规定，5 局比赛中先胜 3 局者为胜. 设甲、乙两球队在每局比赛中取胜的概率分别是 0.6 和 0.4. 已知两局赛完以后，甲队以 2∶0 领先. 求甲队最终获胜的概率.

10. 甲、乙两人轮流射击，先命中者获胜. 已知他们的命中率分别为 p_1 和 p_2，甲先射，求每个人获胜的概率.

11. 设袋中装有 a 只红球、b 只白球，每次自袋中任取一只球，观察颜色后放回，并同时再放入 m 只与所取出的那只同色的球. 连续在袋中取球四次，试求第一、二次取到红球且第三次取到白球、第四次取到红球的概率.

12. 设有 5 个人，每个人以同等机会被分配在 7 个房间中，求恰好有 5 个房间中各有一个人的概率.

13. 某教研室共有 11 名教师,其中男教师 7 名,现该教研室中要任选 3 名为优秀教师,问 3 名优秀教师中至少有 1 名女教师的概率.

14. 某种仪器由三个部件组装而成.假设各部件质量互不影响且它们的优质品率分别为 0.8,0.7,0.9.已知:如果三个部件都是优质品,则组装后的仪器一定合格;如果有一个部件不是优质品,则组装后的仪器不合格率为 0.2;如果有两个部件不是优质品,则仪器不合格率为 0.6;如果有三个部件不是优质品,则仪器不合格率为 0.9.

(1)求仪器的不合格率.

(2)如果已发现一台仪器不合格,问它有几个部件不是优质品的概率最大?

第2章 随机变量及其分布

在生活中只要能做两件事就已很好了，一是发现数学，二是教授数学.

——泊松

第1章讨论了随机事件及其概率，本章将在此基础上引入随机变量的概念并讨论随机变量的概率分布问题.

2.1 随机变量

在第1章某些随机试验中，试验结果本身可以用实数来表示，如：某一时间内正在工作的机床数目；抽样检查产品质量时出现的废品数；在电话问题中某段时间的话务量. 但有些则不然：如抛掷一枚硬币，规定"出现正面"记为1，"出现反面"记为0；又如某工人生产的产品"优质品"记为2，"次品"记为1，"废品"记为0等. 当试验结果本身不能由数来表示时，人们对于它难以描述或研究，现在讨论如何引入一个法则，将随机试验的结果用数来表示. 下面给出随机变量的概念.

定义 2.1.1 设随机试验的样本空间是 Ω，如果 X 是定义在 Ω 上的一个单值实值函数，即对于每一个 $\omega\in\Omega$，有一实数 $X(\omega)$ 与之对应，则称 $X=X(\omega)$ 为**随机变量**. 随机变量通常用大写英文字母 X,Y,Z 或希腊字母 ξ,η 等表示.

例如：

(1)一个射手对目标进行射击，击中目标记为1分，未击中目标记为0分. 如果用 X 表示射手在一次射击中的得分，则 X 是一个随机变量，可以取0和1两个值.

(2)一天内进入某超市的人数记为 X，则 X 是一个随机变量，可以取 $0,1,2,\cdots$.

(3)某种灯泡的寿命记为 X，则 X 是一个随机变量，$X\in[0,+\infty)$.

随机变量的取值随试验的结果而定，而试验的各个结果的出现有一定的概率，因而随机变量的取值有一定的概率.

例 1 将一枚硬币抛掷两次，观察掷出正、反面的情况. 显然，样本空间为

$$\Omega=\{HH,HT,TH,TT\}.$$

令随机变量 X 表示掷出正面的总次数，则对于样本空间 Ω 中的每一个样本点 ω，X 都有一个值与之对应，即

ω	HH	HT	TH	TT
X	2	1	1	0

因此，X 是一个随机变量，且

$$P\{X=1\}=P\{HT,TH\}=\frac{1}{2},\quad P\{X\leqslant 1\}=P\{HT,TH,TT\}=\frac{3}{4}.$$

随机变量按照可能取值的情况，可分为两类：

(1)**离散型随机变量**　只可能取有限个或无限可列个值；

(2)**非离散型随机变量**　可以在整个数轴上取值，或至少有一个部分取某实数区间的全部值.

非离散型随机变量中最重要的是连续型随机变量.

习题 2.1

1. 将 3 个球随机地放入 3 个格子中，事件 A 表示“有 1 个空格”，事件 B 表示“有 2 个空格”，事件 C 表示“全有球”，以 X 表示空格数，求 $P\{X=0\}$.
2. 抛掷一枚骰子，以 X 表示出现的点数，求 $P\{X\geqslant 4\}$.

2.2　离散型随机变量及其分布

2.2.1　离散型随机变量的分布

定义 2.2.1　设离散型随机变量 X 的所有可能取值为 $x_k(k=1,2,\cdots)$，且

$$P\{X=x_k\}=p_k\quad(k=1,2,\cdots),\tag{2.2.1}$$

称式(2.2.1)为离散型随机变量 X 的**分布律**.

离散型随机变量 X 的分布律可以用表格形式表示为

X	x_1	x_2	$\cdots$	x_n	$\cdots$
P	p_1	p_2	$\cdots$	p_n	$\cdots$

分布律具有下列基本性质：

(1) $p_k\geqslant 0(k=1,2,\cdots)$；

(2) $\sum\limits_{k=1}^{\infty}p_k=1$.

例 1　抛掷一枚均匀骰子 1 次，用 X 表示出现的点数，试写出 X 的分布律.

解 由题意,X 的可能取值为 $i=1,2,3,4,5,6$. 事件$\{X=i\}$表示"出现的点数",其发生的概率为$\frac{1}{6}$,所以 X 的分布律为

X	1	2	3	4	5	6
P	$\frac{1}{6}$	$\frac{1}{6}$	$\frac{1}{6}$	$\frac{1}{6}$	$\frac{1}{6}$	$\frac{1}{6}$

例 2 某篮球运动员投中篮圈的概率是 0.9,求他两次独立投篮投中次数 X 的分布律.

解 由题意,X 可取 0,1,2,记 $A_i(i=1,2)$表示"第 i 次投中篮圈",则

$$P(A_1)=P(A_2)=0.9,$$

$$P\{X=0\}=P(\overline{A_1}\,\overline{A_2})=P(\overline{A_1})P(\overline{A_2})=0.1\times0.1=0.01,$$

$$\begin{aligned}P\{X=1\}&=P(A_1\overline{A_2}\cup\overline{A_1}A_2)=P(A_1\overline{A_2})+P(\overline{A_1}A_2)\\&=P(A_1)P(\overline{A_2})+P(\overline{A_1})P(A_2)=0.9\times0.1+0.1\times0.9=0.18,\end{aligned}$$

$$P\{X=2\}=P(A_1A_2)=P(A_1)P(A_2)=0.9\times0.9=0.81,$$

于是 X 的分布律为

X	0	1	2
P	0.01	0.18	0.81

2.2.2 常用离散型随机变量的分布

1. 两点分布

若随机变量 X 只有两个可能取值 x_1,x_2,且其分布律为

$$P\{X=x_1\}=p,\quad P\{X=x_2\}=1-p\quad(0<p<1),$$

则称 X 服从参数为 p 的**两点分布**.

特别地,若 X 服从 $x_1=1,x_2=0$ 处参数为 p 的两点分布,即

X	0	1
P	q	p

则称 X 服从参数为 p 的 0-1 分布,其中 $q=1-p$.

对于一个随机试验,如果它的样本空间 Ω 只含两个元素 ω_1,ω_2,那么总能在 Ω 上定义一个具有 0-1 分布的随机变量,即

$$X=X(\omega)=\begin{cases}1, & \omega=\omega_1,\\0, & \omega=\omega_2.\end{cases}$$

例 3 抛掷一枚均匀硬币 1 次,用 X 表示出现正面的次数,试写出 X 的分布律.

解 由题意，X 的可能取值为 0 和 1. 事件$\{X=0\}$表示"出现 0 次正面"，其发生的概率为 1/2；事件$\{X=1\}$表示"出现 1 次正面"，其发生的概率也为 1/2. 所以 X 的分布律为

X	0	1
P	1/2	1/2

例 4 一批产品的废品率为 5%，从中任意抽取一个进行检验，用随机变量 X 来表示废品的个数. 试写出 X 的分布律.

解 由题意，X 只可能取 0 及 1 两个值. $\{X=0\}$表示"产品合格"，$\{X=1\}$表示"产品不合格"，则 X 的分布律为

X	0	1
P	0.95	0.05

2. 二项分布

若随机变量 X 的分布律为

$$P\{X=k\}=\mathrm{C}_n^k p^k q^{n-k} \quad (k=0,1,2,\cdots,n),$$

其中 $0<p<1, q=1-p$，则称 X 服从参数为 n 和 p 的**二项分布**，记为 $X \sim B(n,p)$.

第 1 章介绍了 n 重伯努利概型，若事件 A 在一次试验中发生的概率 $P(A)=p$，则事件 A 在 n 次独立试验中发生 k 次的概率为 $\mathrm{C}_n^k p^k q^{n-k}$，故二项分布 $B(n,p)$ 描述了 n 重伯努利概型中以概率 p 在每次试验中出现的事件 A 发生的次数的分布律. 显然，当 $n=1$ 时，二项分布就是 0-1 分布.

利用牛顿二项式定理，即 $(a+b)^n=\sum\limits_{i=0}^{n}\mathrm{C}_n^i a^i b^{n-i}$，则二项分布满足离散型随机变量分布律的基本性质：

(1) $p_k=\mathrm{C}_n^k p^k q^{n-k}>0 \ (k=0,1,2,\cdots,n)$；

(2) $\sum\limits_{k=0}^{n} p_k=\sum\limits_{k=0}^{n}\mathrm{C}_n^k p^k q^{n-k}=1$.

例 5 据调查，市场上出售的某名牌香烟中，假冒产品占 15%，某人每次买 20 条该种香烟，求他至少买到一条假烟的概率.

解 若以 X 表示 20 条香烟中假烟的条数，则由题意知 $X \sim B(20,0.15)$，所以

$$\begin{aligned}P\{X\geqslant 1\}&=1-P\{X<1\}=1-P\{X=0\}\\&=1-\mathrm{C}_{20}^0(0.15)^0(0.85)^{20}\approx 0.961.\end{aligned}$$

例 6 有 5 道是非题，如果某学生仅凭随机猜测来回答，求这 5 道题全部答对、恰好答对 1 题及至少答对 1 题的概率.

解 用 X 表示 5 道是非题中答对的题数，则由题意知 $X \sim B\left(5,\dfrac{1}{2}\right)$，设事件 A

表示“5 道题全部答对”，事件 B 表示“恰好答对 1 题”，事件 C 表示“至少答对 1 题”，则随机变量 X 的分布律为

$$P\{X=k\}=C_5^k\left(\frac{1}{2}\right)^k\left(1-\frac{1}{2}\right)^{5-k}\quad(k=0,1,2,3,4,5).$$

于是所求概率为

$$P(A)=P\{X=5\}=C_5^5\left(\frac{1}{2}\right)^5=\frac{1}{32},$$

$$P(B)=P\{X=1\}=C_5^1\left(\frac{1}{2}\right)^1\left(1-\frac{1}{2}\right)^4=\frac{5}{32},$$

$$P(C)=P\{X\geqslant 1\}=1-P\{X=0\}=1-C_5^0\left(\frac{1}{2}\right)^0\left(1-\frac{1}{2}\right)^5=\frac{31}{32}.$$

二项分布 $B(n,p)$ 中使概率 $P\{X=k\}$ 取最大值的 k，记为 k_0，称 k_0 为二项分布的**最可能值**. 下面讲述已知 n 及 p 来求 k_0 的过程.

设 k_0 为最可能值，即 $P\{X=k_0\}$ 为最大，则有下面不等式组：

$$\begin{cases}P\{X=k_0-1\}\leqslant P\{X=k_0\},\\P\{X=k_0+1\}\leqslant P\{X=k_0\},\end{cases}$$

即

$$\begin{cases}C_n^{k_0-1}p^{k_0-1}(1-p)^{n-k_0+1}\leqslant C_n^{k_0}p^{k_0}(1-p)^{n-k_0},\\C_n^{k_0+1}p^{k_0+1}(1-p)^{n-k_0-1}\leqslant C_n^{k_0}p^{k_0}(1-p)^{n-k_0},\end{cases}$$

解得 $np+p-1\leqslant k_0\leqslant np+p$，即

$$k_0=\begin{cases}np+p\text{ 和 }np+p-1, & np+p\text{ 为整数},\\ [np+p], & np+p\text{ 不是整数},\end{cases}$$

其中 $[np+p]$ 表示不超过 $np+p$ 的最大整数.

例 7 某批产品中 80% 的一等品，对它们进行重复抽样检验，共取出 6 个这种产品，X 表示其中一等品数，求 X 的最可能值 k_0，并用伯努利公式验证.

解 由题意 $X\sim B(6,0.8)$，又 $np+p=4.8+0.8=5.6$ 不是整数，所以 X 的最可能值为 5，利用伯努利公式得 X 的分布律为

X	0	1	2	3	4	5	6
P	0.000 064	0.001 536	0.015 36	0.081 92	0.245 76	0.393 216	0.262 144

可见，$k_0=5$ 时概率 $P\{X=k\}$ 为最大，这就验证了 X 的最可能值为 5.

3. 泊松分布

若随机变量 X 的分布律为

$$P\{X=k\}=\frac{\lambda^k}{k!}e^{-\lambda}\quad(k=0,1,2,\cdots),$$

其中 $\lambda>0$，则称 X 服从参数为 λ 的**泊松分布**，记为 $X\sim P(\lambda)$. 为使用方便，本书将

概率值 $P\{X \geqslant m\} = \sum_{k=m}^{\infty} \frac{\lambda^k}{k!} e^{-\lambda}$ 编制成附表 D,可供查用.

容易验证:

(1) $P\{X=k\} \geqslant 0 \ (k=0,1,2,\cdots)$,

(2) $\sum_{k=0}^{\infty} P\{X = k\} = \sum_{k=0}^{\infty} e^{-\lambda} \frac{\lambda^k}{k!} = e^{-\lambda} \sum_{k=0}^{\infty} \frac{\lambda^k}{k!} = e^{-\lambda} e^{\lambda} = 1.$

泊松分布是常用的离散型分布之一,它是由法国数学家泊松于 1837 年提出的,常与单位时间(或单位面积、单位产品等)上的计数过程相联系.例如,电话交换台接到的呼叫次数、公共汽车站到达的乘客数、一本书一页中的印刷错误数以及放射性分裂落到某区域的质点数等,都服从泊松分布.因此,泊松分布在实际中的应用是非常广泛的.

例 8 商店的历史销售表明,某种商品每月的销售量服从参数 $\lambda=10$ 的泊松分布.为了以 95%以上的概率保证该种商品不脱销,假定上个月没有存货,问商店在月底至少应进多少件该种商品?

解 设商店每月销售该种商品 X 件,月底的进货量为 n 件,依题意,有 $X \sim P(10)$,则

$$P\{X \leqslant n\} = \sum_{k=0}^{n} \frac{10^k}{k!} e^{-10} \geqslant 0.95.$$

于是,$P\{X \geqslant n+1\} \leqslant 0.05$,查泊松分布表得 $P\{X \geqslant 16\} \approx 0.0487$,则取 $n+1=16$,即 $n=15$.

因此,这家商店只要在月底进货 15 件该种商品,就可以 95%的概率保证该种商品在下个月内不会脱销.

定理 2.2.1(泊松定理) 在 n 重伯努利试验中,事件 A 在每次试验中发生的概率为 p_n(注意这与试验的次数 n 有关),如果 $n \to \infty$ 时,$np_n \to \lambda$($\lambda>0$,为常数),则对任意给定的非负整数 k,有

$$\lim_{n \to \infty} C_n^k p_n^k (1-p_n)^{n-k} = \frac{\lambda^k}{k!} e^{-\lambda}.$$

该定理的证明略去.

由于泊松定理是在 $np_n \to \lambda$ 条件下获得的,故在计算二项分布 $B(n,p)$ 时,当 n 较大、p 较小,而且乘积 $\lambda=np$ 大小适中时(例如 $n \geqslant 100$,$\lambda=np \leqslant 10$),可以用泊松分布作近似,即

$$C_n^k p^k (1-p)^{n-k} \approx \frac{\lambda^k}{k!} e^{-\lambda}.$$

例 9 一本 500 页的书,共有 250 个错别字,每个错别字等可能地出现在每一页上,试求在给定的一页上至少有 2 个错别字的概率.

解 令 X 表示在给定的一页上出现错别字的个数，则由题意 $X \sim B\left(250, \frac{1}{500}\right)$，由于 $n=250>100$，$np=0.5<10$，则 X 近似服从参数为 0.5 的泊松分布，即

$$P\{X=k\} \approx \frac{e^{-0.5}}{k!} (k=0,1,2,\cdots),$$

$$P\{X \geqslant 2\}=1-P\{X<2\}=1-P\{X=0\}-P\{X=1\}$$

$$=1-e^{-0.5}-\frac{1}{2}e^{-0.5} \approx 0.0902.$$

4. 几何分布

若随机变量 X 的分布律为

$$P\{X=k\}=q^{k-1}p \quad (k=1,2,3,\cdots),$$

其中 $0<p<1$，$q=1-p$，则称 X 服从**几何分布**，记为 $X \sim G(p)$.

容易验证：

(1) $P\{X=k\}=q^{k-1}p>0$；

(2) $\sum\limits_{k=1}^{\infty} P\{X=k\}=\sum\limits_{k=1}^{\infty} q^{k-1}p=1$.

具有几何分布的随机变量在实际中的应用是很广泛的，例如，对一个目标进行射击，直到射中为止，则射击次数服从几何分布.

例 10 某人有一串 m 把外形相同的钥匙，其中只有 1 把能打开家门. 有一天此人酒醉后回家，下意识地每次从 m 把钥匙中随机拿 1 把去开门，问此人在第 k 次才能把门打开的概率有多大？

解 设 X 表示把门打开需要的次数，依题意有 $X \sim G\left(\frac{1}{m}\right)$，故

$$P\{X=k\}=\frac{1}{m}\left(1-\frac{1}{m}\right)^{k-1} \quad (k=1,2,3,\cdots).$$

5. 超几何分布

若随机变量 X 的分布律为

$$P\{X=k\}=\frac{C_M^k C_{N-M}^{n-k}}{C_N^n} (k=0,1,2,\cdots,\min(n,N)),$$

则称 X 服从超几何分布，记为 $X \sim H(n,M,N)$.

例 11 从 4 名男生 2 名女生中任选 3 人参加竞赛，所选 3 人都是男生的概率是多少？

解 设 X 表示所选男生的人数，依题意有

$$P\{X=3\}=\frac{C_4^3 C_2^0}{C_6^3}=\frac{1}{5}.$$

习题 2.2

1. 下列表中所列出的是否是某个随机变量的分布律？

(1)

X	1	3	5
P	0.5	0.3	0.2

；

(2)

X	1	2	3
P	0.1	0.1	0.7

；

(3)

X	1	2	…	n	…
P	$\frac{1}{2}$	$\left(\frac{1}{2}\right)^2$	…	$\left(\frac{1}{2}\right)^n$	…

.

2. 设随机变量 X 的分布律为

$$P\{X=k\}=\frac{c}{N}\quad(k=1,2,\cdots,N),$$

试确定常数 c.

3. 设随机变量 X 的分布律为

$$P\{X=k\}=\frac{k}{15}\quad(k=1,2,3,4,5).$$

求：(1) $P\{X=1$ 或 $X=2\}$；(2) $P\left\{\frac{1}{2}<X<\frac{5}{2}\right\}$；(3) $P\{1\leqslant X\leqslant 2\}$.

4. 一大楼装有 5 个同类型的供水设备. 调查表明，在任一时刻每个设备被使用的概率为 0.1，求在同一时刻：

(1)恰好有 2 个设备被使用的概率；

(2)至少有 3 个设备被使用的概率.

5. 一电话交换台每分钟接到的呼叫次数 $X\sim P(4)$. 求：

(1)每分钟恰有 8 次呼叫的概率；

(2)每分钟呼叫的次数多于 10 次的概率.

6. 袋中有 5 只同样大小的球，编号为 1,2,3,4,5. 从袋中同时取 3 只球，以 X 表示取出的球的最大号码，求 X 的分布律.

7. 已知 100 个产品中有 5 个次品，现从中有放回地取 3 次，每次任取 1 个，求在所取的 3 个中恰有 2 个次品的概率.

2.3 随机变量的分布函数

非离散型随机变量的可能取值不能一一列举，从而不能像离散型随机变量那样用分布律来描述其取值规律,所以在实际中,人们所关心的不是它取某特定值的概率,例如测量误差、某种产品的寿命、排队请求服务的等候时间等,我们需要研究的是这类随机变量的取值落在某个区间的概率 $P\{x_1<X\leqslant x_2\}$. 由于

$$P\{x_1<X\leqslant x_2\}=P\{X\leqslant x_2\}-P\{X\leqslant x_1\},$$

故只需要知道事件 $\{X\leqslant x\}$ 的概率就可以了. 为此,我们引入随机变量的分布函数的概念.

定义 2.3.1 设 X 是一个随机变量,x 是任意实数,函数

$$F(x)=P\{X\leqslant x\} \quad (-\infty<x<+\infty)$$

称为 X 的**分布函数**.

若将 X 看做数轴上随机点的坐标,则分布函数 $F(x)$ 在 x 处的函数值就表示 X 落在区间 $(-\infty,x]$ 上的概率.

对于任意实数 $x_1,x_2(x_1<x_2)$,有

$$P\{x_1<X\leqslant x_2\}=P\{X\leqslant x_2\}-P\{X\leqslant x_1\}=F(x_2)-F(x_1).$$

分布函数 $F(x)$ 具有下列性质:

(1)**单调不减性** 对任意实数 $x_1,x_2(x_1<x_2)$,有 $F(x_1)\leqslant F(x_2)$;

(2)**归一性** $0\leqslant F(x)\leqslant 1$,且 $F(-\infty)=\lim\limits_{x\to-\infty}F(x)=0,F(+\infty)=\lim\limits_{x\to+\infty}F(x)=1$;

(3)**右连续性** 对任意实数 x_0,$F(x_0+0)=\lim\limits_{x\to x_0^+}F(x)=F(x_0)$($F(x)$ 至多有可列个间断点).

具有上述性质(1),(2),(3)的函数 $F(x)$ 一定是某个随机变量的分布函数.

例 1 设 $F(x)=\begin{cases}\sin x, & 0\leqslant x\leqslant \pi,\\ 0, & \text{其他},\end{cases}$ 判断 $F(x)$ 是否为随机变量 X 的分布函数.

解 由于 $F(x)$ 在 $\left[\dfrac{\pi}{2},\pi\right]$ 内单调递减,不满足性质 1;$F(+\infty)=\lim\limits_{x\to+\infty}F(x)=0$,不满足性质 2;故 $F(x)$ 不是随机变量 X 的分布函数.

例 2 设随机变量 X 的分布律为

X	-1	0	1
P	$1/4$	$1/2$	$1/4$

求 X 的分布函数,并利用分布函数求 $P\{0\leqslant X\leqslant 1\}$.

解 由概率的可加性,不难求得

$$F(x)=\begin{cases}0, & x<-1,\\ \frac{1}{4}, & -1\leqslant x<0,\\ \frac{3}{4}, & 0\leqslant x<1,\\ 1, & x\geqslant 1.\end{cases}$$

$F(x)$的图像如图 2-1 所示.

$$P\{0\leqslant X\leqslant 1\}=P\{0<X\leqslant 1\}+P\{X=0\}=F(1)-F(0)+P\{X=0\}$$
$$=1-\frac{3}{4}+\frac{1}{2}=\frac{3}{4}.$$

由图 2-1 可以看到,分布函数 $F(x)$的图像是一条阶梯形曲线,在 X 的每一可能值处产生一个跳跃,跃度正好是 X 取该值的概率. 显然,这一结论对任何离散型随机变量的分布函数都成立.

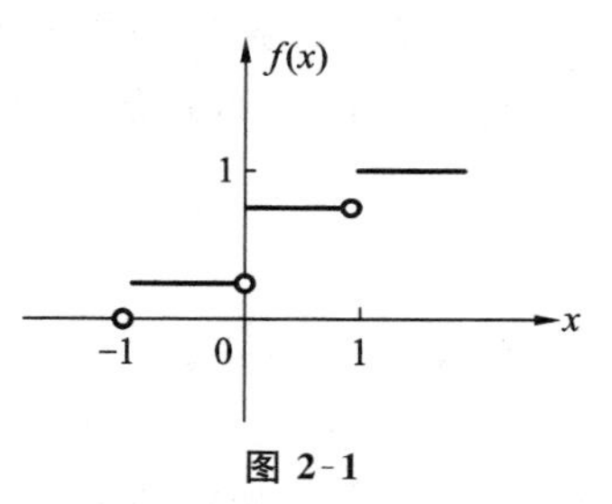

图 2-1

一般地,设离散型随机变量 X 的分布律为

$$P\{X=x_k\}=p_k\quad(k=1,2,\cdots),$$

则由概率的可列可加性得 X 的分布函数为

$$F(x)=P\{X\leqslant x\}=\sum_{x_k\leqslant x}P\{X=x_k\},$$

即

$$F(x)=\sum_{x_k\leqslant x}p_k.$$

这里和式是对所有满足 $x_k\leqslant k$ 的 k 求和. 分布函数 $F(x)$在 $x=x_k(k=1,2,\cdots)$处有跳跃,其跳跃值为 $p_k=P\{X=x_k\}$.

例 3 设随机变量 X 的分布函数为

$$F(x)=\begin{cases}0, & x<0,\\ \frac{1}{4}x^2, & 0\leqslant x<2,\\ 1, & x\geqslant 2.\end{cases}$$

求 $P\{1<X\leqslant 3\},P\left\{X>\frac{1}{2}\right\},P\{X=0.5\}$.

解 依题意得,

(1) $P\{1<X\leqslant 3\}=P\{X\leqslant 3\}-P\{X\leqslant 1\}=F(3)-F(1)=1-\frac{1}{4}=\frac{3}{4}$;

(2) $P\left\{X>\frac{1}{2}\right\}=1-P\left\{X\leqslant\frac{1}{2}\right\}=1-F\left(\frac{1}{2}\right)=1-\frac{1}{16}=\frac{15}{16}$;

(3) $P\{X=0.5\}=F(0.5)-F(0.5-0)=0$.

习题 2.3

1. 下列函数是否是某个随机变量的分布函数？

(1) $F(x)=\begin{cases}0, & x<-2,\\ \dfrac{1}{3}, & -2\leqslant x<0,\\ 1, & x\geqslant 0;\end{cases}$　　(2) $F(x)=\dfrac{1}{1+x^2}(-\infty<x<+\infty)$.

2. 设随机变量 X 的分布函数为 $F(x)=A+B\arctan x$，求：

(1) 常数 A,B 的值；(2) $P\{-1<X\leqslant\sqrt{3}\}$.

3. 用随机变量来描述一枚硬币的试验结果，写出它的分布律和分布函数.

4. 设随机变量 X 的分布律为

X	0	1	2
P	0.1	0.6	0.3

试求 X 的分布函数.

5. 一批产品分一、二、三级，其中一级品是二级品的两倍，三级品是二级品的一半. 从这批产品中随机地抽取一个检验质量，用随机变量表示检验的可能结果，写出它的分布律和分布函数.

6. 设随机变量 X 的分布函数为

$$F(x)=\begin{cases}0, & x<0,\\ \dfrac{x}{2}, & 0\leqslant x<1,\\ x-\dfrac{1}{2}, & 1\leqslant x<1.5,\\ 1, & x\geqslant 1.5,\end{cases}$$

求：$P\{0.4<X\leqslant 1.3\}$，$P\{X>0.5\}$，$P\{1.7<X\leqslant 2\}$.

2.4 连续型随机变量及其密度函数

2.4.1 连续型随机变量

定义 2.4.1 对于随机变量 X 的分布函数 $F(x)$，如果存在非负函数 $f(x)$，使得对于任意实数 x，有

$$F(x)=\int_{-\infty}^{x}f(t)\mathrm{d}t,$$

则称 X 为**连续型随机变量**，函数 $f(x)$ 为 X 的**密度函数**.

$f(x)$与$F(x)$的关系如图 2-2 所示.

密度函数$f(x)$具有以下两个基本性质：

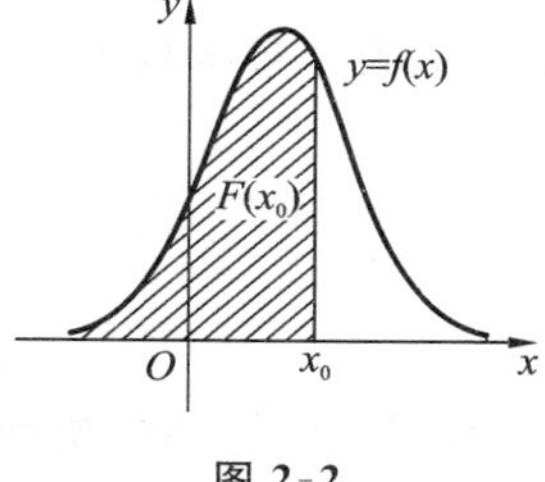

图 2-2

(1)**非负性** $f(x)\geqslant 0$;

(2)**正则性** $\int_{-\infty}^{+\infty} f(x)\mathrm{d}x=1.$

一个函数若满足上述性质(1)、(2)，则该函数一定可以作为某连续型随机变量的密度函数.

连续型随机变量的密度函数还具有下列性质.

(1)对任意实数$a,b(a\leqslant b)$，有

$$P\{a<X\leqslant b\}=F(b)-F(a)=\int_a^b f(x)\mathrm{d}x.$$

即连续型随机变量X在任意区间$(a,b]$上取值的概率是其密度函数$f(x)$在该区间上的积分.从几何上看，此概率值正好是区间$(a,b]$上以密度曲线$y=f(x)$为顶的曲边梯形的面积(见图 2-3).

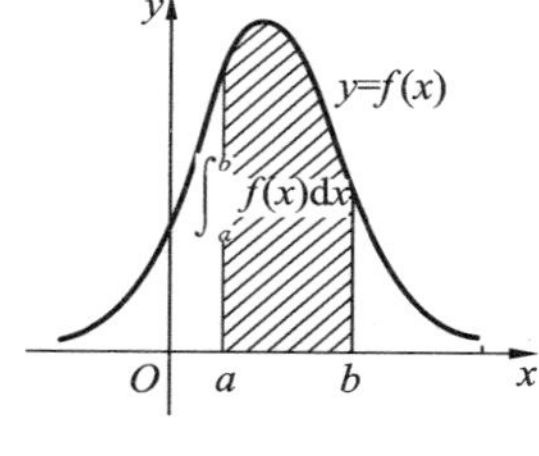

图 2-3

(2)对任意实数a，有$P\{X=a\}=0$.

因为 $$P\{X=a\}=\lim_{\Delta x\to 0+}P\{a-\Delta x<X\leqslant a\}=\lim_{\Delta x\to 0+}\int_{a-\Delta x}^{a} f(x)\mathrm{d}x=0,$$

故对连续型随机变量X，有

$$P\{a<X\leqslant b\}=P\{a\leqslant X<b\}=P\{a\leqslant X\leqslant b\}=P\{a<X<b\}.$$

(3)若$f(x)$在点x处连续，则有$F'(x)=f(x)$.

例 1 已知随机变量X的密度函数为

$$f(x)=\begin{cases}C, & -1\leqslant x\leqslant 1,\\ 0, & \text{其他}.\end{cases}$$

试求:(1)常数C;(2)分布函数$F(x)$.

解 (1)由密度函数的性质知

$$\int_{-\infty}^{+\infty} f(x)\mathrm{d}x=\int_{-1}^{1} C\mathrm{d}x=2C=1,$$

得$C=\dfrac{1}{2}$.

(2)当$x<-1$时，$F(x)=\int_{-\infty}^{x} f(t)\mathrm{d}t=0$;

当$-1\leqslant x<1$时，$F(x)=\int_{-\infty}^{x} f(t)\mathrm{d}t=\int_{-\infty}^{-1} f(t)\mathrm{d}t+\int_{-1}^{x} f(t)\mathrm{d}t=\int_{-1}^{x}\dfrac{1}{2}\mathrm{d}t=\dfrac{1}{2}(x+1)$;

当 $1\leqslant x<+\infty$ 时，$F(x)=\int_{-\infty}^{x}f(t)\mathrm{d}t=\int_{-1}^{1}\frac{1}{2}\mathrm{d}t=1$.

所以 X 的分布函数为

$$F(x)=\begin{cases}0, & x<-1,\\ \frac{1}{2}(x+1), & -1\leqslant x<1,\\ 1, & x\geqslant 1.\end{cases}$$

例 2 已知连续型随机变量 X 的密度函数为

$$f(x)=\begin{cases}kx+1, & 0\leqslant x\leqslant 2,\\ 0, & \text{其他}.\end{cases}$$

求：(1)系数 k；(2)分布函数 $F(x)$；(3)$P\{1.5<X\leqslant 2.5\}$.

解 (1)由密度函数的性质知

$$\int_{-\infty}^{+\infty}f(x)\mathrm{d}x=\int_{0}^{2}(kx+1)\mathrm{d}x=1,$$

所以 $2k+2=1$，即 $k=-\frac{1}{2}$.

$$(2)\ F(x)=\int_{-\infty}^{x}f(t)\mathrm{d}t=\begin{cases}0, & x<0,\\ -\frac{1}{4}x^2+x, & 0\leqslant x\leqslant 2,\\ 1, & x>2.\end{cases}$$

(3)$P\{1.5<X\leqslant 2.5\}=F(2.5)-F(1.5)=0.062\ 5$.

例 3 某单位每天用电量 X(单位：万度)是连续型随机变量，其密度函数为

$$f(x)=\begin{cases}6x-6x^2, & 0<x<1,\\ 0, & \text{其他}.\end{cases}$$

若每天供电量为 0.9 万度，求供电量不够的概率.

解 供电量不够意味着用电量大于供电量，即 $X>0.9$，于是

$$P\{X>0.9\}=\int_{0.9}^{+\infty}f(x)\mathrm{d}x=\int_{0.9}^{1}(6x-6x^2)\mathrm{d}x=(3x^2-2x^3)\Big|_{0.9}^{1}$$
$$=1-0.972=0.028.$$

2.4.2 常用连续型随机变量的分布

1. 均匀分布

若随机变量 X 的密度函数为

$$f(x)=\begin{cases}\frac{1}{b-a}, & a<x<b,\\ 0, & \text{其他},\end{cases}\tag{2.4.1}$$

则称 X 服从区间(a,b)上的均匀分布，记为 $X\sim U(a,b)$.

易知 $f(x)\geqslant 0$，且 $\int_{-\infty}^{+\infty} f(x)\mathrm{d}x = \int_a^b \frac{1}{b-a}\mathrm{d}x = 1$.

由式(2.4.1)得 X 的分布函数为

$$F(x)=\begin{cases}0, & x<a,\\ \frac{x-a}{b-a}, & a\leqslant x<b,\\ 1, & x\geqslant b.\end{cases}$$

$f(x)$ 和 $F(x)$ 的图像如图 2-4 和图 2-5 所示.

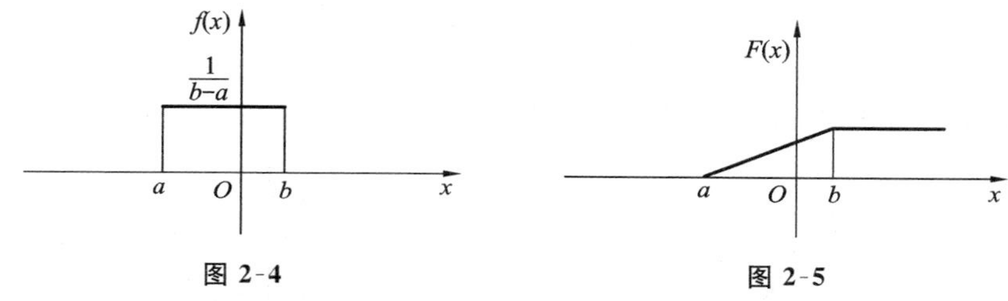

图 2-4　　图 2-5

均匀分布在实际问题中较为常见. 例如，在数值计算时由于四舍五入所造成的误差以及乘客候车的等候时间等都服从均匀分布.

一般地，若连续型随机变量 X 一切可能取值充满某一区间，在该区间内任一点有相同的密度函数，且密度函数 $f(x)$ 在该区间上为常数，这种情况均可用均匀分布来计算.

例 4　在某公交汽车始发站，每隔 6 min 发车，使得所有候车乘客都能上车离去，一位乘客候车时间 X 是一个连续型随机变量，它服从区间 $[0,6)$ 上的均匀分布，求：

(1)任选 1 位乘客候车时间超过 5 min 的概率 α；

(2)任选 4 位乘客中恰好有 2 位乘客候车时间超过 5 min 的概率 β.

解　(1)一位乘客候车时间 $X\sim U[0,6)$，则 X 的密度函数为

$$f(x)=\begin{cases}\frac{1}{6}, & 0\leqslant x<6,\\ 0, & \text{其他},\end{cases}$$

于是 $\alpha = P\{X>5\} = \int_5^{+\infty} f(x)\mathrm{d}x = \int_5^6 \frac{1}{6}\mathrm{d}x = \frac{1}{6}x \,|_5^6 = \frac{1}{6}$.

(2)任选 4 位乘客中候车时间超过 5 min 的乘客人数 Y 是一个离散型随机变量，且 $Y\sim B\left(4,\frac{1}{6}\right)$，事件 $\{Y=2\}$ 表示“任选 4 位乘客中恰好有 2 位乘客候车时间超过 5 min”，其发生的概率为

$$\beta=P\{Y=2\}=\mathrm{C}_4^2 p^2 q^2=6\times\left(\frac{1}{6}\right)^2\times\left(\frac{5}{6}\right)^2=\frac{25}{216}.$$

2. 指数分布

若随机变量 X 的密度函数为

$$f(x)=\begin{cases}\lambda e^{-\lambda x}, & x>0,\\ 0, & x\leqslant 0,\end{cases} \tag{2.4.2}$$

其中 $\lambda>0$，则称 X 服从参数为 λ 的**指数分布**，记为 $X\sim E(\lambda)$.

易知 $f(x)\geqslant 0$，且 $\int_{-\infty}^{+\infty} f(x)\mathrm{d}x=\int_0^{+\infty}\lambda e^{-\lambda x}\mathrm{d}x=1$.

由式(2.4.2)得 X 的分布函数为

$$F(x)=\begin{cases}1-e^{-\lambda x}, & x>0,\\ 0, & x\leqslant 0.\end{cases}$$

$f(x)$ 和 $F(x)$ 的图像如图 2-6 和图 2-7 所示.

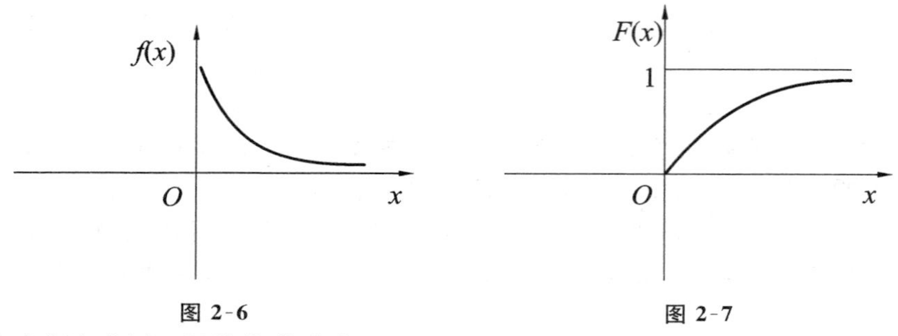

图 2-6　　　　图 2-7

在实际问题中，服从指数分布的连续型随机变量很多，如某些电子元件的寿命及顾客排队时等候服务时间等均服从指数分布.

例 5　已知某种电子元件的寿命 X(单位：h)服从参数 $\lambda=1/1\,000$ 的指数分布，求 3 个这样的元件各自独立使用 1 000 h 至少有 1 个已损坏的概率.

解　由题意，$X\sim E\left(\frac{1}{1\,000}\right)$，则 X 的密度函数为

$$f(x)=\begin{cases}\frac{1}{1\,000}e^{-\frac{x}{1\,000}}, & x>0,\\ 0, & x\leqslant 0.\end{cases}$$

于是 $P\{X>1\,000\}=\int_{1\,000}^{+\infty}f(x)\mathrm{d}x=e^{-1}$. 又各元件的寿命是否超过 1 000 h 是独立的，因此 3 个元件使用 1 000 h 都未损坏的概率为 e^{-3}，从而至少有 1 个已损坏的概率为 $1-e^{-3}$.

例 6　设顾客在银行窗口等待服务的时间 X(单位：min)服从指数分布，其密度函数为

$$f(x)=\begin{cases}\frac{1}{5}e^{-\frac{x}{5}}, & x>0,\\ 0, & x\leqslant 0.\end{cases}$$

某顾客在窗口等待服务，若超过 10 min，他就离开，他一个月要到银行 5 次. 以 Y 表示一个月内他未等到服务而离开窗口的次数，试求 Y 的分布律，并求 $P\{Y\geqslant 1\}$.

解 顾客在窗口等待服务，一次不超过 10 min 的概率为

$$P\{X\leqslant 10\}=\int_{-\infty}^{10}f(x)\mathrm{d}x=\int_{0}^{10}\frac{1}{5}\mathrm{e}^{-\frac{x}{5}}\mathrm{d}x=1-\mathrm{e}^{-2}.$$

故顾客在去银行一次未等到服务而离开的概率为 $P\{X>10\}=\mathrm{e}^{-2}$，从而 $Y\sim B(5,\mathrm{e}^{-2})$，其分布律为

$$P\{Y=k\}=\mathrm{C}_5^k(\mathrm{e}^{-2})^k(1-\mathrm{e}^{-2})^{5-k}\quad (k=0,1,2,3,4,5),$$

所以 $P\{Y\geqslant 1\}=1-P\{Y=0\}=1-(1-\mathrm{e}^{-2})^5=0.516\ 7$.

3. 正态分布

设随机变量 X 的密度函数为

$$f(x)=\frac{1}{\sqrt{2\pi}\sigma}\mathrm{e}^{-\frac{(x-\mu)^2}{2\sigma^2}},\quad -\infty<x<+\infty, \tag{2.4.3}$$

其中 μ,σ 为常数，$\sigma>0$，则称 X 服从参数为 μ,σ 的正态分布，记为 $X\sim N(\mu,\sigma^2)$.

显然 $f(x)\geqslant 0$，利用泊松积分 $\int_{-\infty}^{+\infty}\mathrm{e}^{-x^2}\mathrm{d}x=\sqrt{\pi}$，可以验证 $\int_{-\infty}^{+\infty}f(x)\mathrm{d}x=1$.

在自然现象和社会现象中，大量随机变量都服从或近似服从正态分布. 例如，一个地区的男性成年人的身高、测量某零件长度的误差、海洋波浪的高度等都服从正态分布.

正态分布的密度函数 $f(x)$ 的图像如图 2-8 所示，且具有以下特点：

(1) $f(x)$ 的图形关于直线 $x=\mu$ 对称，且当 $x=\mu$ 时，$f(x)$ 达到最大值 $\frac{1}{\sqrt{2\pi}\sigma}$；

(2) 在 $x=\mu\pm\sigma$ 处，曲线 $y=f(x)$ 有拐点；

(3) $f(x)$ 以 x 轴为渐近线；

(4) 若固定 σ，改变 μ 值，则曲线 $y=f(x)$ 沿 x 轴平行移动，曲线的几何图形不变；

(5) 若固定 μ，改变 σ 值，由 $f(x)$ 的最大值可知，当 σ 变得越大，$f(x)$ 的图形越平坦；当 σ 变得越小，$f(x)$ 的图形越陡峭.

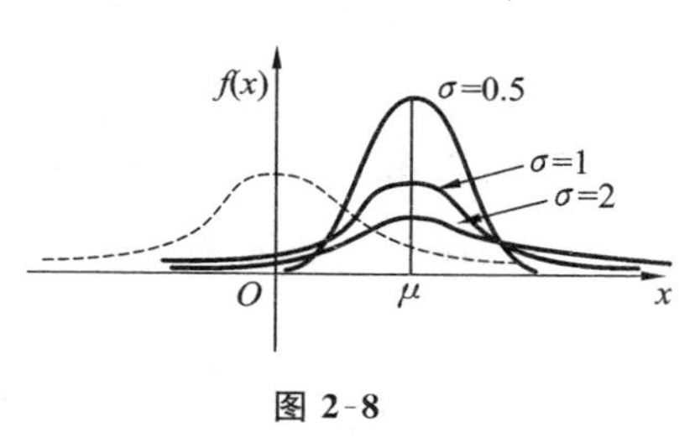

图 2-8

若 $X\sim N(\mu,\sigma^2)$，则 X 的分布函数为

$$F(x)=\frac{1}{\sqrt{2\pi}\sigma}\int_{-\infty}^{x}\mathrm{e}^{-\frac{(t-\mu)^2}{2\sigma^2}}\mathrm{d}t\quad (-\infty<x<+\infty).$$

特别地，当 $\mu=0,\sigma^2=1$ 时，称 X 服从**标准正态分布**，即 $X\sim N(0,1)$，其密度函数为

$$\varphi(x)=\frac{1}{\sqrt{2\pi}}\mathrm{e}^{-\frac{x^2}{2}}\quad (-\infty<x<+\infty),$$

标准正态分布的分布函数为

$$\Phi(x)=\int_{-\infty}^{x}\frac{1}{\sqrt{2\pi}}e^{-\frac{t^2}{2}}dt.$$

$\varphi(x)$和$\Phi(x)$的图像如图 2-9 和图 2-10 所示.

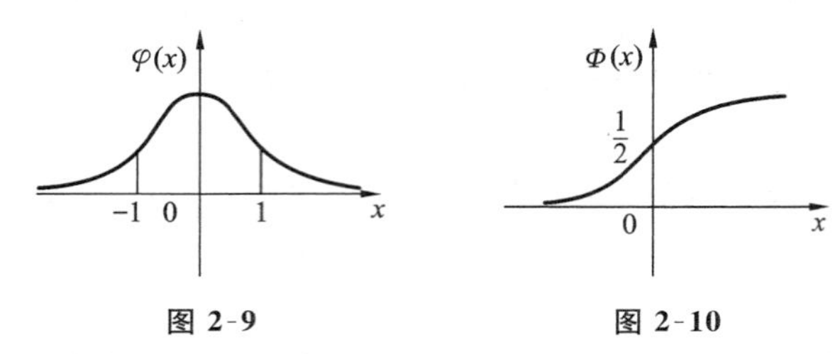

图 2-9　　图 2-10

对于标准正态分布的分布函数,一个重要的公式是:对于任意实数 x,有

$$\Phi(-x)=1-\Phi(x).$$

为了应用方便,编制了标准正态分布函数 $\Phi(x)$的函数值表(见附表 E),可供查用.

例 7　设随机变量 $X\sim N(0,1)$,查表计算:

(1)$P\{X\leqslant 2.5\}$;

(2)$P\{X>2.5\}$;

(3)$P\{|X|<2.5\}$.

解　(1)$P\{X\leqslant 2.5\}=\Phi(2.5)=0.9938$;

(2)$P\{X>2.5\}=1-P\{X\leqslant 2.5\}=1-\Phi(2.5)=0.0062$;

(3)$P\{|X|<2.5\}=P\{-2.5<X<2.5\}=\Phi(2.5)-\Phi(-2.5)$

$$=2\Phi(2.5)-1=2\times 0.9938-1=0.9876.$$

对于一般的正态分布,其相关概率的计算可以根据下面的定理转化为 $\Phi(x)$的计算.

定理 2.4.1　若 $X\sim N(\mu,\sigma^2)$,则 $Y=\frac{X-\mu}{\sigma}\sim N(0,1)$.

由定理 2.4.1 知,如果 $X\sim N(\mu,\sigma^2)$,那么

$$P\{a<X<b\}=P\left\{\frac{a-\mu}{\sigma}<\frac{X-\mu}{\sigma}<\frac{b-\mu}{\sigma}\right\}=\Phi\left(\frac{b-\mu}{\sigma}\right)-\Phi\left(\frac{a-\mu}{\sigma}\right).$$

例 8　设 $X\sim N(1,4)$,求 $P\{0<X<1.6\}$.

解　$P\{0<X<1.6\}=P\left\{\frac{0-1}{2}<\frac{X-1}{2}<\frac{1.6-1}{2}\right\}=\Phi\left(\frac{1.6-1}{2}\right)-\Phi\left(\frac{0-1}{2}\right)$

$$=\Phi(0.3)-\Phi(-0.5)=0.6179-[1-\Phi(0.5)]$$

$$=0.6179-1+0.6915=0.3094.$$

例 9　公共汽车车门的高度是按男子与车门顶碰头的机会在 0.01 以下来设计的,设男子身高 X(单位:cm)服从正态分布 $N(170,6^2)$,试确定车门的高度.

解　设车门的高度为 h(单位:cm).依题意,有

$$P\{X>h\}=1-P\{X\leqslant h\}<0.01,$$

即
$$P\{X\leqslant h\}>0.99.$$

因为 $X\sim N(170,6^2)$，所以

$$P\{X\leqslant h\}=\Phi\left(\frac{h-170}{6}\right)>0.99,$$

查标准正态分布表得

$$\Phi(2.33)=0.9901>0.99,$$

所以
$$\frac{h-170}{6}\approx 2.33,$$

即
$$h=183.98\ \text{cm}\approx 184\ \text{cm},$$

故公共汽车车门的设计高度至少应为 184 cm 方可保证男子与车门顶碰头的概率在 0.01 以下.

例 10 设某商店出售的白糖每包的标准重量是 500(单位:g)，设每包重量 X 是随机变量，$X\sim N(500,25)$. 求：

(1)随机抽查一包，其重量大于 510 g 的概率；

(2)随机抽查一包，其重量与标准重量之差的绝对值在 8 g 之内的概率；

(3)常数 C，使每包的重量小于 C 的概率为 0.05.

解 (1)
$$P\{X>510\}=1-P\{X\leqslant 510\}=1-\Phi\left(\frac{510-500}{5}\right)$$
$$=1-\Phi(2)=1-0.977\,2=0.022\,8;$$

(2)
$$P\{|X-500|<8\}=P\{492<X<508\}$$
$$=\Phi\left(\frac{508-500}{5}\right)-\Phi\left(\frac{492-500}{5}\right)$$
$$=\Phi(1.6)-\Phi(-1.6)=2\Phi(1.6)-1$$
$$=2\times 0.945\,2-1=0.890\,4;$$

(3)常数 C 满足 $P\{X<C\}=0.05$，即 $\Phi\left(\frac{C-500}{5}\right)=0.05$，所以

$$\Phi\left(\frac{500-C}{5}\right)=0.95.$$

查表得
$$\frac{500-C}{5}\approx 1.64,$$

从而
$$C\approx 491.8.$$

习题 2.4

1. 设随机变量 X 具有密度函数

$$f(x)=\begin{cases}K\mathrm{e}^{-3x}, & x>0,\\ 0, & x\leqslant 0,\end{cases}$$

求:(1)常数 K;(2)$P\{X>0.1\}$;(3)$F(x)$.

2. 已知随机变量 X 具有密度函数

$$f(x)=\begin{cases}2x, & 0<x<1,\\ 0, & \text{其他},\end{cases}$$

求:(1)$P\{X\leqslant 0.5\}$;(2)$P\{X=0.5\}$;(3)$F(x)$.

3. 某仪器装有三只独立工作的同型号电子元件,其寿命(单位:h)都服从同一指数分布,密度函数为

$$f(x)=\begin{cases}\dfrac{1}{600}\mathrm{e}^{-\frac{x}{600}}, & x>0,\\ 0, & x\leqslant 0.\end{cases}$$

试求在仪器使用的最初 200 h 内,至少有一个电子元件损坏的概率.

4. 设 K 在区间(1,6)上服从均匀分布,求方程 $x^2+Kx+1=0$ 有实根的概率.

5. 设 $X\sim N(1,4)$,求 $P\{X\leqslant -3\}$,$P\{1<X<3\}$,$P\{|X|>1\}$.

6. 设一批零件的长度 X 服从参数为 $\mu=20$,$\sigma^2=0.02^2$ 的正态分布,规定长度 X 在 20 ± 0.03 内为合格品.现任取 1 个零件,问它为合格品的概率?

7. 某地抽样调查表明,考生的外语成绩(百分制)近似服从正态分布,平均成绩为 72 分,96 分以上的考生占考生总数的 2.3%,试求考生的外语成绩在 60 分至 84 分之间的概率.

8. 某人去火车站乘车,有两条路线可以走.第一条路程较短,但交通拥挤,所需时间(单位:min)服从正态分布 $N(40,10^2)$;第二条路程较长,但意外阻塞较少,所需时间服从正态分布 $N(50,4^2)$.

(1)若动身时离开车时间只有 60 min,应走哪一条路线?

(2)若动身时离开车时间只有 45 min,应走哪一条路线?

2.5 随机变量函数的分布

在实际中,所考虑的随机变量常常依赖于另一个随机变量.例如测量一个正方形的边长,其结果为 X,则 X 是一个随机变量,而正方形的周长 $Y=4X$ 是关于 X 的函数,也是随机变量.本节要解决的问题是如何由已知随机变量 X 的分布去求其函数 $Y=g(X)$的分布.

2.5.1 离散型随机变量函数的分布

设离散型随机变量 X 的分布律为

X	x_1	x_2	$\cdots$	x_k	$\cdots$
P	p_1	p_2	$\cdots$	p_k	$\cdots$

则 $Y=g(X)$ 也是离散型随机变量. 当 X 取某值 x_k 时，随机变量 Y 取值 $y_k=g(x_k)$. 如果所有 $g(x_k)$ 的值全不相等，则随机变量 Y 的分布律为

Y	$g(x_1)$	$g(x_2)$	$\cdots$	$g(x_k)$	$\cdots$
P	p_1	p_2	$\cdots$	p_k	$\cdots$

如果某些 $y_k=g(x_k)$ 相同，则将其对应的概率相加，就得到 Y 取 y_k 的概率.

例 1 设 X 的分布律为

X	-1	0	1	2
P	0.1	0.2	0.3	0.4

求：(1) $Y=2X-1$ 的分布律；

(2) $Z=X^2$ 的分布律.

解 (1) $Y=2X-1$ 的分布律为

Y	-3	-1	1	3
P	0.1	0.2	0.3	0.4

(2) 由 $Z=X^2$ 得

Z	$(-1)^2$	0^2	1^2	2^2
P	0.1	0.2	0.3	0.4

则 $$P\{Z=1\}=P\{X=-1\}+P\{X=1\}=0.1+0.3=0.4,$$
所以 $Z=X^2$ 的分布律为

Z	0	1	4
P	0.2	0.4	0.4

2.5.2 连续型随机变量函数的分布

已知连续型随机变量 X 的密度函数为 $f_X(x)$，如何确定随机变量 $Y=g(X)$ 的分布，从下面的例子来考虑这个问题.

例 2 设连续型随机变量 X 具有密度函数 $f_X(x)$，求随机变量 $Y=kX+b$（其中 k,b 为常数且 $k\neq 0$）的密度函数 $f_Y(y)$.

解 设 X,Y 的分布函数分别为 $F_X(x),F_Y(y)$.

当 $k>0$ 时，

$$F_Y(y)=P\{Y\leqslant y\}=P\{kX+b\leqslant y\}=P\left\{X\leqslant\frac{y-b}{k}\right\}=F_X\left(\frac{y-b}{k}\right),$$

上式两边对 y 求导数，得 $f_Y(y)=\frac{1}{k}f_X\left(\frac{y-b}{k}\right)$.

当 $k<0$ 时，

$$F_Y(y)=P\{Y\leqslant y\}=P\{kX+b\leqslant y\}$$
$$=P\left\{X\geqslant\frac{y-b}{k}\right\}=1-F_X\left(\frac{y-b}{k}\right),$$

上式两边对 y 求导数，得 $f_Y(y)=-\frac{1}{k}f_X\left(\frac{y-b}{k}\right)$.

综上，$f_Y(y)=\frac{1}{|k|}f_X\left(\frac{y-b}{k}\right)$.

特别地，若 $X\sim N(\mu,\sigma^2)$，则 X 的密度函数为

$$f_X(x)=\frac{1}{\sqrt{2\pi}\sigma}\mathrm{e}^{-\frac{(x-\mu)^2}{2\sigma^2}}\quad(-\infty<x<+\infty),$$

则 $Y=kX+b$ 的密度函数为

$$f_Y(y)=\frac{1}{\sqrt{2\pi}\sigma|k|}\mathrm{e}^{-\frac{[y-(k\mu+b)]^2}{2(k\sigma)^2}}\quad(-\infty<y<+\infty),$$

即
$$Y=kX+b\sim N(k\mu+b,(k\sigma)^2).$$

若 $k=\frac{1}{\sigma}$，$b=-\frac{\mu}{\sigma}$，则 $Y=\frac{X-\mu}{\sigma}\sim N(0,1)$.

例 3 设随机变量 X 具有密度函数 $f_X(x)$，$-\infty<x<+\infty$，求 $Y=X^2$ 的密度函数 $f_Y(y)$.

解 设 X,Y 的分布函数分别为 $F_X(x)$，$F_Y(y)$.

当 $y<0$ 时，$F_Y(y)=P\{Y\leqslant y\}=P(\varnothing)=0$.

当 $y\geqslant0$ 时，$F_Y(y)=P\{Y\leqslant y\}=P\{X^2\leqslant y\}=P\{-\sqrt{y}\leqslant X\leqslant\sqrt{y}\}=F_X(\sqrt{y})-F_X(-\sqrt{y})$.

$F_Y(y)$ 对 y 求导数得 Y 的密度函数为

$$f_Y(y)=\begin{cases}\frac{1}{2\sqrt{y}}[f_X(\sqrt{y})+f_X(-\sqrt{y})], & y>0,\\ 0, & y\leqslant0.\end{cases}$$

例如，设 $X\sim N(0,1)$，其密度函数为

$$f_X(x)=\frac{1}{\sqrt{2\pi}}\mathrm{e}^{-\frac{x^2}{2}}\quad(-\infty<x<+\infty),$$

则 $Y=X^2$ 的密度函数为

$$f_Y(y)=\begin{cases}\frac{1}{\sqrt{2\pi}}y^{-\frac{1}{2}}\mathrm{e}^{-\frac{y}{2}}, & y>0,\\ 0, & y\leqslant0.\end{cases}$$

特别地，求连续型随机变量函数的密度函数有下面的定理.

定理 2.5.1 如果连续型随机变量 X 的密度函数为 $f_X(x)(-\infty<x<+\infty)$，又设函数 $g(x)$ 处处可导且恒有 $g'(x)>0$（或恒有 $g'(x)<0$），则 $Y=g(X)$ 是连续

型随机变量,且其密度函数为

$$f_Y(y)=\begin{cases} f_X[h(y)]|h'(y)|, & \alpha<y<\beta, \\ 0, & \text{其他}, \end{cases}$$

其中 $\alpha=\min\{g(-\infty),g(+\infty)\}$,$\beta=\max\{g(-\infty),g(+\infty)\}$,$h(y)$是 $g(x)$的反函数.

特别地,若 $f_X(x)$在有限区间$[a,b]$以外为 0,且在$[a,b]$上恒有 $g'(x)>0$(或恒有 $g'(x)<0$),以上式子依然成立,其中 $\alpha=\min\{g(a),g(b)\}$,$\beta=\max\{g(a),g(b)\}$,$x=h(y)$为 $y=g(x)$在$[a,b]$上的反函数.

例 4 随机变量 X 在$\left(-\frac{\pi}{2},\frac{\pi}{2}\right)$内服从均匀分布,$Y=\sin X$,试求随机变量 Y 的密度函数.

解 因 $y=g(x)=\sin x$ 在$\left(-\frac{\pi}{2},\frac{\pi}{2}\right)$内恒有 $g'(x)=\cos x>0$,且有反函数

$$x=h(y)=\arcsin y, \quad h'(y)=\frac{1}{\sqrt{1-y^2}},$$

又 X 的密度函数为

$$f_X(x)=\begin{cases} \frac{1}{\pi}, & -\frac{\pi}{2}<x<\frac{\pi}{2}, \\ 0, & \text{其他}, \end{cases}$$

由定理 2.5.1 得 $Y=\sin X$ 的密度函数为

$$f_Y(y)=\begin{cases} \frac{1}{\pi\sqrt{1-y^2}}, & -1<y<1, \\ 0, & \text{其他}. \end{cases}$$

习题 2.5

1. 设随机变量 X 的分布律为

X	-1	0	1
P	0.2	0.5	0.3

求随机变量 $Y=X^2$ 的分布律.

2. 设随机变量 X 的分布律为

X	0	$\pi/2$	π
P	1/4	1/2	1/4

求 $Y=\cos X$ 的分布律.

3. 已知随机变量 X 服从区间$[0,1]$上的均匀分布,求 X 的函数 $Y=3X+1$ 的密度函数.

4. 已知随机变量 $X \sim f(x)=\begin{cases}\dfrac{2}{\pi(1+x^2)}, & x>0,\\ 0, & \text{其他},\end{cases}$ 求 $Y=\ln X$ 的密度函数.

5. 设随机变量 X 在区间 $(0,1)$ 上服从均匀分布，求 $Y=1/(1+X)$ 的密度函数.

6. 设随机变量 $X \sim N(0,1)$，求 $Y=2X^2+1$ 的密度函数.

7. 假设随机变量 X 服从 $(0,1)$ 上的均匀分布，求证：随机变量 $Y=-\dfrac{\ln(1-X)}{2}$ 服从参数为 2 的指数分布.

数学家泊松简介

泊松

泊松(Poisson)，1781 年 6 月 21 日生于法国卢瓦雷省的皮蒂维耶，1840 年 4 月 25 日卒于法国索镇.

1798 年泊松进入巴黎综合工科学校，成为拉格朗日、拉普拉斯的得意门生，在毕业时由于其成绩优异，又得到拉普拉斯的大力推荐，故留校任辅导教师. 1802 年任巴黎理学院教授. 1812 年当选为法国科学院院士. 1816 年应聘为索邦大学教授. 1826 年被选为彼得堡科学院名誉院士. 1837 年被封为男爵. 著名数学家阿贝尔说："泊松知道怎样做到举止非常高贵."

泊松是法国第一流的分析学家，年仅 18 岁就发表了一篇关于有限差分的论文，受到了勒让德的好评. 他一生成果硕硕，发表论文 300 多篇，对数学和物理学都作出了杰出贡献.

在数学方面，美国数学史家克兰(Kline)指出："泊松是第一个沿着复平面上的路径实行积分的人."泊松在他 1817 年的出版物中对序列收敛的条件就有了正确的概念，现在一般把这个条件归功于柯西. 泊松对发散级数作了深入的探讨，并奠定了"发散级数求积"的理论基础，引进了一种今天看来就是可和性的概念. 把任意函数表示为三角级数和球函数时，他广泛地使用了发散级数，用发散级数解出过微分方程，并导出了用发散级数作计算怎样会导致错误的例子．他关于定积分的一系列论文以及在傅里叶级数方面取得的成果，为后来的狄利克雷和黎曼的研究铺平了道路．

泊松是19世纪概率统计领域里的卓越人物．他改进了概率论的运用方法，特别是用于统计方面的方法，建立了描述随机现象的一种概率分布——泊松分布．他推广了“大数定律”，并导出了在概率论与数理方程中有重要应用的泊松积分．他是从法庭审判问题出发研究概率论的，1837年出版了他的专著《关于刑事案件和民事案件审判概率的研究》．

泊松就三个变数的二次型建立起特征值理论，并给出新颖的消元法，研究过曲面的曲率问题和积分方程．

泊松一生对摆的研究极其感兴趣，他的科学生涯就是从研究微分方程及其在摆的运动和声学理论中的应用开始的．直到晚年，他仍用大部分时间和精力从事摆的研究．他为什么对摆如此着迷呢？传说泊松小时候身体孱弱，他的母亲曾把他托给一个保姆照料，保姆一离开他，就把泊松放在一个摇篮式的布袋里，并将布袋挂在棚顶的钉子上，吊着他摆来摆去．这个保姆认为，这样不但可以使孩子身上不被弄脏，而且还有益于孩子的健康．泊松后来风趣地说：吊着我摆来摆去不但是我孩提时的体育锻炼，并且使我在孩提时就熟悉了摆．

在数学中以他的姓名命名的有泊松定理、泊松公式、泊松方程、泊松分布、泊松过程、泊松积分、泊松级数、泊松变换、泊松代数、泊松比、泊松流、泊松核、泊松括号、泊松稳定性、泊松积分表示、泊松求和法等．

第2章总习题

1．选择题．

（1）设随机变量 X 服从参数为 λ 的泊松分布，且 $P\{X=1\}=P\{X=2\}$，则 $P\{X>2\}$ 的值为（　　）．

A. $\dfrac{1}{e^2}$　　B. $1-\dfrac{5}{e^2}$　　C. $1-\dfrac{4}{e^2}$　　D. $1-\dfrac{2}{e^2}$

（2）设随机变量 X 服从$[1,5]$上的均匀分布，则（　　）．

A. $P\{a\leqslant X\leqslant b\}=\dfrac{b-a}{4}$　　B. $P\{3<X<6\}=\dfrac{3}{4}$

C. $P\{0<X<4\}=1$　　D. $P\{-1<X\leqslant 3\}=\dfrac{1}{2}$

（3）任何一个连续型随机变量的密度函数 $f(x)$ 一定满足（　　）．

A. $0 \leqslant f(x) \leqslant 1$　　　　B. 在定义域内单调不减

C. $\int_{-\infty}^{+\infty} f(x)\mathrm{d}x = 1$　　　　D. $f(x) > 0$

(4)设随机变量 X 的密度函数为 $f(x)=\begin{cases} 2x, & 0<x<1, \\ 0, & \text{其他}, \end{cases}$ 以 Y 表示对 X 的三次独立重复观察中事件 $\left\{X \leqslant \frac{1}{2}\right\}$ 出现的次数，则(　　).

A. 由于 X 是连续型随机变量，所以其函数 Y 也必是连续型的

B. Y 是随机变量，但既不是连续型的，也不是离散型的

C. $P\{Y=2\}=\frac{9}{64}$　　　　D. $Y \sim B\left(3, \frac{1}{2}\right)$

(5)设随机变量 X 的密度函数为 $f_X(x)$，则 $Y=-2X+3$ 的密度函数为(　　).

A. $-\frac{1}{2} f_X\left(-\frac{y-3}{2}\right)$　　　　B. $\frac{1}{2} f_X\left(-\frac{y-3}{2}\right)$

C. $-\frac{1}{2} f_X\left(-\frac{y+3}{2}\right)$　　　　D. $\frac{1}{2} f_X\left(-\frac{y+3}{2}\right)$

2. 填空题.

(1)已知随机变量 X 只能取 $-1,0,1,2$ 四个数值，其相应的概率依次是 $\frac{1}{2c}, \frac{1}{4c}, \frac{1}{8c}, \frac{1}{16c}$，则 $c=$________.

(2)已知随机变量 X 的分布律为

X	-1	1
P	0.6	0.4

，则 X 的分布函数 $F(x)$ =________.

(3)若随机变量 X 的分布律为

X	-1	1
P	0.5	0.5

，则 $Y=2X+1$ 的分布律为________.

(4)设随机变量 $X \sim B(2,p)$，$Y \sim B(3,p)$，若 $P\{X \geqslant 1\}=\frac{5}{9}$，则 $P\{Y \geqslant 1\}$ =________.

(5)设随机变量 X 服从正态分布 $N(\mu,\sigma^2)(\sigma>0)$，且二次方程 $y^2+4y+X=0$ 无实根的概率为 $1/2$，则 $\mu=$________.

3. 假设随机变量 X 在区间 $(1,2)$ 上服从均匀分布，试求 $Y=\mathrm{e}^{2X}$ 的密度函数.

4. 已知随机变量 X 的密度函数为 $f(x)=c\mathrm{e}^{-x^2+x}(-\infty<x<+\infty)$，试确定常数 c.

5. 社会上定期发行某种奖券，每券 1 元，中奖率为 p，某人每次购买 1 张奖券，如果

没有中奖下次再继续购买1张，直到中奖为止.求该人购买次数 X 的分布.

6. 每次射击中靶的概率为0.7，射击10炮，求：

(1)命中3炮的概率；

(2)至少命中3炮的概率；

(3)最可能命中几炮.

7. 一批产品的废品率为0.001，用泊松分布近似求800件产品中废品为2件的概率，以及不超过2件的概率.

8. 某型号电子管的寿命 X 服从参数 $\lambda=\frac{1}{1\,000}$ 的指数分布，求：

(1) $P\{1\,000<X\leqslant 1\,200\}$；

(2)电子管在使用500小时没坏的条件下，还可以继续使用100小时而不坏的概率.

9. $X\sim N(\mu,\sigma^2)$，为什么说事件 $\{|X-\mu|<3\sigma\}$ 在一次试验中几乎必然出现呢？

10. $X\sim N(10,2^2)$，求 $P\{10<X<13\}$，$P\{X>13\}$，$P\{|X-10|<2\}$.

11. 设随机变量 X 的密度函数为 $f_X(x)=\begin{cases}e^{-x}, & x>0,\\ 0, & 其他,\end{cases}$ 求 $Y=e^X$ 的密度函数.

第3章 多维随机变量及其分布

对于许多数学家来说，我成了没有导数的函数的人，虽然我在任何时候也不曾完全让我自己去研究或思考这种函数.

——勒贝格

第2章讨论了一维随机变量及其分布的情况，但在实际问题中，有些随机试验的结果需要同时用两个或两个以上的随机变量来描述. 例如，考察某炉钢水的质量，需要同时考察含碳量 X_1、含硫量 X_2 等几个量. 又例如，打靶时命中点的位置需由两个坐标 X_1, X_2 来表示. 要研究这些随机变量以及彼此之间的关系，需要将它们作为一个整体来考虑，为此必须引入多维随机变量的概念.

本章主要研究二维随机变量及其分布，所得的结论可类似地推广到 $n(n>2)$ 维随机变量的情况.

3.1 二维随机变量及其分布

3.1.1 二维随机变量及其分布函数

定义 3.1.1 设 X, Y 是定义在同一样本空间 Ω 上的两个随机变量，称 (X,Y) 为**二维随机变量**或**二维随机向量**.

定义 3.1.2 称二元函数

$$F(x,y)=P\{X\leqslant x, Y\leqslant y\} \quad (-\infty<x<+\infty, -\infty<y<+\infty)$$

为二维随机变量 (X,Y) 的**联合分布函数**.

如果把二维随机变量 (X,Y) 看做平面上随机点的坐标，那么分布函数 $F(x,y)$ 在 (x,y) 处的函数值就是随机点 (X,Y) 落在以点 (x,y) 为顶点而位于该点左下方的无穷矩形区域内的概率，如图 3-1 所示.

由图 3-1 容易算出随机点 (X,Y) 落在矩形区域 $\{(x,y) \mid x_1<x\leqslant x_2, y_1<y\leqslant y_2\}$

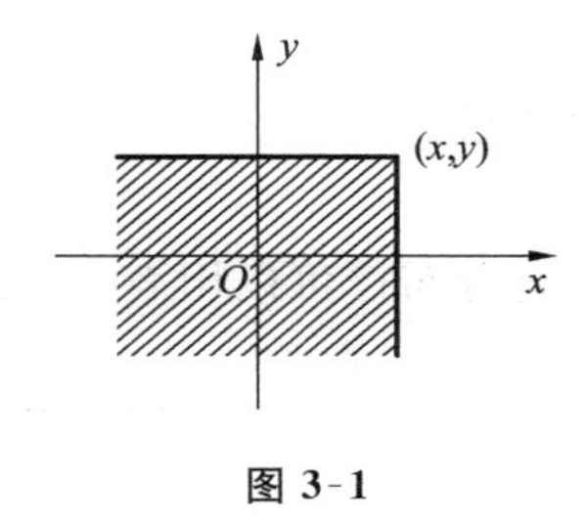

图 3-1

内的概率为

$$P\{x_1<X\leqslant x_2,y_1<Y\leqslant y_2\}=F(x_2,y_2)-F(x_1,y_2)-F(x_2,y_1)+F(x_1,y_1).$$

二维随机变量的分布函数 $F(x,y)$ 具有下述性质.

性质 1 $F(x,y)$ 分别关于变量 x 和 y 是单调不减的,即:对任意固定的 x,当 $y_1<y_2$ 时,有 $F(x,y_1)\leqslant F(x,y_2)$;对任意固定的 y,当 $x_1<x_2$ 时,有 $F(x_1,y)\leqslant F(x_2,y)$.

性质 2 $0\leqslant F(x,y)\leqslant 1$,并且有:

(1)对任意固定的 x,有 $F(x,-\infty)=\lim\limits_{y\to-\infty}F(x,y)=0$;

(2)对任意固定的 y,有 $F(-\infty,y)=\lim\limits_{x\to-\infty}F(x,y)=0$;

(3) $F(-\infty,-\infty)=\lim\limits_{\substack{x\to-\infty\\y\to-\infty}}F(x,y)=0$, $F(+\infty,+\infty)=\lim\limits_{\substack{x\to+\infty\\y\to+\infty}}F(x,y)=1$.

性质 3 $F(x,y)$ 关于 x 和 y 均右连续,即

$$F(x,y)=F(x+0,y),\quad F(x,y)=F(x,y+0).$$

性质 4 对于任意 (x_1,y_1),(x_2,y_2),$x_1<x_2$,$y_1<y_2$,有

$$F(x_2,y_2)-F(x_1,y_2)-F(x_2,y_1)+F(x_1,y_1)\geqslant 0.$$

如果一个二元函数具有上述 4 条性质,则该函数一定可以作为某个二维随机变量 (X,Y) 的分布函数.

以上关于二维随机变量的讨论,不难推广到 $n(n>2)$ 维随机变量的情况. 设 $X_1,X_2,\cdots,X_n$ 为同一样本空间 Ω 上的 n 个随机变量,则称 $X=(X_1,X_2,\cdots,X_n)$ 为 **n 维随机变量**或 **n 维随机向量**. 称 n 元函数

$$F(x_1,x_2,\cdots,x_n)=P\{X_1\leqslant x_1,X_2\leqslant x_2,\cdots,X_n\leqslant x_n\}\quad((x_1,x_2,\cdots,x_n)\in\mathbf{R}^n)$$

为 n 维随机变量 X 的**联合分布函数**. 它具有类似于二维随机变量的联合分布函数的性质.

3.1.2 二维离散型随机变量及其分布

定义 3.1.3 设二维随机变量 (X,Y) 的所有可能取值为有限对或可列无限多对 $(x_i,y_j)(i,j=1,2,\cdots)$,且

$$P\{X=x_i, Y=y_j\}=p_{ij} \quad (i,j=1,2,\cdots), \tag{3.1.1}$$

则称(X,Y)为**二维离散型随机变量**,并称式(3.1.1)为二维离散型随机变量(X,Y)的**联合分布律**.

二维随机变量(X,Y)的联合分布律可以用表3-1来表示,称为**联合分布表**.

表 3-1

$X \backslash Y$	y_1	y_2	$\cdots$	y_j	$\cdots$
x_1	p_{11}	p_{12}	$\cdots$	p_{1j}	$\cdots$
x_2	p_{21}	p_{22}	$\cdots$	p_{2j}	$\cdots$
$\vdots$	$\vdots$	$\vdots$		$\vdots$	
x_i	p_{i1}	p_{i2}	$\cdots$	p_{ij}	$\cdots$
$\vdots$	$\vdots$	$\vdots$		$\vdots$	

容易验证,(X,Y)的联合分布律满足下列性质:

(1)$p_{ij}\geqslant 0 \ (i,j=1,2,\cdots)$;

(2)$\sum\limits_{i}\sum\limits_{j}p_{ij}=1$.

离散型随机变量(X,Y)的联合分布函数为

$$F(x,y)=\sum_{x_i\leqslant x,\, y_j\leqslant y}\sum p_{ij},$$

其中和式是对一切满足条件$x_i\leqslant x, y_j\leqslant y$的$i,j$求和.

例1 一个口袋中装有大小形状相同的2个黑球和4个白球,现从口袋中不放回地取两次球,设随机变量

$$X=\begin{cases}0, & \text{第一次取的是黑球},\\ 1, & \text{第一次取的是白球},\end{cases} \qquad Y=\begin{cases}0, & \text{第二次取的是黑球},\\ 1, & \text{第二次取的是白球},\end{cases}$$

求:(1)(X,Y)的联合分布律;(2)(X,Y)的联合分布函数$F(x,y)$;(3)$P\left\{X\leqslant\frac{1}{2}, Y\leqslant 2\right\}$.

解 (1)由题意知,X和Y的所有可能取值均为0和1,且

$$P\{X=0,Y=0\}=P\{X=0\}P\{Y=0\mid X=0\}=\frac{2}{6}\times\frac{1}{5}=\frac{1}{15},$$

$$P\{X=0,Y=1\}=P\{X=0\}P\{Y=1\mid X=0\}=\frac{2}{6}\times\frac{4}{5}=\frac{4}{15},$$

$$P\{X=1,Y=0\}=P\{X=1\}P\{Y=0\mid X=1\}=\frac{4}{6}\times\frac{2}{5}=\frac{4}{15},$$

$$P\{X=1,Y=1\}=P\{X=1\}P\{Y=1\mid X=1\}=\frac{4}{6}\times\frac{3}{5}=\frac{2}{5},$$

得(X,Y)的联合分布律为

$X \backslash Y$	0	1
0	$\frac{1}{15}$	$\frac{4}{15}$
1	$\frac{4}{15}$	$\frac{2}{5}$

(2)由联合分布函数的定义,$F(x,y)=P\{X\leqslant x,Y\leqslant y\}$

当 $x<0$ 或 $y<0$ 时,$F(x,y)=0$;

当 $0\leqslant x<1,0\leqslant y<1$ 时,$F(x,y)=P\{X=0,Y=0\}=\frac{1}{15}$;

当 $0\leqslant x<1,y\geqslant 1$ 时,$F(x,y)=P\{X=0,Y=0\}+P\{X=0,Y=1\}=\frac{1}{3}$;

当 $x\geqslant 1,0\leqslant y<1$ 时,$F(x,y)=P\{X=0,Y=0\}+P\{X=1,Y=0\}=\frac{1}{3}$;

当 $x\geqslant 1,y\geqslant 1$ 时,$F(x,y)=1$.

$$因此,F(x,y)=\begin{cases}0, & x<0 \text{ 或 } y<0,\\ \frac{1}{15}, & 0\leqslant x<1,0\leqslant y<1,\\ \frac{1}{3}, & 0\leqslant x<1,y\geqslant 1,\\ \frac{1}{3}, & x\geqslant 1,0\leqslant y<1,\\ 1, & x\geqslant 1,y\geqslant 1.\end{cases}$$

(3)$P\left\{X\leqslant\frac{1}{2},Y\leqslant 2\right\}=F\left(\frac{1}{2},2\right)=\frac{1}{3}$.

3.1.3 二维连续型随机变量及其分布

定义 3.1.4 设二维随机变量(X,Y)的联合分布函数为 $F(x,y)$,如果存在非负可积函数 $f(x,y)$,使得对于任意的实数 x,y,有

$$F(x,y)=\int_{-\infty}^{x}\int_{-\infty}^{y}f(u,v)\mathrm{d}u\mathrm{d}v,$$

则称(X,Y)为**二维连续型随机变量**,并称 $f(x,y)$为(X,Y)的**联合密度函数**.

容易验证,$f(x,y)$满足下列性质:

(1)$f(x,y)\geqslant 0$;

(2)$\int_{-\infty}^{+\infty}\int_{-\infty}^{+\infty}f(x,y)\mathrm{d}x\mathrm{d}y=F(+\infty,+\infty)=1$;

(3)设 D 为 xoy 平面上的一个区域,有

$$P\{(X,Y)\in D\}=\iint_D f(x,y)\mathrm{d}x\mathrm{d}y;$$

(4)如果 $f(x,y)$在点(x,y)处连续,则有

$$f(x,y)=\frac{\partial^2 F(x,y)}{\partial x\partial y}.$$

如果二元函数 $f(x,y)$满足性质(1)和性质(2),则 $f(x,y)$可以作为某二维随机变量(X,Y)的联合密度函数.

例 2 已知二维随机变量(X,Y)的联合密度函数为

$$f(x,y)=\begin{cases}cxy, & 0<x<1,0<y<1,\\ 0, & \text{其他}.\end{cases}$$

求:(1)常数 c 的值;(2)(X,Y)的联合分布函数;(3)$P\left\{X\leqslant\frac{1}{2},Y\leqslant\frac{1}{3}\right\}$.

解 (1)由联合密度函数的性质(2)知

$$\begin{aligned}\int_{-\infty}^{+\infty}\int_{-\infty}^{+\infty}f(x,y)\mathrm{d}x\mathrm{d}y &= \int_0^1\int_0^1 cxy\mathrm{d}x\mathrm{d}y\\ &= c\int_0^1 x\left(\int_0^1 y\mathrm{d}y\right)\mathrm{d}x = c\int_0^1\frac{1}{2}x\mathrm{d}x=\frac{c}{4}=1,\end{aligned}$$

得 $c=4$.

(2)由联合分布函数的定义,$F(x,y)=\int_{-\infty}^{x}\int_{-\infty}^{y}f(u,v)\mathrm{d}u\mathrm{d}v$,

当 $x<0$ 或 $y<0$ 时,$F(x,y)=0$;

当 $0\leqslant x<1,0\leqslant y<1$ 时,$F(x,y)=\int_0^x\left(\int_0^y 4uv\mathrm{d}v\right)\mathrm{d}u=x^2y^2$;

当 $0\leqslant x<1,y\geqslant 1$ 时,$F(x,y)=\int_0^x\left(\int_0^1 4uv\mathrm{d}v\right)\mathrm{d}u=x^2$;

当 $x\geqslant 1,0\leqslant y<1$ 时,$F(x,y)=\int_0^1\left(\int_0^y 4uv\mathrm{d}v\right)\mathrm{d}u=y^2$;

当 $x\geqslant 1,y\geqslant 1$ 时,$F(x,y)=\int_0^1\left(\int_0^1 4uv\mathrm{d}v\right)\mathrm{d}u=1$.

因此,

$$F(x,y)=\begin{cases}0, & x<0\text{ 或 }y<0,\\ x^2y^2, & 0\leqslant x<1,0\leqslant y<1,\\ x^2, & 0\leqslant x<1,y\geqslant 1,\\ y^2, & x\geqslant 1,0\leqslant y<1,\\ 1, & x\geqslant 1,y\geqslant 1.\end{cases}$$

(3) $P\left\{X\leqslant\frac{1}{2},Y\leqslant\frac{1}{3}\right\}=F\left(\frac{1}{2},\frac{1}{3}\right)=\frac{1}{36}$.

例 3 已知二维随机变量(X,Y)的分布函数为

$$F(x,y)=A(B+\arctan x)(C+\arctan y)\quad(-\infty<x<+\infty,-\infty<y<+\infty),$$

试确定常数A,B,C,并求(X,Y)的联合密度函数.

解 由分布函数的性质,有

$$\lim_{\substack{x\to+\infty\\y\to+\infty}}F(x,y)=\lim_{\substack{x\to+\infty\\y\to+\infty}}A(B+\arctan x)(C+\arctan y)=A\left(B+\frac{\pi}{2}\right)\left(C+\frac{\pi}{2}\right)=1.$$

对任意固定的y,有

$$\lim_{x\to-\infty}F(x,y)=\lim_{x\to-\infty}A(B+\arctan x)(C+\arctan y)=A\left(B-\frac{\pi}{2}\right)(C+\arctan y)=0.$$

对任意固定的x,有

$$\lim_{y\to-\infty}F(x,y)=\lim_{y\to-\infty}A(B+\arctan x)(C+\arctan y)=A(B+\arctan x)\left(C-\frac{\pi}{2}\right)=0.$$

解得$A=\frac{1}{\pi^2},B=\frac{\pi}{2},C=\frac{\pi}{2}$,从而$(X,Y)$的联合分布函数为

$$F(x,y)=\frac{1}{\pi^2}\left(\frac{\pi}{2}+\arctan x\right)\left(\frac{\pi}{2}+\arctan y\right).$$

于是,(X,Y)的联合密度函数为

$$f(x,y)=\frac{1}{\pi^2(1+x^2)(1+y^2)}\quad(-\infty<x<+\infty,-\infty<y<+\infty).$$

习题 3.1

1. 箱子中装有10件产品,其中4件是次品,6件是正品,不放回地从箱子中任取两次产品,每次一件.定义随机变量

$$X=\begin{cases}0, & \text{第一次取到的是次品},\\1, & \text{第一次取到的是正品},\end{cases}\qquad Y=\begin{cases}0, & \text{第二次取到的是次品},\\1, & \text{第二次取到的是正品},\end{cases}$$

求:(1)(X,Y)的联合分布律;(2)(X,Y)的联合分布函数$F(x,y)$;(3)$P\left\{X\leqslant\frac{1}{2},Y\leqslant1\right\}$.

2. 将一枚均匀的硬币抛掷4次,X表示正面向上的次数,Y表示反面向上的次数,求(X,Y)的联合分布律.

3. 从三张分别标有1,2,3号的卡片中任取一张,以X记其号码,放回后,拿掉三张卡片中号码大于X的卡片,再从剩下的卡片中任取一张,以Y记其号码,求二维随机变量(X,Y)的联合分布律.

4.已知二维随机变量(X,Y)的联合密度函数为

$$f(x,y)=\begin{cases}c-x-y, & 0\leqslant x\leqslant 1,0\leqslant y\leqslant 1,\\0, & 其他.\end{cases}$$

求:(1)常数c的值;(2)(X,Y)的联合分布函数;(3)$P\left\{X\leqslant\frac{1}{3},Y\leqslant\frac{1}{2}\right\}$.

5.设(X,Y)具有联合密度函数

$$f(x,y)=\begin{cases}C, & 0<|x|<y<1,\\0, & 其他,\end{cases}$$

求:(1)常数C;(2)$P\{Y>2X\}$;(3)$F(0.5,0.5)$.

6.设(X,Y)具有联合密度函数

$$f(x,y)=\begin{cases}Ce^{-(3x+4y)}, & x>0,y>0,\\0, & 其他,\end{cases}$$

求:(1)常数C;(2)$F(x,y)$.

3.2 边缘分布和条件分布

3.2.1 边缘分布

二维随机变量(X,Y)具有联合分布函数$F(x,y)$,由于X和Y都是随机变量,所以各自也具有分布函数,将它们分别记为$F_X(x)$,$F_Y(y)$,并依次称为(X,Y)关于X和Y的**边缘分布函数**.

边缘分布函数$F_X(x)$和$F_Y(y)$可以由(X,Y)的分布函数$F(x,y)$来确定.事实上,

$$F_X(x)=P\{X\leqslant x\}=P\{X\leqslant x,Y<+\infty\}=F(x,+\infty),$$

即
$$F_X(x)=F(x,+\infty)=\lim_{y\to+\infty}F(x,y).$$

类似地,有
$$F_Y(y)=F(+\infty,y)=\lim_{x\to+\infty}F(x,y).$$

对于二维离散型随机变量(X,Y),称

$$P\{X=x_i\}=\sum_j p_{ij}=p_{i\cdot}\quad(i=1,2,\cdots)$$

为(X,Y)**关于X的边缘分布律**,称

$$P\{Y=y_j\}=\sum_i p_{ij}=p_{\cdot j}\quad(j=1,2,\cdots)$$

为(X,Y)**关于Y的边缘分布律**.

二维离散型随机变量(X,Y)关于X和关于Y的边缘分布律如表3-2所示.

表 3-2

Y \ X	y_1	y_2	$\cdots$	y_j	$\cdots$	$P\{X=x_i\}$
x_1	p_{11}	p_{12}	$\cdots$	p_{1j}	$\cdots$	$\sum_j p_{1j}$
x_2	p_{21}	p_{22}	$\cdots$	p_{2j}	$\cdots$	$\sum_j p_{2j}$
$\vdots$	$\vdots$	$\vdots$		$\vdots$		$\vdots$
x_i	p_{i1}	p_{i2}	$\cdots$	p_{ij}	$\cdots$	$\sum_j p_{ij}$
$\vdots$	$\vdots$	$\vdots$		$\vdots$		$\vdots$
$P\{Y=y_j\}$	$\sum_i p_{i1}$	$\sum_i p_{i2}$	$\cdots$	$\sum_i p_{ij}$	$\cdots$	1

对于二维连续型随机变量(X,Y)，设其联合密度函数为$f(x,y)$，由于

$$F_X(x)=F(x,+\infty)=\int_{-\infty}^{x}\left(\int_{-\infty}^{+\infty}f(u,v)\mathrm{d}v\right)\mathrm{d}u,$$

因此，X 的密度函数为

$$f_X(x)=\int_{-\infty}^{+\infty}f(x,y)\mathrm{d}y.$$

同理，Y 的密度函数为

$$f_Y(y)=\int_{-\infty}^{+\infty}f(x,y)\mathrm{d}x.$$

分别称$f_X(x)$，$f_Y(y)$为(X,Y)关于 X 和关于 Y 的**边缘密度函数**.

例 1 把一枚均匀硬币抛掷三次，设 X 为三次抛掷中正面出现的次数，而 Y 为正面出现次数与反面出现次数之差的绝对值，求(X,Y)关于 X 和关于 Y 的边缘分布律.

解 (X,Y)的可能取值为$(0,3)$，$(1,1)$，$(2,1)$，$(3,3)$，不可能取值为$(0,1)$，$(3,1)$，$(1,0)$，$(2,0)$.

$$P\{X=0,Y=3\}=\left(\frac{1}{2}\right)^3=\frac{1}{8},\quad P\{X=1,Y=1\}=3\times\left(\frac{1}{2}\right)^3=\frac{3}{8},$$

$$P\{X=2,Y=1\}=\frac{3}{8},\quad P\{X=3,Y=3\}=\frac{1}{8},$$

(X,Y)取值的其他情况的相应的概率值均为 0. 由此得 X,Y 的边缘分布律为

$$P\{X=0\}=\frac{1}{8},\quad P\{X=1\}=\frac{3}{8},\quad P\{X=2\}=\frac{3}{8},\quad P\{X=3\}=\frac{1}{8};$$

$$P\{Y=1\}=\frac{3}{8}+\frac{3}{8}=\frac{3}{4},\quad P\{Y=3\}=\frac{1}{8}+\frac{1}{8}=\frac{1}{4}.$$

故二维随机变量(X,Y)关于X和关于Y的边缘分布律如表3-3所示.

表 3-3

X \ Y	1	3	$P\{X=x_i\}$
0	0	$\frac{1}{8}$	$\frac{1}{8}$
1	$\frac{3}{8}$	0	$\frac{3}{8}$
2	$\frac{3}{8}$	0	$\frac{3}{8}$
3	0	$\frac{1}{8}$	$\frac{1}{8}$
$P\{Y=y_j\}$	$\frac{3}{4}$	$\frac{1}{4}$	1

例 2 设二维随机变量(X,Y)具有联合密度函数

$$f(x,y)=\begin{cases}4e^{-2(x+y)}, & x>0,y>0,\\ 0, & \text{其他},\end{cases}$$

求:(1)(X,Y)关于X和关于Y的边缘密度函数$f_X(x)$和$f_Y(y)$;(2)$P\{X\leqslant 2\}$;(3)$P\{Y\leqslant 1\}$.

解 (1)当$x\leqslant 0$时,$f_X(x)=0$;当$x>0$时,

$$f_X(x)=\int_{-\infty}^{+\infty}f(x,y)\mathrm{d}y=\int_0^{+\infty}4e^{-2(x+y)}\mathrm{d}y=2e^{-2x}.$$

故

$$f_X(x)=\begin{cases}2e^{-2x}, & x>0,\\ 0, & x\leqslant 0.\end{cases}$$

同理,有

$$f_Y(y)=\begin{cases}2e^{-2y}, & y>0,\\ 0, & y\leqslant 0.\end{cases}$$

(2)$P\{X\leqslant 2\}=\int_{-\infty}^{2}f_X(x)\mathrm{d}x=\int_0^2 2e^{-2x}\mathrm{d}x=1-e^{-4}$.

(3) $P\{Y\leqslant 1\}=\int_{-\infty}^{1}f_Y(y)\mathrm{d}y=\int_0^1 2e^{-2y}\mathrm{d}y=1-e^{-2}$.

3.2.2 条件分布

1. 离散型随机变量的条件分布

设二维离散型随机变量(X,Y)的联合分布律为

$$P\{X=x_i,Y=y_j\}=p_{ij}\quad(i,j=1,2,\cdots),$$

对于固定的j,若$p_{\cdot j}>0$,则在事件$\{Y=y_j\}$已经发生的条件下,事件$\{X=x_i\}$发生的条件概率为

$$P\{X=x_i \mid Y=y_j\}=\frac{P\{X=x_i,Y=y_j\}}{P\{Y=y_j\}}=\frac{p_{ij}}{p_{\cdot j}} \quad (i=1,2,\cdots), \quad (3.2.1)$$

称式(3.2.1)为在给定 $Y=y_j$ 的条件下随机变量 X 的**条件分布律**.

容易验证,随机变量 X 的条件分布律具有如下性质:

(1) $P\{X=x_i \mid Y=y_j\}\geqslant 0$;

(2) $\sum\limits_{i=1}^{\infty}P\{X=x_i \mid Y=y_j\}=\sum\limits_{i=1}^{\infty}\frac{p_{ij}}{p_{\cdot j}}=\frac{1}{p_{\cdot j}}\sum\limits_{i=1}^{\infty}p_{ij}=1.$

同理,对于固定的 i,若 $p_{i\cdot}>0$,则称

$$P\{Y=y_j \mid X=x_i\}=\frac{P\{X=x_i,Y=y_j\}}{P\{X=x_i\}}=\frac{p_{ij}}{p_{i\cdot}} \quad (j=1,2,\cdots) \quad (3.2.2)$$

为在给定 $X=x_i$ 的条件下随机变量 Y 的**条件分布律**.

例 3 已知 (X,Y) 的联合分布律为

X \ Y	0	1
0	$\frac{1}{2}$	$\frac{1}{8}$
1	$\frac{3}{8}$	0

求:(1)在 $Y=0$ 的条件下 X 的条件分布律;

(2)在 $X=1$ 的条件下 Y 的条件分布律.

解 由边缘分布律定义得

X	0	1
P	$\frac{5}{8}$	$\frac{3}{8}$

Y	0	1
P	$\frac{7}{8}$	$\frac{1}{8}$

(1)在 $Y=0$ 的条件下,X 的条件分布律为

$$P\{X=0 \mid Y=0\}=\frac{P\{X=0,Y=0\}}{P\{Y=0\}}=\frac{1/2}{7/8}=\frac{4}{7},$$

$$P\{X=1 \mid Y=0\}=\frac{P\{X=1,Y=0\}}{P\{Y=0\}}=\frac{3/8}{7/8}=\frac{3}{7},$$

即

X	0	1
$P\{X \mid Y=0\}$	$\frac{4}{7}$	$\frac{3}{7}$

(2)在 $X=1$ 的条件下,Y 的条件分布律为

$$P\{Y=0 \mid X=1\}=\frac{P\{X=1,Y=0\}}{P\{X=1\}}=\frac{3/8}{3/8}=1,$$

$$P\{Y=1|X=1\}=\frac{P\{X=1,Y=1\}}{P\{X=1\}}=\frac{0}{3/8}=0,$$

即

$$P\{Y=0|X=1\}=1$$

2. 连续型随机变量的条件分布

设二维连续型随机变量(X,Y)的联合密度函数为$f(x,y)$，(X,Y)关于Y的边缘密度函数为$f_Y(y)$，若对于固定的y，$f_Y(y)>0$，则称$\dfrac{f(x,y)}{f_Y(y)}$为X在$Y=y$的条件下的**条件密度函数**，记为$f_{X|Y}(x|y)$，即

$$f_{X|Y}(x|y)=\frac{f(x,y)}{f_Y(y)}.$$

类似地，可以定义Y在$X=x$的条件下的**条件密度函数**为

$$f_{Y|X}(y|x)=\frac{f(x,y)}{f_X(x)}.$$

例 4 设二维随机变量(X,Y)的联合密度函数为

$$f(x,y)=\begin{cases}xe^{-x(1+y)}, & x>0,y>0,\\ 0, & \text{其他},\end{cases}$$

求$f_{X|Y}(x|y)$，$f_{Y|X}(y|x)$及$P\{Y>1|X=3\}$.

解

$$f_X(x)=\int_{-\infty}^{+\infty}f(x,y)\mathrm{d}y=\begin{cases}\int_0^{+\infty}xe^{-x(1+y)}\mathrm{d}y=e^{-x}, & x>0,\\ 0, & x\leqslant 0.\end{cases}$$

$$f_Y(y)=\int_{-\infty}^{+\infty}f(x,y)\mathrm{d}x=\begin{cases}\int_0^{+\infty}xe^{-x(1+y)}\mathrm{d}x=\dfrac{1}{(y+1)^2}, & y>0,\\ 0, & y\leqslant 0.\end{cases}$$

当$y>0$时，有

$$f_{X|Y}(x|y)=\frac{f(x,y)}{f_Y(y)}=\begin{cases}\dfrac{xe^{-x(1+y)}}{1/(y+1)^2}=x(y+1)^2e^{-x(1+y)}, & x>0,\\ 0, & x\leqslant 0.\end{cases}$$

当$x>0$时，有

$$f_{Y|X}(y|x)=\frac{f(x,y)}{f_X(x)}=\begin{cases}\dfrac{xe^{-x(1+y)}}{e^{-x}}=xe^{-xy}, & y>0,\\ 0, & y\leqslant 0.\end{cases}$$

当$X=3$时，有

$$P\{Y>1\mid X=3\}=\int_1^{+\infty}f_{Y|X}(y\mid 3)\mathrm{d}y=\int_1^{+\infty}3e^{-3y}\mathrm{d}y=e^{-3}.$$

3.2.3 两个常见的二维分布

1. 二维均匀分布

设 G 为 xoy 平面上的有界区域，其面积为 S_G，如果二维连续型随机变量 (X,Y) 的联合密度函数为

$$f(x,y)=\begin{cases}\dfrac{1}{S_G}, & (x,y)\in G,\\ 0, & \text{其他},\end{cases}$$

则称 (X,Y) 服从区域 G 上的**均匀分布**.

例 5 设 G 为曲线 $y=x^2$ 与 $y=\sqrt{x}$ 围成的平面图形区域（见图 3-2），二维随机变量 (X,Y) 在 G 上服从均匀分布. 求：

(1) $P\{X>Y\}$；(2) (X,Y) 关于 X 和关于 Y 的边缘密度函数.

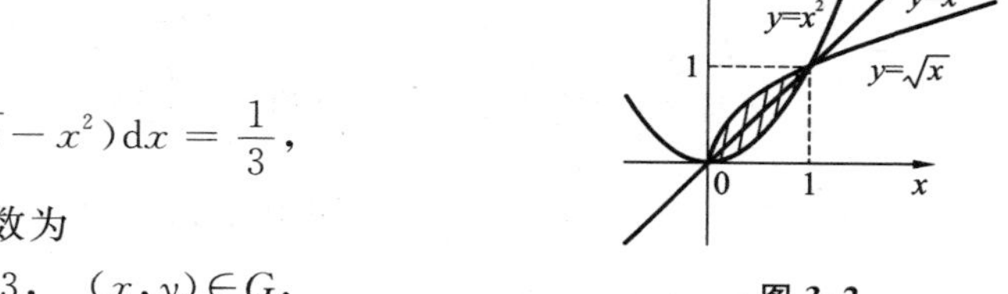

图 3-2

解 区域 G 的面积为

$$S_G=\int_0^1(\sqrt{x}-x^2)\mathrm{d}x=\frac{1}{3},$$

因此 (X,Y) 的联合密度函数为

$$f(x,y)=\begin{cases}3, & (x,y)\in G,\\ 0, & (x,y)\notin G.\end{cases}$$

(1) 设 $D=\{(x,y)\mid x>y\}$，则

$$P\{X>Y\}=P\{(X,Y)\in D\}=\frac{S_{D\cap G}}{S_G}=\frac{1/6}{1/3}=\frac{1}{2}.$$

(2) $$f_X(x)=\int_{-\infty}^{+\infty}f(x,y)\mathrm{d}y=\begin{cases}\displaystyle\int_{x^2}^{\sqrt{x}}3\mathrm{d}y=3(\sqrt{x}-x^2), & 0\leqslant x\leqslant 1,\\ 0, & \text{其他};\end{cases}$$

$$f_Y(y)=\int_{-\infty}^{+\infty}f(x,y)\mathrm{d}x=\begin{cases}\displaystyle\int_{y^2}^{\sqrt{y}}3\mathrm{d}x=3(\sqrt{y}-y^2), & 0\leqslant y\leqslant 1,\\ 0, & \text{其他}.\end{cases}$$

2. 二维正态分布

如果二维随机变量 (X,Y) 的密度函数为

$$f(x,y)=\frac{1}{2\pi\sigma_1\sigma_2\sqrt{1-\rho^2}}\exp\left\{-\frac{1}{2(1-\rho^2)}\left[\frac{(x-\mu_1)^2}{\sigma_1^2}-2\rho\frac{(x-\mu_1)(y-\mu_2)}{\sigma_1\sigma_2}+\frac{(y-\mu_2)^2}{\sigma_2^2}\right]\right\}\quad(-\infty<x<+\infty,-\infty<y<+\infty),$$

其中 $\mu_1,\mu_2,\sigma_1,\sigma_2,\rho$ 均为常数，且 $\sigma_1>0,\sigma_2>0,|\rho|<1$，则称 (X,Y) 服从参数为 $\mu_1,\mu_2,\sigma_1,\sigma_2,\rho$ 的**二维正态分布**，记为 $(X,Y)\sim N(\mu_1,\mu_2,\sigma_1^2,\sigma_2^2,\rho)$.

可以验证，如果 (X,Y) 服从二维正态分布 $N(\mu_1,\mu_2,\sigma_1^2,\sigma_2^2,\rho)$，则 (X,Y) 关于 X 和关于 Y 的边缘分布都是一维正态分布，且 $X\sim N(\mu_1,\sigma_1^2)$，$Y\sim N(\mu_2,\sigma_2^2)$.

例 6 设 (X,Y) 的密度函数为

$$f(x,y)=\frac{1}{2\pi\sigma^2}\exp\left\{-\frac{1}{2\sigma^2}(x^2+y^2)\right\}\quad(-\infty<x<+\infty,-\infty<y<+\infty),$$

σ 为常数，求 $P\{(X,Y)\in G\}$，其中 $G=\{(x,y)\mid x^2+y^2\leqslant\sigma^2\}$.

解 依题意，有

$$P\{(X,Y)\in G\}=\iint\limits_G f(x,y)\mathrm{d}x\mathrm{d}y=\iint\limits_{x^2+y^2\leqslant\sigma^2}\frac{1}{2\pi\sigma^2}\exp\left\{-\frac{1}{2\sigma^2}(x^2+y^2)\right\}\mathrm{d}x\mathrm{d}y,$$

令 $x=r\cos\theta,y=r\sin\theta(0\leqslant\theta\leqslant2\pi)$，则

$$\begin{aligned}P\{(X,Y)\in G\}&=\int_0^{2\pi}\mathrm{d}\theta\int_0^{\sigma}\frac{1}{2\pi\sigma^2}\exp\left\{-\frac{r^2}{2\sigma^2}\right\}r\mathrm{d}r\\&=-\exp\left\{-\frac{r^2}{2\sigma^2}\right\}\Bigg|_0^{\sigma}=1-\mathrm{e}^{-\frac{1}{2}}.\end{aligned}$$

习题 3.2

1. 已知 (X,Y) 的联合分布律为：

X \ Y	0	1
0	$\frac{1}{10}$	$\frac{3}{10}$
1	$\frac{3}{10}$	$\frac{3}{10}$

求 (X,Y) 关于 X 和关于 Y 的边缘分布律.

2. 设二维随机变量 (X,Y) 具有联合密度函数

$$f(x,y)=\begin{cases}24xy, & 0\leqslant x\leqslant\dfrac{\sqrt{2}}{2},0\leqslant y\leqslant\dfrac{\sqrt{3}}{3},\\0, & \text{其他}.\end{cases}$$

求：(1) (X,Y) 关于 X 和关于 Y 的边缘密度函数 $f_X(x)$ 和 $f_Y(y)$；(2) $P\left\{X\leqslant\frac{1}{2}\right\}$；(3) $P\left\{Y\leqslant\frac{1}{3}\right\}$.

3. 设二维随机变量 (X,Y) 的联合密度函数为

$$f(x,y)=\begin{cases}cx^2y, & x^2\leqslant y\leqslant1,\\0, & \text{其他}.\end{cases}$$

求:(1)常数 c;(2)(X,Y)关于 X 和关于 Y 的边缘密度函数.

4. 设二维随机变量(X,Y)的联合密度函数为

$$f(x,y)=\begin{cases}4.8y(2-x), & 0\leqslant x\leqslant 1,0\leqslant y\leqslant x,\\ 0, & \text{其他}.\end{cases}$$

求(X,Y)关于 X 和关于 Y 的边缘密度函数.

5. 某射手进行射击,每次射击击中目标的概率为 $p(0<p<1)$,射击进行到击中目标两次时停止.令 X 表示第一次击中目标时的射击次数,Y 表示第二次击中目标时的射击次数,试求 X,Y 的联合分布律及条件分布律.

6. 已知(X,Y)的联合密度函数为

$$f(x,y)=\begin{cases}\dfrac{21}{4}x^2y, & x^2<y<1,\\ 0, & \text{其他}.\end{cases}$$

求:(1)$f_{Y|X}(y|x)$;(2)$P\{Y>1/3|X=-1/3\}$.

3.3 随机变量的独立性

一般来说,二维随机变量(X,Y)中的两个随机变量 X 和 Y 相互联系,因而一个随机变量的取值可能会影响到另一个随机变量取值的概率.例如,对任意给定的 x 和 y,若 $P\{Y\leqslant y\}>0$,那么在$\{Y\leqslant y\}$条件下$\{X\leqslant x\}$的概率 $P\{X\leqslant x|Y\leqslant y\}$与 $P\{X\leqslant x\}$一般来说是不相等的.如果

$$P\{X\leqslant x\}=P\{X\leqslant x|Y\leqslant y\},$$

则说明事件$\{Y\leqslant y\}$的发生不影响事件$\{X\leqslant x\}$发生的概率,此时

$$F_X(x)=P\{X\leqslant x\}=P\{X\leqslant x|Y\leqslant y\}=\frac{F(x,y)}{F_Y(y)}.$$

定义 3.3.1 设二维随机变量(X,Y)的联合分布函数为 $F(x,y)$,X 和 Y 的边缘分布函数分别为 $F_X(x)$和 $F_Y(y)$,如果对于任意实数 x 和 y,都有

$$F(x,y)=F_X(x)F_Y(y),$$

则称随机变量 X 和 Y **相互独立**.

如果(X,Y)是二维离散型随机变量,且(X,Y)的联合分布律和边缘分布律分别为

$$P\{X=x_i,Y=y_j\}=p_{ij}\quad (i,j=1,2,\cdots),$$

$$P\{X=x_i\}=p_{i\cdot}\quad (i=1,2,\cdots),$$

$$P\{Y=y_j\}=p_{\cdot j}\quad (j=1,2,\cdots),$$

则随机变量 X 和 Y 相互独立的充分必要条件是对于(X,Y)的所有可能取值$(x_i,y_j)(i,j=1,2,\cdots)$,都有

$$P\{X=x_i,Y=y_j\}=P\{X=x_i\}P\{Y=y_j\}\quad(i,j=1,2,\cdots),$$

即对 i,j 的所有可能取值都有 $p_{ij}=p_{i\cdot}p_{\cdot j}$.

如果(X,Y)为二维连续型随机变量，其联合密度函数和边缘密度函数分别为 $f(x,y)$，$f_X(x)$和 $f_Y(y)$，则随机变量 X 和 Y 相互独立的充分必要条件为：对于任意实数 x,y，都有 $f(x,y)=f_X(x)f_Y(y)$成立.

由条件密度函数的定义，$f_{X|Y}(x|y)=\dfrac{f(x,y)}{f_Y(y)}$，$f_{Y|X}(y|x)=\dfrac{f(x,y)}{f_X(x)}$，可知当 X 与 Y 相互独立时，$f_{X|Y}(x|y)=f_X(x)$，$f_{Y|X}(y|x)=f_Y(y)$，也可用此条件判定 X 与 Y 是否相互独立.

例 1 已知(X,Y)的联合分布律如表 3-4 所示，试判断 X 与 Y 是否相互独立.

表 3-4

Y \ X	0	1	$P\{Y=j\}$
1	$\frac{1}{6}$	$\frac{1}{3}$	$\frac{1}{2}$
2	$\frac{1}{6}$	$\frac{1}{3}$	$\frac{1}{2}$
$P\{X=i\}$	$\frac{1}{3}$	$\frac{2}{3}$	1

解
$$P\{X=0,Y=1\}=\frac{1}{6}=P\{X=0\}P\{Y=1\},$$

$$P\{X=0,Y=2\}=\frac{1}{6}=P\{X=0\}P\{Y=2\},$$

$$P\{X=1,Y=1\}=\frac{1}{3}=P\{X=1\}P\{Y=1\},$$

$$P\{X=1,Y=2\}=\frac{1}{3}=P\{X=1\}P\{Y=2\},$$

因而 X 和 Y 是相互独立的.

例 2 设二维随机变量(X,Y)的联合密度函数为

$$f(x,y)=\begin{cases}xe^{-x-y}, & x>0,y>0,\\ 0, & \text{其他},\end{cases}$$

试判断 X 和 Y 是否相互独立.

解 当 $x\leqslant 0$ 时，$f_X(x)=0$；

当 $x>0$ 时，$f_X(x)=\int_{-\infty}^{+\infty}f(x,y)\mathrm{d}y=\int_0^{+\infty}xe^{-x-y}\mathrm{d}y=xe^{-x}\int_0^{+\infty}e^{-y}\mathrm{d}y=xe^{-x}$,

故
$$f_X(x)=\begin{cases}xe^{-x}, & x>0,\\ 0, & x\leqslant 0.\end{cases}$$

同理,有 $f_Y(y)=\begin{cases} e^{-y}, & y>0, \\ 0, & y\leqslant 0. \end{cases}$

则
$$f(x,y)=f_X(x)f_Y(y),$$
故 X 和 Y 相互独立.

例 3 设二维随机变量 $(X,Y)\sim N(\mu_1,\mu_2,\sigma_1^2,\sigma_2^2,\rho)$,证明:$X$ 和 Y 相互独立的充分必要条件是 $\rho=0$.

证 随机变量 (X,Y) 的联合密度函数为
$$f(x,y)=\frac{1}{2\pi\sigma_1\sigma_2\sqrt{1-\rho^2}}\exp\left\{-\frac{1}{2(1-\rho^2)}\left[\frac{(x-\mu_1)^2}{\sigma_1^2}-2\rho\frac{(x-\mu_1)(y-\mu_2)}{\sigma_1\sigma_2}+\frac{(y-\mu_2)^2}{\sigma_2^2}\right]\right\},$$
关于 X 和关于 Y 的边缘密度函数分别为
$$f_X(x)=\frac{1}{\sqrt{2\pi}\sigma_1}\exp\left\{\frac{(x-\mu_1)^2}{-2\sigma_1^2}\right\} \quad (-\infty<x<+\infty),$$
$$f_Y(y)=\frac{1}{\sqrt{2\pi}\sigma_2}\exp\left\{\frac{(y-\mu_2)^2}{-2\sigma_2^2}\right\} \quad (-\infty<y<+\infty),$$
因此
$$f_X(x)f_Y(y)=\frac{1}{2\pi\sigma_1\sigma_2}\exp\left\{-\frac{1}{2}\left[\frac{(x-\mu_1)^2}{\sigma_1^2}+\frac{(y-\mu_2)^2}{\sigma_2^2}\right]\right\}.$$

充分性:若 $\rho=0$,则对于任意实数 x 和 y,都有
$$f(x,y)=f_X(x)f_Y(y),$$
因此,X 和 Y 相互独立.

必要性:若 X 和 Y 相互独立,由于 $f(x,y)$,$f_X(x)$ 和 $f_Y(y)$ 都是连续函数,因此,对于任意实数 x 和 y,都有
$$f(x,y)=f_X(x)f_Y(y).$$
如果取 $x=\mu_1,y=\mu_2$,则有
$$\frac{1}{2\pi\sigma_1\sigma_2\sqrt{1-\rho^2}}=\frac{1}{2\pi\sigma_1\sigma_2},$$
从而 $\rho=0$.

例 4 甲、乙两游船需要停靠同一码头,已知甲船到达码头时间均匀分布在 8~12时,乙船到达码头时间均匀分布在 7~9 时,设两船到达码头的时间相互独立.试求它们到达码头的时间相差不超过 6 分钟的概率.

解 设 X 和 Y 分别表示甲、乙两船到达码头的时间,由假设知 X 和 Y 的密度函数分别为
$$f_X(x)=\begin{cases} \frac{1}{4}, & 8<x<12, \\ 0, & \text{其他}, \end{cases} \qquad f_Y(y)=\begin{cases} \frac{1}{2}, & 7<y<9, \\ 0, & \text{其他}. \end{cases}$$

因为 X 与 Y 相互独立，所以(X,Y)的联合密度函数为

$$f(x,y)=f_X(x)f_Y(y)=\begin{cases}\dfrac{1}{8}, & 8<x<12,7<y<9,\\ 0, & \text{其他}.\end{cases}$$

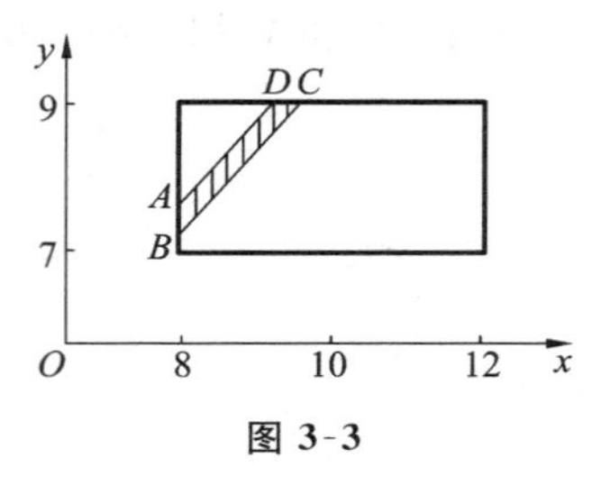

图 3-3

按题意，要求 $P\left\{|X-Y|\leqslant\frac{1}{10}\right\}$. 画出区域$\{(x,y)\mid|x-y|\leqslant 1/10\}$以及$\{(x,y)\mid 8<x<12,7<y<9\}$，它们的公共部分是梯形 $ABCD$，即图 3-3 中的阴影部分，记为 G.

显然，当且仅当(X,Y)取值落在 G 内时，两船到达码头的时间相差才不超过 6 分钟，因此，所求概率为

$$\begin{aligned}P\left\{|X-Y|\leqslant\frac{1}{10}\right\}&=\iint_G f(x,y)\mathrm{d}x\mathrm{d}y\\&=\frac{1}{8}\times\frac{1}{2}\left[\left(\frac{11}{10}\right)^2-\left(\frac{9}{10}\right)^2\right]=\frac{1}{8}\times\frac{1}{5}=\frac{1}{40},\end{aligned}$$

即两游船到达码头的时间相差不超过 6 分钟的概率为$\frac{1}{40}$.

习题 3.3

1. 已知随机变量(X,Y)的联合分布律为

Y \ X	1	2
0	0.15	0.15
1	α	β

且知 X 与 Y 相互独立，求 α 和 β 的值.

2. 设二维随机变量(X,Y)的联合分布律为

X \ Y	0	1
0	$\frac{1}{4}$	$\frac{1}{8}$
1	$\frac{1}{8}$	$\frac{1}{2}$

求(X,Y)关于 X 和关于 Y 的边缘分布律，并判断 X 和 Y 是否相互独立.

3. 甲、乙约定 8:00—9:00 在某地会面. 设两人都随机地在这期间的任一时刻到达，先到者最多等待 15 分钟，过时不候. 求两人能见面的概率.

4. 设某昆虫的产卵数 X 服从参数为 50 的泊松分布，又设一个虫卵能孵化成虫的概率为 0.8，且各卵的孵化是相互独立的，求此昆虫的产卵数 X 与下一代数量 Y

的联合分布律.

5. 已知二维随机变量(X,Y)的联合密度函数为

$$f(x,y)=\begin{cases}2e^{-(2x+y)}, & x>0,y>0,\\ 0, & \text{其他},\end{cases}$$

试判断X和Y是否相互独立.

6. 已知二维随机变量(X,Y)的联合密度函数为

$$f(x,y)=\begin{cases}24(1-x)y, & 0<x<1,0<y<x,\\ 0, & \text{其他},\end{cases}$$

判断X和Y是否相互独立.

3.4 二维随机变量函数的分布

设(X,Y)为二维随机变量,$Z=g(X,Y)$是随机变量X和Y的函数,类似于一维随机变量函数的分布,可以由(X,Y)的分布确定Z的分布.

3.4.1 二维离散型随机变量函数的分布

设(X,Y)为二维离散型随机变量,其联合分布律为

$$p_{ij}=P\{X=x_i,Y=y_j\}\quad(i,j=1,2,\cdots),$$

则(X,Y)的函数$Z=g(X,Y)$的分布律为

$$P\{Z=z_k\}=\sum_{i,j:g(x_i,y_j)=z_k}p_{ij}\quad(k=1,2,\cdots).$$

例 1 设随机变量(X,Y)的分布律为

X \ Y	-2	-1	0
-1	$\frac{1}{12}$	$\frac{1}{12}$	$\frac{1}{4}$
$\frac{1}{2}$	$\frac{1}{6}$	$\frac{1}{12}$	0
3	$\frac{1}{6}$	0	$\frac{1}{6}$

求:(1)$X+Y$的分布律;(2)$|X-Y|$的分布律.

解 (1)$P\{X+Y=-3\}=P\{X=-1,Y=-2\}=\frac{1}{12}$,

$P\{X+Y=-2\}=P\{X=-1,Y=-1\}=\frac{1}{12}$,$P\{X+Y=-1\}=P\{X=-1,$

$Y=0\}=\frac{1}{4}$,

$$P\left\{X+Y=-\frac{3}{2}\right\}=P\left\{X=\frac{1}{2},Y=-2\right\}=\frac{1}{6},$$

$$P\left\{X+Y=-\frac{1}{2}\right\}=P\left\{X=\frac{1}{2},Y=-1\right\}=\frac{1}{12},$$

$$P\{X+Y=1\}=P\{X=3,Y=-2\}=\frac{1}{6},P\{X+Y=3\}=P\{X=3,Y=0\}=\frac{1}{6}.$$

则 $X+Y$ 的分布律为

$X+Y$	-3	-2	-1	$-\frac{3}{2}$	$-\frac{1}{2}$	1	3
P	$\frac{1}{12}$	$\frac{1}{12}$	$\frac{1}{4}$	$\frac{1}{6}$	$\frac{1}{12}$	$\frac{1}{6}$	$\frac{1}{6}$

(2)同理,可得 $\|X-Y\|$ 的分布律为

$\|X-Y\|$	0	1	$\frac{3}{2}$	$\frac{5}{2}$	3	5
P	$\frac{1}{12}$	$\frac{1}{3}$	$\frac{1}{12}$	$\frac{1}{6}$	$\frac{1}{6}$	$\frac{1}{6}$

例 2 设随机变量 X 和 Y 相互独立,且 $X\sim B\left(1,\frac{1}{4}\right)$,$Y\sim B\left(2,\frac{1}{2}\right)$. 求:(1)$X+Y$ 的分布律;(2)XY 的分布律.

解 (1)X 和 Y 的分布律分别为

X	0	1
P	$\frac{3}{4}$	$\frac{1}{4}$

Y	0	1	2
P	$\frac{1}{4}$	$\frac{1}{2}$	$\frac{1}{4}$

$$P\{X+Y=0\}=P\{X=0,Y=0\}=P\{X=0\}P\{Y=0\}=\frac{3}{4}\times\frac{1}{4}=\frac{3}{16},$$

$$\begin{aligned}P\{X+Y=1\}&=P\{X=0,Y=1\}+P\{X=1,Y=0\}\\&=P\{X=0\}P\{Y=1\}+P\{X=1\}P\{Y=0\}=\frac{3}{4}\times\frac{1}{2}+\frac{1}{4}\times\frac{1}{4}=\frac{7}{16},\end{aligned}$$

$$\begin{aligned}P\{X+Y=2\}&=P\{X=0,Y=2\}+P\{X=1,Y=1\}\\&=P\{X=0\}P\{Y=2\}+P\{X=1\}P\{Y=1\}=\frac{3}{4}\times\frac{1}{4}+\frac{1}{4}\times\frac{1}{2}=\frac{5}{16},\end{aligned}$$

$$P\{X+Y=3\}=P\{X=1,Y=2\}=P\{X=1\}P\{Y=2\}=\frac{1}{4}\times\frac{1}{4}=\frac{1}{16},$$

则 $X+Y$ 的分布律为

$X+Y$	0	1	2	3
P	$\frac{3}{16}$	$\frac{7}{16}$	$\frac{5}{16}$	$\frac{1}{16}$

(2)同理可得 XY 的分布律为

XY	0	1	2
P	$\frac{13}{16}$	$\frac{1}{8}$	$\frac{1}{16}$

例 3 设随机变量 X 和 Y 相互独立，且 $X\sim P(\lambda_1)$，$Y\sim P(\lambda_2)$，证明：$X+Y\sim P(\lambda_1+\lambda_2)$.

证 由于

$$P\{X=i\}=\frac{\lambda_1^i}{i!}e^{-\lambda_1}\quad(i=0,1,2,\cdots),$$

$$P\{Y=j\}=\frac{\lambda_2^j}{j!}e^{-\lambda_2}\quad(j=0,1,2,\cdots),$$

则 $X+Y$ 的所有可能取值为 $0,1,2,\cdots$.

由于 X 和 Y 相互独立，对于任意非负整数 k，有

$$\begin{aligned}P\{X+Y=k\}&=P\{\bigcup_{l=0}^{k}(X=l,Y=k-l)\}=\sum_{l=0}^{k}[P\{X=l\}\cdot P\{Y=k-l\}]\\&=\sum_{l=0}^{k}\left[\frac{\lambda_1^l e^{-\lambda_1}}{l!}\cdot\frac{\lambda_2^{k-l}e^{-\lambda_2}}{(k-l)!}\right]\\&=\frac{e^{-(\lambda_1+\lambda_2)}}{k!}\sum_{l=0}^{k}\frac{k!}{l!(k-l)!}\lambda_1^l\cdot\lambda_2^{k-l}\\&=\frac{(\lambda_1+\lambda_2)^k}{k!}\cdot e^{-(\lambda_1+\lambda_2)},\end{aligned}$$

即 $X+Y\sim P(\lambda_1+\lambda_2)$.

3.4.2 二维连续型随机变量函数的分布

设(X,Y)为二维连续型随机变量，其联合密度函数为 $f(x,y)$，为了求二维随机变量(X,Y)的函数 $Z=g(X,Y)$的密度函数，可以通过分布函数的定义，先求出 Z 的分布函数 $F_Z(z)$，再利用性质，求得 Z 的密度函数 $f_Z(z)$.

下面只对两种特殊的函数关系讨论其分布问题.

1. $Z=X+Y$ 的分布

设(X,Y)为二维连续型随机变量，其联合密度函数为 $f(x,y)$，下面求随机变量 $Z=X+Y$ 的密度函数.

首先求 Z 的分布函数，由分布函数的定义

$$F_Z(z)=P\{Z\leqslant z\}=P\{X+Y\leqslant z\}$$
$$=\iint\limits_{x+y\leqslant z}f(x,y)\mathrm{d}x\mathrm{d}y=\int_{-\infty}^{+\infty}\left[\int_{-\infty}^{z-x}f(x,y)\mathrm{d}y\right]\mathrm{d}x\ ,$$

将上式关于 z 求导，得随机变量 Z 的密度函数为

$$f_Z(z)=\int_{-\infty}^{+\infty}f(x,z-x)\mathrm{d}x\ .$$

同理可得 $$F_Z(z)=\int_{-\infty}^{+\infty}\left[\int_{-\infty}^{z-y}f(x,y)\mathrm{d}x\right]\mathrm{d}y\ ,$$

将上式关于 z 求导，得 $f_Z(z)=\int_{-\infty}^{+\infty}f(z-y,y)\mathrm{d}y$.

特别地，如果 X 和 Y 相互独立，$f_X(x)$ 与 $f_Y(y)$ 分别为二维随机变量 (X,Y) 关于 X 和关于 Y 的边缘密度函数，则有

$$f_Z(z)=\int_{-\infty}^{+\infty}f_X(x)f_Y(z-x)\mathrm{d}x=\int_{-\infty}^{+\infty}f_X(z-y)f_Y(y)\mathrm{d}y\ .\quad(3.4.1)$$

称式(3.4.1)为**卷积公式**，记为 $f_X * f_Y$.

例 4 设 X 和 Y 是两个相互独立的随机变量，且都服从(0,1)上的均匀分布，求随机变量 $Z=X+Y$ 的密度函数.

解 由均匀分布的定义，可得

$$f_X(x)=\begin{cases}1, & 0<x<1,\\ 0, & \text{其他},\end{cases}\qquad f_Y(y)=\begin{cases}1, & 0<y<1,\\ 0, & \text{其他}.\end{cases}$$

由卷积公式，得

$$f_Z(z)=\int_{-\infty}^{+\infty}f_X(z-y)f_Y(y)\mathrm{d}y=\int_0^1 f_X(z-y)\mathrm{d}y\ ,$$

令 $z-y=t$，上式变成

$$f_Z(z)=\int_{z-1}^{z}f_X(t)\mathrm{d}t\quad(-\infty<z<+\infty).$$

由于 $f_X(x)$ 在(0,1)内的值为 1，在其余点的值为 0，因此：

当 $z<0$ 时，$f_Z(z)=\int_{z-1}^{z}0\mathrm{d}t=0$；

当 $0\leqslant z<1$ 时，$f_Z(z)=\int_{z-1}^{z}f_X(t)\mathrm{d}t=\int_{z-1}^{0}0\mathrm{d}t+\int_0^z 1\mathrm{d}t=z$；

当 $1\leqslant z<2$ 时，$f_Z(z)=\int_{z-1}^{z}f_X(t)\mathrm{d}t=\int_{z-1}^{1}1\mathrm{d}t+\int_1^z 0\mathrm{d}t=2-z$；

当 $z\geqslant 2$ 时，$f_Z(z)=\int_{z-1}^{z}f_X(t)\mathrm{d}t=\int_{z-1}^{z}0\mathrm{d}t=0$.

综上，随机变量 $Z=X+Y$ 的密度函数为

$$f_Z(z)=\begin{cases} z, & 0\leqslant z<1, \\ 2-z, & 1\leqslant z<2, \\ 0, & \text{其他}. \end{cases}$$

例 5 设随机变量 X 和 Y 相互独立，且它们都服从 $N(0,1)$，求 $Z=X+Y$ 的密度函数.

解 由于

$$f_X(x)=\frac{1}{\sqrt{2\pi}}e^{-\frac{x^2}{2}} \quad (-\infty<x<+\infty),$$

$$f_Y(y)=\frac{1}{\sqrt{2\pi}}e^{-\frac{y^2}{2}} \quad (-\infty<y<+\infty),$$

由卷积公式，$Z=X+Y$ 的密度函数为

$$\begin{aligned} f_Z(z) &= \int_{-\infty}^{+\infty} f_X(x)f_Y(z-x)\mathrm{d}x \\ &= \frac{1}{2\pi}\int_{-\infty}^{+\infty} e^{-\frac{x^2}{2}}\cdot e^{-\frac{(z-x)^2}{2}}\mathrm{d}x = \frac{1}{2\pi}e^{-\frac{z^2}{4}}\int_{-\infty}^{+\infty} e^{-\left(x-\frac{z}{2}\right)^2}\mathrm{d}x, \end{aligned}$$

令 $t=x-\dfrac{z}{2}$，得 $f_Z(z) = \dfrac{1}{2\pi}e^{-\frac{z^2}{4}}\displaystyle\int_{-\infty}^{+\infty} e^{-t^2}\mathrm{d}t = \dfrac{1}{2\pi}e^{-\frac{z^2}{4}}\cdot\sqrt{\pi} = \dfrac{1}{2\sqrt{\pi}}e^{-\frac{z^2}{4}}$.

例 5 说明：两个相互独立的正态随机变量之和仍为正态随机变量，且其两个参数恰好为原来两个正态随机变量相应参数之和. 利用数学归纳法，不难将此结论推广到 n 个相互独立正态随机变量之和的情形.

若 $X_i\sim N(\mu_i,\sigma_i^2)(i=1,2,\cdots,n)$，且它们相互独立，则 $Z=X_1+X_2+\cdots+X_n$ 仍然服从正态分布，且有

$$Z\sim N(\mu_1+\mu_2+\cdots+\mu_n,\sigma_1^2+\sigma_2^2+\cdots+\sigma_n^2).$$

2. $\max(X,Y)$ 和 $\min(X,Y)$ 的分布

设 X 和 Y 是相互独立的随机变量，分布函数分别为 $F_X(x)$ 和 $F_Y(y)$. 令 $U=\max(X,Y)$，$V=\min(X,Y)$，记 U 的分布函数为 $F_U(u)$，V 的分布函数为 $F_V(v)$. 下面求 $U=\max(X,Y)$ 和 $V=\min(X,Y)$ 的分布函数.

对于任意实数 u，由于 X 和 Y 相互独立，因此

$$\begin{aligned} F_U(u) &= P\{U\leqslant u\}=P\{\max(X,Y)\leqslant u\}=P\{X\leqslant u,Y\leqslant u\} \\ &= P\{X\leqslant u\}P\{Y\leqslant u\}=F_X(u)F_Y(u). \end{aligned}$$

类似地，可以得到 $V=\min(X,Y)$ 的分布函数为

$$\begin{aligned} F_V(v) &= P\{V\leqslant v\}=1-P\{V>v\}=1-P\{\min(X,Y)>v\} \\ &= 1-P\{X>v,Y>v\}=1-P\{X>v\}P\{Y>v\} \\ &= 1-[1-P\{X\leqslant v\}][1-P\{Y\leqslant v\}] \\ &= 1-[1-F_X(v)][1-F_Y(v)]. \end{aligned}$$

以上结果容易推广到 n 个相互独立的随机变量的情形. 设 $X_1,X_2,\cdots,X_n$ 是 n 个相互独立的随机变量,它们的分布函数分别为 $F_{X_i}(x_i)(i=1,2,\cdots,n)$,则 $U=\max\{X_1,X_2,\cdots,X_n\}$ 和 $V=\min\{X_1,X_2,\cdots,X_n\}$ 的分布函数分别为

$$F_U(u)=F_{X_1}(u)F_{X_2}(u)\cdots F_{X_n}(u),$$

$$F_V(v)=1-[1-F_{X_1}(v)][1-F_{X_2}(v)]\cdots[1-F_{X_n}(v)].$$

特别地,当 $X_1,X_2,\cdots,X_n$ 相互独立且有相同的分布函数 $F(x)$ 时,有

$$F_U(u)=[F(u)]^n,\quad F_V(v)=1-[1-F(v)]^n.$$

例 6 假设一电路由三个同类电器元件串联而成,其工作状态相互独立,且无故障工作时间都服从参数为 $\lambda(\lambda>0)$ 的指数分布,当三个元件都无故障时,电路正常工作,否则整个电路不能正常工作,求电路正常工作时间 T 的分布函数.

解 以 $X_i(i=1,2,3)$ 表示第 i 个电器元件无故障工作时间,则 X_1,X_2,X_3 相互独立且同分布,其分布函数为

$$F(x)=\begin{cases}1-\mathrm{e}^{-\lambda x}, & x>0,\\ 0, & x\leqslant 0.\end{cases}$$

易见,电路正常工作时间 $T=\min\{X_1,X_2,X_3\}$,设 $G(t)$ 为 T 的分布函数,则:

当 $t\leqslant 0$ 时,$G(t)=0$;

当 $t>0$ 时,有

$$\begin{aligned}G(t)&=P\{T\leqslant t\}=1-P\{T>t\}=1-P\{X_1>t,X_2>t,X_3>t\}\\&=1-P\{X_1>t\}\cdot P\{X_2>t\}\cdot P\{X_3>t\}\\&=1-[1-F(t)]^3=1-\mathrm{e}^{-3\lambda t}.\end{aligned}$$

$$G(t)=\begin{cases}1-\mathrm{e}^{-3\lambda t}, & t>0,\\ 0, & t\leqslant 0,\end{cases}$$

故 T 服从参数为 3λ 的指数分布.

习题 3.4

1. 设二维随机变量 (X,Y) 的分布律为

X \ Y	1	2	3
1	$\frac{1}{4}$	$\frac{1}{4}$	$\frac{1}{8}$
2	$\frac{1}{8}$	0	0
3	$\frac{1}{8}$	$\frac{1}{8}$	0

求以下随机变量的分布律:(1)$X+Y$;(2)$X-Y$;(3)XY.

2. 设随机变量 X 与 Y 相互独立，且 $f_X(x)=\begin{cases}1, & -1\leqslant x\leqslant 0,\\ 0, & 其他.\end{cases}$ $f_Y(y)=\begin{cases}e^{-y}, & y>0,\\ 0, & y\leqslant 0.\end{cases}$

试求 $Z=X+Y$ 的密度函数.

3. 设随机变量 X 与 Y 相互独立，且都服从$[0,1]$上的均匀分布，试求 $Z=|X-Y|$ 的密度函数.

4. 设随机变量(X,Y)的联合密度函数为

$$f(x,y)=\begin{cases}Cxe^{-y}, & 0<x<y<+\infty,\\ 0, & 其他.\end{cases}$$

求：(1)常数 C；

(2)$U=\max(X,Y)$和 $V=\min(X,Y)$的密度函数.

5. 设随机变量(X,Y)的联合密度函数为

$$f(x,y)=\begin{cases}x+y, & 0<x<1,0<y<1,\\ 0, & 其他.\end{cases}$$

求：(1)$Z=X+Y$ 的密度函数；(2)$Z=XY$ 的密度函数.

数学家勒贝格简介

勒贝格

勒贝格(Lebesgue)是法国数学家，1875 年 6 月 28 日生于博韦，1941 年 7 月 26 日卒于巴黎.

勒贝格在博韦读完中学后，于 1894 年入巴黎高等师范学校攻读数学，并成为博雷尔的学生，1897 年获该校硕士学位. 毕业后曾在南希一所中学任教. 1902 年在巴黎大学通过博士论文答辩，取得哲学博士学位. 1902—1906 年任雷恩大学讲师.

从1906年起先后在普瓦蒂埃大学、巴黎大学、法兰西学院任教，1919年晋升为教授. 1922年当选为法国科学院院士. 1924年成为伦敦数学学会荣誉会员. 1934年被选为英国皇家学会会员. 他还是苏联科学院的通讯院士.

勒贝格是20世纪法国最有影响的分析学家之一，也是实变函数论的重要奠基人.

勒贝格的成名作是他的论文《积分，长度，面积》(1902年)和两本专著《论三角级数》(1903年)、《积分与原函数的研究》(1904年). 在《积分，长度，面积》中，第一次阐明了他关于测度和积分的思想. 他的工作使19世纪在这个领域的研究大为改观，特别是在博雷尔测度的基础上建立了"勒贝格测度"，并以此为基础对积分的概念作了最有意义的推广：把被积函数 $f(x)$ 的定义区间 $[a,b]$ 分成若干个勒贝格可测集，然后同样作积分和，那么原来划分子区间方法的积分和如果不收敛，则使用现在划分为可测集的方法的积分和就有可能收敛. 于是在黎曼意义下不可积的函数，在勒贝格意义下却变得可积. 按照勒贝格意义下的积分，可积函数类大大地扩张了，积分区域可以是比闭连通域复杂得多的子集，收敛性的困难大大地减少了. 勒贝格曾对他的积分思想作过一个生动有趣的描述："我必须偿还一笔钱. 如果我从口袋中随机地摸出来各种不同面值的钞票，逐一地还给债主，直到全部还清，这就是黎曼积分；不过，我还有另外一种做法，就是把钱全部拿出来，并把相同面值的钞票放在一起，然后再一起付给债主应还的数目，这就是我的积分."

勒贝格积分的理论是对积分学的重大突破. 用勒贝格的积分理论来研究三角级数，很容易得到许多重要定理，改进到那时为止的函数可展为三角级数的充分条件. 紧接着导数的概念也得到了推广，微积分中的牛顿-莱布尼茨公式也得到了相应的新结论，一门微积分的延续学科——实变函数论在他手中诞生了.

勒贝格的理论不仅是对积分学的革命，而且是傅里叶级数理论和位势理论发展的转折点.

勒贝格还提出了因次理论，证明了按贝尔范畴各类函数的存在，在拓扑学中他引入了紧性的定义和紧集的勒贝格数. 他的覆盖定理是对拓扑学的一大贡献.

美国数学史家克兰说："勒贝格的工作是本世纪的一个伟大贡献，确实赢得了公认，但和通常一样，也并不是没有遭到一定的阻力的."例如，数学家埃尔米特曾说："我怀着(恐慌)的心情对不可导函数的令人痛惜的祸害感到厌恶."当勒贝格写一篇讨论不可微曲面的论文——《关于可应用于平面的非直纹面短论》时，埃尔米特就极力阻止他发表. 勒贝格从1902年发表第一篇论文《积分，长度，面积》起，有近十年的时间没有在巴黎获得职务，直到1910年，才被同意进入巴黎大学任教. 到了20世纪30年代，勒贝格积分论已广为人知，并且在概率论、谱理论、泛函分析等方面得到了广泛的应用.

第 3 章总习题

1. 盒子里装有 3 只黑球、2 只红球、2 只白球，在其中任取 4 只球，以 X 表示取到黑球的只数，以 Y 表示取到白球的只数，求(X,Y)的联合分布律.

2. 设随机变量(X,Y)的联合密度函数为

$$f(x,y)=\begin{cases} xe^{-y}, & 0<x<y<+\infty, \\ 0, & \text{其他}. \end{cases}$$

求 $P\{X+Y<1\}$.

3. 设随机变量(X,Y)的联合密度函数为

$$f(x,y)=\begin{cases} k(6-x-y), & 0<x<2,2<y<4, \\ 0, & \text{其他}. \end{cases}$$

求：(1)常数 k；(2)$P\{X<1,Y<3\}$；(3)$P\{X<1.5\}$；(4)$P\{X+Y\leqslant 4\}$.

4. 设二维随机变量(X,Y)的联合密度函数为

$$f(x,y)=\begin{cases} e^{-y}, & 0<x<y, \\ 0, & \text{其他}. \end{cases}$$

求(X,Y)关于 X 和关于 Y 的边缘密度函数.

5. 设随机变量 X 服从区间$(0,1)$上的均匀分布，当观察到 $X=x(0<x<1)$时，Y 服从区间$(x,1)$上的均匀分布，试求 Y 的密度函数 $f_Y(y)$.

6. 设某种商品一周的需要量是一个随机变量，其密度函数为

$$f(t)=\begin{cases} te^{-t}, & t>0, \\ 0, & t\leqslant 0, \end{cases}$$

并设每周的需要量是相互独立的. 求：(1)两周的需要量的密度函数；(2)三周的需要量的密度函数.

7. 设系统 L 由两个相互独立的子系统 L_1,L_2 并联而成，设 L_1,L_2 的寿命分别为 X 与 Y，已知它们的密度函数分别为

$$f_X(x)=\begin{cases} \alpha e^{-\alpha x}, & x>0, \\ 0, & x\leqslant 0, \end{cases} \quad f_Y(y)=\begin{cases} \beta e^{-\beta y}, & y>0, \\ 0, & y\leqslant 0, \end{cases}$$

其中 $\alpha>0,\beta>0$. 试写出 L 的寿命 Z 的密度函数.

8. 设 X 和 Y 是两个相互独立的随机变量，X 服从$(0,1)$上的均匀分布，Y 的密度函数为

$$f_Y(y)=\begin{cases} \frac{1}{2}e^{-\frac{y}{2}}, & y>0, \\ 0, & y\leqslant 0. \end{cases}$$

(1)求 X 和 Y 的联合密度函数；

(2)设含有 a 的二次方程 $a^2+2Xa+Y=0$,求 a 有实根的概率.

9. 设随机变量(X,Y)的联合密度函数为

$$f(x,y)=\begin{cases} b\mathrm{e}^{-(x+y)}, & 0<x<1,0<y<+\infty, \\ 0, & \text{其他}. \end{cases}$$

求:(1)常数 b;

(2)边缘密度函数 $f_X(x)$和 $f_Y(y)$;

(3)$U=\max(X,Y)$的分布函数.

10. 设两个相互独立的随机变量 X 与 Y 的分布律为

X	1	3
P	0.3	0.7

Y	2	4
P	0.6	0.4

求随机变量 $Z=X+Y$ 的分布律.

第4章　随机变量的数字特征

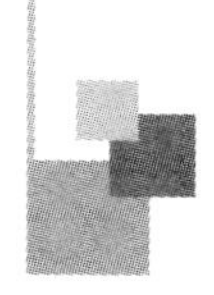

一个国家的科学水平可以用它消耗的数学来度量.

——拉奥

第3章讨论了随机变量的分布,这是关于随机变量统计规律的一种完整描述.在某些实际或理论问题中,并不需要考虑随机变量的全面情况,只需要知道它的某些特征数值.例如,在测量某种零件的长度时,测得的长度是一个随机变量,人们关心的往往是这些零件的平均长度以及测量结果的精确程度;再如,要研究某个地区的家庭年收入情况,既要知道家庭的年均收入,又要研究这个地区贫富之间的差异程度,年均收入越高,贫富差距越小,说明这个地区越富裕.以上这些与随机变量有关的数值,在概率论与数理统计中,称为随机变量的数字特征,它们在理论和实际应用中都很重要.本章主要介绍随机变量的数学期望、方差,两个随机变量的协方差和相关系数,以及矩和协方差矩阵等.

4.1　数学期望

4.1.1　离散型随机变量的数学期望

一射手进行射击练习,射手一次击中的环数 X 是一个随机变量,设 X 的分布律为

$$P\{X=k\}=p_k \quad (k=0,1,2,\cdots,10).$$

现连续20次的射击结果由表4-1给出.

表4-1

X/环	0	1	2	3	4	5	6	7	8	9	10
次数(n_k)	0	0	1	1	1	1	2	5	4	3	2

根据表4-1,可知此次射击练习平均击中环数为

$$\frac{\sum_{k=0}^{10} kn_k}{N} = \frac{0\times 0+1\times 0+2\times 1+3\times 1+4\times 1+5\times 1+6\times 2+7\times 5+8\times 4+9\times 3+10\times 2}{20} \text{环}$$

$=7$ 环.

$\frac{\sum_{k=0}^{10} kn_k}{N}$ 又可写为 $\sum_{k=0}^{10} k\cdot\frac{n_k}{N}$. 由第1章知，当射击次数 $N\to\infty$ 时，$\frac{n_k}{N}$ 在一定意义上接近于事件 $\{X=k\}$ 发生的概率 p_k，也就是说，当试验次数很大时，随机变量 X 的观察值的加权平均 $\sum_{k=0}^{10} k\frac{n_k}{N}$ 在一定意义上接近于 $\sum_{k=0}^{10} kp_k$. 我们称 $\sum_{k=0}^{10} kp_k$ 为随机变量 X 的数学期望或均值. 一般地，有以下定义.

定义 4.1.1 设离散型随机变量 X 的分布律为

$$P\{X=x_k\}=p_k \quad (k=1,2,\cdots),$$

若级数 $\sum_{k=1}^{\infty} x_k p_k$ 绝对收敛，则称此级数之和为 X 的**数学期望**，简称**期望**或**均值**，记为 $E(X)$，即

$$E(X)=\sum_{k=1}^{\infty} x_k p_k.$$

若级数 $\sum_{k=1}^{\infty} x_k p_k$ 不绝对收敛，则称 X 的数学期望不存在.

从定义 4.1.1 可以看出，p_k 越大，则 X 取 x_k 的可能性也越大，X 的均值受其影响也就越大. 因此，$E(X)$是 X 的各种可能取值以 p_k 为权重的加权平均.

例 1 某保险公司规定：如一年中顾客的投保事件 A 发生，则赔 a 元. 经统计，一年中 A 发生的概率为 p. 为使公司的收益的期望为 $\frac{a}{10}$，问要求顾客交多少保险费?

解 设保险费为 x 元，收益为 Y 元，则

$$Y=\begin{cases} x, & A \text{ 不发生}, \\ x-a, & A \text{ 发生}. \end{cases}$$

Y 的分布律为

Y	x	$x-a$
P	$1-p$	p

故 $E(Y)=x-ap$. 令 $x-ap=\frac{a}{10}$，得 $x=ap+\frac{a}{10}$，即顾客交的保险费为 $ap+\frac{a}{10}$元.

例 2 设随机变量 $X \sim B(n,p)$，求 $E(X)$.

解 因为 $X \sim B(n,p)$，即 $p_k = P\{X=k\} = C_n^k p^k (1-p)^{n-k}$ $(k=0,1,\cdots,n)$，所以

$$E(X) = \sum_{k=0}^{n} k p_k = \sum_{k=1}^{n} k C_n^k p^k (1-p)^{n-k} = \sum_{k=1}^{n} \frac{n!}{(k-1)!(n-k)!} p^k (1-p)^{n-k}$$

$$= np \sum_{k=1}^{n} \frac{(n-1)!}{(k-1)![n-1-(k-1)]!} p^{k-1} (1-p)^{n-1-(k-1)}$$

$$= np[p+(1-p)]^{n-1} = np.$$

当 $n=1$ 时，X 服从参数为 p 的 0-1 分布，且 $E(X)=p$.

例 3 设随机变量 $X \sim P(\lambda)$ $(\lambda>0)$，求 $E(X)$.

解 因为 $X \sim P(\lambda)$，即

$$P\{X=k\} = \frac{\lambda^k}{k!} e^{-\lambda} \quad (k=0,1,2,\cdots),$$

所以
$$E(X) = \sum_{k=0}^{\infty} k \cdot \frac{\lambda^k}{k!} e^{-\lambda} = \lambda e^{-\lambda} \sum_{k=1}^{\infty} \frac{\lambda^{k-1}}{(k-1)!} = \lambda e^{-\lambda} \cdot e^{\lambda} = \lambda.$$

4.1.2 连续型随机变量的数学期望

定义 4.1.2 设连续型随机变量 X 的密度函数为 $f(x)$，若积分 $\int_{-\infty}^{+\infty} x f(x) dx$ 绝对收敛，则称 $\int_{-\infty}^{+\infty} x f(x) dx$ 的值为 X 的**数学期望**，简称**期望**或**均值**，记为 $E(X)$，即

$$E(X) = \int_{-\infty}^{+\infty} x f(x) dx.$$

若积分 $\int_{-\infty}^{+\infty} x f(x) dx$ 不绝对收敛，则称 X 的数学期望不存在.

例 4 设随机变量 $X \sim U(a,b)$，求 $E(X)$.

解 依题意，X 的密度函数为

$$f(x) = \begin{cases} \dfrac{1}{b-a}, & a<x<b, \\ 0, & \text{其他}, \end{cases}$$

因此
$$E(X) = \int_{-\infty}^{+\infty} x f(x) dx = \int_a^b x \cdot \frac{1}{b-a} dx = \frac{a+b}{2}.$$

例 5 设随机变量 $X \sim E(\lambda)$ $(\lambda>0)$，求 $E(X)$.

解 依题意，X 的密度函数为

$$f(x) = \begin{cases} \lambda e^{-\lambda x}, & x>0, \\ 0, & x \leqslant 0, \end{cases}$$

因此 $$E(X)=\int_{-\infty}^{+\infty}xf(x)\mathrm{d}x=\int_{0}^{+\infty}x\cdot\lambda\mathrm{e}^{-\lambda x}\mathrm{d}x=\frac{1}{\lambda}.$$

例 6 设随机变量 $X\sim N(\mu,\sigma^2)$，求 $E(X)$.

解 依题意，X 的密度函数为

$$f(x)=\frac{1}{\sqrt{2\pi}\sigma}\mathrm{e}^{-\frac{(x-\mu)^2}{2\sigma^2}}\quad(-\infty<x<+\infty),$$

因此 $$E(X)=\int_{-\infty}^{+\infty}xf(x)\mathrm{d}x=\int_{-\infty}^{+\infty}x\frac{1}{\sqrt{2\pi}\sigma}\mathrm{e}^{-\frac{(x-\mu)^2}{2\sigma^2}}\mathrm{d}x.$$

令 $t=\frac{x-\mu}{\sigma}$，则

$$E(X)=\frac{1}{\sqrt{2\pi}}\int_{-\infty}^{+\infty}(\sigma t+\mu)\mathrm{e}^{-\frac{t^2}{2}}\mathrm{d}t=\frac{\mu}{\sqrt{2\pi}}\int_{-\infty}^{+\infty}\mathrm{e}^{-\frac{t^2}{2}}\mathrm{d}t=\mu.$$

例 7 设随机变量 X 服从柯西分布，其密度函数为

$$f(x)=\frac{1}{\pi(1+x^2)}\quad(-\infty<x<+\infty),$$

试求 X 的数学期望.

解 因为 $\int_{-\infty}^{+\infty}|x|\frac{1}{\pi(1+x^2)}\mathrm{d}x=+\infty$，所以 X 的数学期望不存在.

4.1.3 随机变量函数的数学期望

对于离散型或连续型随机变量 X 而言，只有掌握了它的分布律或密度函数，才能求得它的数学期望. 而对于随机变量函数 $Y=g(X)$，有下面的定理.

定理 4.1.1 设随机变量 Y 是随机变量 X 的函数，即 $Y=g(X)$，其中 $g(x)$ 为一元连续函数.

(1)设 X 是离散型随机变量，分布律为

$$P\{X=x_k\}=p_k\quad(k=1,2,\cdots),$$

则当级数 $\sum_{k=1}^{\infty}g(x_k)p_k$ 绝对收敛时，$E(Y)=E[g(X)]=\sum_{k=1}^{\infty}g(x_k)p_k$；

(2)设 X 是连续型随机变量，其密度函数为 $f(x)$，则当积分 $\int_{-\infty}^{+\infty}g(x)f(x)\mathrm{d}x$ 绝对收敛时，$E(Y)=E[g(X)]=\int_{-\infty}^{+\infty}g(x)f(x)\mathrm{d}x$.

定理 4.1.1 的重要意义在于，在求 $Y=g(X)$ 的数学期望时，只需要利用 X 的分布律或密度函数而不需要求出 Y 的分布，这就为计算随机变量函数的数学期望提供了极大的方便.

例 8 设离散型随机变量 X 的分布律为

X	-1	0	1	2
P	0.1	0.2	0.4	0.3

求随机变量 $Y=2X^2+1$ 的数学期望.

解 依题意,可得

$$E(Y)=[2\times(-1)^2+1]\times0.1+(2\times0^2+1)\times0.2+(2\times1^2+1)\times0.4+(2\times2^2+1)\times0.3=4.4.$$

例 9 设随机变量 $X\sim N(0,1)$,求 $Y=X^2$ 的数学期望.

解 依题意,可得

$$E(Y)=E(X^2)=\int_{-\infty}^{+\infty}x^2f(x)\mathrm{d}x=\int_{-\infty}^{+\infty}x^2\frac{1}{\sqrt{2\pi}}\mathrm{e}^{-\frac{x^2}{2}}\mathrm{d}x=-\frac{1}{\sqrt{2\pi}}\int_{-\infty}^{+\infty}x\mathrm{d}\mathrm{e}^{-\frac{x^2}{2}}$$

$$=-\frac{1}{\sqrt{2\pi}}\left(x\mathrm{e}^{-\frac{x^2}{2}}\Big|_{-\infty}^{+\infty}-\int_{-\infty}^{+\infty}\mathrm{e}^{-\frac{x^2}{2}}\mathrm{d}x\right)=\frac{1}{\sqrt{2\pi}}\int_{-\infty}^{+\infty}\mathrm{e}^{-\frac{x^2}{2}}\mathrm{d}x=1.$$

例 10 设国际市场每年对我国某种出口商品的需求量 X(单位:t)服从区间 $[2\ 000,4\ 000]$上的均匀分布.若售出这种商品 1 吨,可挣得外汇 3 万元,但如果销售不出而囤积于仓库,则每吨需保管费 1 万元.问应预备多少吨这种商品,才能使我国的收益最大?

解 设预备这种商品 $y(2\ 000\leqslant y\leqslant 4\ 000)$,则收益(单位:万元)为

$$g(X)=\begin{cases}3y, & X\geqslant y,\\ 3X-(y-X), & X<y.\end{cases}$$

则

$$E[g(X)]=\int_{-\infty}^{+\infty}g(x)f(x)\mathrm{d}x=\int_{2\ 000}^{4\ 000}g(x)\cdot\frac{1}{4\ 000-2\ 000}\mathrm{d}x$$

$$=\frac{1}{2\ 000}\int_{2\ 000}^{y}[3x-(y-x)]\mathrm{d}x+\frac{1}{2\ 000}\int_{y}^{4\ 000}3y\mathrm{d}x$$

$$=\frac{1}{1\ 000}(-y^2+7\ 000y-4\times10^6).$$

当 $y=3\ 500$ t 时,上式取得最大值,所以预备 3 500 t 此种商品能使我国的收益最大.

定理 4.1.1 可以推广到两个或两个以上随机变量的函数的情形.

定理 4.1.2 设随机变量 Z 是随机变量 (X,Y) 的函数,$Z=g(X,Y)$,其中 $g(x,y)$ 为二元连续函数,则:

(1)如果二维离散型随机变量 (X,Y) 的分布律为

$$P\{X=x_i,Y=y_j\}=p_{ij}\quad(i,j=1,2,\cdots),$$

且 $\sum_{j=1}^{\infty}\sum_{i=1}^{\infty}g(x_i,y_j)p_{ij}$ 绝对收敛,则 $Z=g(X,Y)$ 的数学期望为

$$E(Z)=E[g(X,Y)]=\sum_{j=1}^{\infty}\sum_{i=1}^{\infty}g(x_i,y_j)p_{ij};$$

(2) 如果二维连续型随机变量(X,Y)的密度函数为$f(x,y)$，$g(x,y)$连续且$\int_{-\infty}^{+\infty}\int_{-\infty}^{+\infty}g(x,y)f(x,y)\mathrm{d}x\mathrm{d}y$绝对收敛，则$Z=g(X,Y)$的数学期望为

$$E(Z)=E[g(X,Y)]=\int_{-\infty}^{+\infty}\int_{-\infty}^{+\infty}g(x,y)f(x,y)\mathrm{d}x\mathrm{d}y.$$

例 11 设二维离散型随机变量(X,Y)的分布律为

X \ Y	0	1
0	0.1	0.3
1	0.4	0.2

求$E(XY)$和$E(Z)$，其中$Z=\max(X,Y)$.

解 依题意，可得

$E(XY)=0\times0\times0.1+0\times1\times0.3+1\times0\times0.4+1\times1\times0.2=0.2$，

$E(Z)=0\times0.1+1\times0.9=0.9$.

例 12 设二维连续型随机变量(X,Y)的密度函数为

$$f(x,y)=\begin{cases}12xy^2, & 0\leqslant y\leqslant x\leqslant 1,\\ 0, & \text{其他},\end{cases}$$

求$E(XY)$和$E(X+Y)$.

解 $E(XY)=\int_{-\infty}^{+\infty}\int_{-\infty}^{+\infty}xyf(x,y)\mathrm{d}x\mathrm{d}y=\int_0^1\mathrm{d}x\int_0^x xy(12xy^2)\mathrm{d}y=\frac{3}{7}$，

$$E(X+Y)=\int_{-\infty}^{+\infty}\int_{-\infty}^{+\infty}(x+y)f(x,y)\mathrm{d}x\mathrm{d}y=\int_0^1\mathrm{d}x\int_0^x(x+y)(12xy^2)\mathrm{d}y=\frac{7}{6}.$$

4.1.4 数学期望的性质

设C为常数，随机变量X,Y的数学期望都存在.关于数学期望有如下性质.

性质 1 $E(C)=C$.

性质 2 $E(CX)=CE(X)$.

性质 3 $E(X+Y)=E(X)+E(Y)$.

这一性质可以推广到n个随机变量之和的情形，即$E\left(\sum_{i=1}^{n}X_i\right)=\sum_{i=1}^{n}E(X_i)$.

性质 4 如果随机变量X和Y相互独立，则$E(XY)=E(X)E(Y)$.

证 下面仅就X,Y为连续型随机变量的情况证明性质3和性质4.

设二维连续型随机变量(X,Y)的联合密度函数为$f(x,y)$，(X,Y)关于X和关

于 Y 的边缘密度函数分别为 $f_X(x)$ 和 $f_Y(y)$，则有

$$
\begin{aligned}
E(X+Y) &= \int_{-\infty}^{+\infty}\int_{-\infty}^{+\infty}(x+y)f(x,y)\mathrm{d}x\mathrm{d}y \\
&= \int_{-\infty}^{+\infty}\int_{-\infty}^{+\infty}xf(x,y)\mathrm{d}x\mathrm{d}y + \int_{-\infty}^{+\infty}\int_{-\infty}^{+\infty}yf(x,y)\mathrm{d}x\mathrm{d}y \\
&= \int_{-\infty}^{+\infty}x\left[\int_{-\infty}^{+\infty}f(x,y)\mathrm{d}y\right]\mathrm{d}x + \int_{-\infty}^{+\infty}y\left[\int_{-\infty}^{+\infty}f(x,y)\mathrm{d}x\right]\mathrm{d}y \\
&= \int_{-\infty}^{+\infty}xf_X(x)\mathrm{d}x + \int_{-\infty}^{+\infty}yf_Y(y)\mathrm{d}y \\
&= E(X)+E(Y).
\end{aligned}
$$

如果 X 和 Y 相互独立，则 $f(x,y)=f_X(x)f_Y(y)$，有

$$
\begin{aligned}
E(XY) &= \int_{-\infty}^{+\infty}\int_{-\infty}^{+\infty}xyf(x,y)\mathrm{d}x\mathrm{d}y = \int_{-\infty}^{+\infty}\int_{-\infty}^{+\infty}xyf_X(x)f_Y(y)\mathrm{d}x\mathrm{d}y \\
&= \int_{-\infty}^{+\infty}xf_X(x)\mathrm{d}x \cdot \int_{-\infty}^{+\infty}yf_Y(y)\mathrm{d}y = E(X)E(Y).
\end{aligned}
$$

例 13 将 n 个球随机放入 M 个盒子中，设每个球放入各盒子中是等可能的，求有球的盒子数 X 的期望.

解 令随机变量 $X_i=\begin{cases}1, & \text{第 } i \text{ 个盒子有球},\\ 0, & \text{第 } i \text{ 个盒子无球}\end{cases}$ $(i=1,2,\cdots,M)$，显然有 $X=\sum\limits_{i=1}^{M}X_i$.

对于第 i 个盒子而言，每个球不放入其中的概率为 $1-\frac{1}{M}$，n 个球都不放入的概率为 $\left(1-\frac{1}{M}\right)^n$，因此 $P\{X_i=0\}=\left(1-\frac{1}{M}\right)^n$，$P\{X_i=1\}=1-\left(1-\frac{1}{M}\right)^n$.

由于 $E(X_i)=1\times P\{X_i=1\}+0\times P\{X_i=0\}=1-\left(1-\frac{1}{M}\right)^n$，由数学期望的性质，可以得到

$$
E(X)=\sum_{i=1}^{M}E(X_i)=M\left[1-\left(1-\frac{1}{M}\right)^n\right].
$$

例 14 设一电路中电流 I(单位：A)与电阻 R(单位：Ω)是两个相互独立的随机变量，其密度函数分别为

$$
g(i)=\begin{cases}2i, & 0\leqslant i\leqslant 1,\\ 0, & \text{其他},\end{cases}\qquad h(r)=\begin{cases}\frac{r^2}{9}, & 0\leqslant r\leqslant 3,\\ 0, & \text{其他},\end{cases}
$$

试求电压 $V=IR$ 的均值.

解 $E(V)=E(IR)=E(I)E(R)$

$$= \left[\int_{-\infty}^{+\infty} ig(i)\mathrm{d}i\right]\left[\int_{-\infty}^{+\infty} rh(r)\mathrm{d}r\right] = \left[\int_0^1 2i^2\mathrm{d}i\right]\left[\int_0^3 \frac{r^3}{9}\mathrm{d}r\right] = \frac{3}{2}\ \mathrm{V}.$$

习题 4.1

1. 设随机变量 X 的分布律为

X	-2	1	C
P	0.25	0.5	0.25

已知 $E(X)=1$,求常数 C.

2. 设随机变量 X 的密度函数为

$$f(x)=\begin{cases} x+\frac{7}{4}, & 0<x<\frac{1}{2}, \\ 0, & \text{其他}, \end{cases}$$

求 $E(X)$.

3. 设一部机器在一天内发生故障的概率为 0.2,机器发生故障时,全天停止工作.一周五个工作日,若无故障,可获利 10 万元;若发生一次故障,仍可获利 5 万元;若发生两次故障,获利为零;若发生三次或三次以上故障,要亏损 2 万元.求一周内的利润的数学期望.

4. 已知随机变量 X 的分布律为

X	-2	0	1
P	0.3	0.4	0.3

求 $E(4X^2+6)$.

5. 设风速 V 在$(0,a)$上服从均匀分布,又设飞机机翼受到的正压力 $W=kV^2$ ($k>0$,为常数),求 W 的数学期望.

6. 设(X,Y)的联合分布律如下所示,求 $X+Y$,X^2+Y^2,Y^X 的数学期望.

Y \ X	-1	0	1
1	0.1	0.2	0.1
2	0.3	0.1	0.2

7. 设随机变量 X_1,X_2 的密度函数分别为

$$f_1(x)=\begin{cases} 2\mathrm{e}^{-2x}, x>0, \\ 0, \quad x\leqslant 0; \end{cases} \quad f_2(x)=\begin{cases} 4\mathrm{e}^{-4x}, x>0, \\ 0, \quad x\leqslant 0. \end{cases}$$

(1)求 $E(X_1+X_2)$,$E(2X_1-3X_2^2)$;(2)设 X_1,X_2 相互独立,求 $E(X_1X_2)$.

4.2 方　差

4.2.1 方差的概念

甲、乙两人射击,他们的射击水平由下表给出,其中 X 表示甲击中的环数,Y 表示乙击中的环数.

X	8	9	10
P	0.1	0.8	0.1

Y	8	9	10
P	0.2	0.6	0.2

容易验证,$E(X)=E(Y)=9$. 这说明期望并不能反映谁的射击水平更高,故还需考虑其他的因素. 通常的想法是:在射击的平均环数相等的条件下,进一步衡量谁的射击技术更稳定些,也就是看谁命中的环数比较集中于平均值的附近,即衡量一个随机变量 X 关于均值的离散程度,可用 $|X-E(X)|$(称为**离差**)的均值来表示. 但由于 $E|X-E(X)|$ 带有绝对值,运算不方便,故通常采用 $E[X-E(X)]^2$ 来度量随机变量 X 取值的离散程度. 在上述射击问题中,由于

$$E[X-E(X)]^2=0.1\times(8-9)^2+0.8\times(9-9)^2+0.1\times(10-9)^2=0.2,$$

$$E[Y-E(Y)]^2=0.2\times(8-9)^2+0.6\times(9-9)^2+0.2\times(10-9)^2=0.4.$$

可见甲的射击技术更稳定些.

定义 4.2.1 设 X 为一随机变量,如果 $E[X-E(X)]^2$ 存在,则称之为 X 的**方差**,记为 $D(X)$,即 $D(X)=E[X-E(X)]^2$;称 $\sqrt{D(X)}$ 为随机变量 X 的**标准差**或**均方差**,记为 $\sigma(X)=\sqrt{D(X)}$.

方差是随机变量 X 的函数 $g(X)=[X-E(X)]^2$ 的期望,它刻画了 X 的取值与 $E(X)$ 之间的偏离程度. 若 $D(X)$ 较小,则 X 取值相对集中;反之,则 X 的取值比较分散. 因此,方差具有实际应用意义.

例如,抽检一批棉花,要求其平均纤维长度为 $E(X)=10$ cm. 如果部分棉花的纤维长度与平均纤维长度的偏离较小,说明该部分长度基本稳定在 10 cm 附近,这部分棉花整体质量较好;反之,若偏离较大,说明这部分棉花的纤维长度参差不齐,整体质量不好.

如果 X 是离散型随机变量,其分布律为

$$P\{X=x_k\}=p_k \quad (k=1,2,\cdots),$$

则有

$$D(X)=E[X-E(X)]^2=\sum_{k=1}^{\infty}[x_k-E(X)]^2 p_k.$$

如果 X 是连续型随机变量,其密度函数为 $f(x)$,则有

$$D(X)=E[X-E(X)]^2=\int_{-\infty}^{+\infty}[x-E(X)]^2 f(x)\mathrm{d}x.$$

关于方差的计算，常利用下面的重要公式：

$$D(X)=E(X^2)-[E(X)]^2.$$

事实上，

$$\begin{aligned}D(X)&=E[X-E(X)]^2=E\{X^2-2X\cdot E(X)+[E(X)]^2\}\\&=E(X^2)-2E(X)\cdot E(X)+[E(X)]^2=E(X^2)-[E(X)]^2.\end{aligned}$$

例 1 设随机变量 X 的分布律为

X	-1	0	1
P	0.4	0.2	0.4

求 $D(X)$.

解 因为
$$E(X)=(-1)\times0.4+0\times0.2+1\times0.4=0,$$
$$E(X^2)=(-1)^2\times0.4+0^2\times0.2+1^2\times0.4=0.8,$$
所以
$$D(X)=E(X^2)-[E(X)]^2=0.8-0=0.8.$$

例 2 设 $X\sim P(\lambda)$，求 $D(X)$.

解 $E(X)=\lambda$，且

$$\begin{aligned}E(X^2)&=\sum_{k=0}^{\infty}k^2\frac{\lambda^k \mathrm{e}^{-\lambda}}{k!}=\sum_{k=1}^{\infty}[(k-1)+1]\frac{\lambda^k \mathrm{e}^{-\lambda}}{(k-1)!}\\&=\sum_{k=2}^{\infty}\frac{\lambda^2\cdot\lambda^{k-2}}{(k-2)!}\cdot \mathrm{e}^{-\lambda}+\sum_{k=1}^{\infty}\frac{\lambda^k}{(k-1)!}\cdot \mathrm{e}^{-\lambda}=\lambda^2+\lambda,\end{aligned}$$

则
$$D(X)=(\lambda^2+\lambda)-\lambda^2=\lambda.$$

例 3 设随机变量 $X\sim G(p)$，即

$$P\{X=k\}=pq^{k-1}\quad(k=1,2,\cdots),$$

其中 $0<p<1$，$q=1-p$，求 $E(X)$，$D(X)$.

解
$$\begin{aligned}E(X)&=\sum_{k=1}^{\infty}kpq^{k-1}=p\sum_{k=1}^{\infty}kq^{k-1}\\&=p\cdot\frac{\mathrm{d}}{\mathrm{d}q}\left(\sum_{k=0}^{\infty}q^k\right)=p\cdot\frac{\mathrm{d}}{\mathrm{d}q}\left(\frac{1}{1-q}\right)=\frac{p}{(1-q)^2}=\frac{1}{p},\end{aligned}$$

又
$$\begin{aligned}E(X^2)&=\sum_{k=1}^{\infty}k^2pq^{k-1}=\sum_{k=1}^{\infty}k(k-1)pq^{k-1}+\sum_{k=1}^{\infty}kpq^{k-1}\\&=pq\sum_{k=2}^{\infty}k(k-1)q^{k-2}+\frac{1}{p}=pq\cdot\frac{\mathrm{d}}{\mathrm{d}q}\left(\sum_{k=1}^{\infty}kq^{k-1}\right)+\frac{1}{p}\\&=pq\cdot\frac{\mathrm{d}}{\mathrm{d}q}\left(\frac{1}{(1-q)^2}\right)+\frac{1}{p}=\frac{2pq}{(1-q)^3}+\frac{1}{p}=\frac{2q}{p^2}+\frac{1}{p},\end{aligned}$$

因此
$$D(X)=E(X^2)-[E(X)]^2=\frac{2q}{p^2}+\frac{1}{p}-\frac{1}{p^2}=\frac{1-p}{p^2}=\frac{q}{p^2},$$

即
$$E(X)=\frac{1}{p},\quad D(X)=\frac{1-p}{p^2}=\frac{q}{p^2}.$$

例 4 设 $X\sim U(a,b)$，求 $D(X)$.

解 $E(X)=\frac{a+b}{2}$，且
$$E(X^2)=\int_{-\infty}^{+\infty}x^2f(x)\mathrm{d}x=\int_a^b x^2\cdot\frac{1}{b-a}\mathrm{d}x=\frac{1}{3}(b^2+ab+a^2),$$
于是
$$D(X)=E(X^2)-[E(X)]^2=\frac{1}{12}(b-a)^2.$$

例 5 设 $X\sim E(\lambda)$，求 $D(X)$.

解 $E(X)=\frac{1}{\lambda}$，且 $E(X^2)=\int_{-\infty}^{+\infty}x^2f(x)\mathrm{d}x=\int_0^{+\infty}x^2\lambda\mathrm{e}^{-\lambda x}\mathrm{d}x=\frac{2}{\lambda^2}$，因此
$$D(X)=E(X^2)-[E(X)]^2=\frac{2}{\lambda^2}-\frac{1}{\lambda^2}=\frac{1}{\lambda^2}.$$

例 6 设 $X\sim N(\mu,\sigma^2)$，求 $D(X)$.

解 由于 $E(X)=\mu$，则
$$D(X)=E[X-E(X)]^2=\int_{-\infty}^{+\infty}(x-\mu)^2\cdot\frac{1}{\sqrt{2\pi}\sigma}\cdot\mathrm{e}^{-\frac{(x-\mu)^2}{2\sigma^2}}\mathrm{d}x$$
$$\xlongequal{令\frac{x-\mu}{\sigma}=t}\frac{\sigma^2}{\sqrt{2\pi}}\int_{-\infty}^{+\infty}t^2\mathrm{e}^{-\frac{t^2}{2}}\mathrm{d}t=\frac{\sigma^2}{\sqrt{2\pi}}\left[-t\mathrm{e}^{-\frac{t^2}{2}}\Big|_{-\infty}^{+\infty}+\int_{-\infty}^{+\infty}\mathrm{e}^{-\frac{t^2}{2}}\mathrm{d}t\right]=\sigma^2.$$
由例 6 可知，对于 $X\sim N(\mu,\sigma^2)$，μ,σ^2 分别是 X 的数学期望和方差.

4.2.2 方差的性质

设 C 为常数，随机变量 X,Y 的方差都存在. 关于方差有如下性质：

性质 1 $D(C)=0$.

证 $D(C)=E[C-E(C)]^2=0$.

性质 2 $D(CX)=C^2D(X)$.

证 $D(CX)=E[CX-E(CX)]^2=C^2E[X-E(X)]^2=C^2D(X)$.

性质 3 $D(X+C)=D(X)$.

证
$$\begin{aligned}D(X+C)&=E[(X+C)-E(X+C)]^2\\&=E[X+C-E(X)-C]^2=E[X-E(X)]^2\\&=D(X).\end{aligned}$$

性质 4 如果随机变量 X,Y 相互独立，则 $D(X+Y)=D(X)+D(Y)$.
这一性质可以推广到 n 个相互独立的随机变量之和的情况.

证 $D(X+Y)=E\{[X-E(X)]+[Y-E(Y)]\}^2$

$$=E[X-E(X)]^2+2E\{[X-E(X)][Y-E(Y)]\}+E[Y-E(Y)]^2$$
$$=D(X)+2E\{[X-E(X)][Y-E(Y)]\}+D(Y).$$

注意到 X 和 Y 相互独立，因此 $X-E(X)$ 和 $Y-E(Y)$ 也相互独立，由数学期望的性质，有

$$E\{[X-E(X)][Y-E(Y)]\}=E[X-E(X)]\cdot E[Y-E(Y)]=0,$$

于是
$$D(X+Y)=D(X)+D(Y).$$

例 7 设 $X\sim B(n,p)$，求 $D(X)$.

解 X 表示 n 重伯努利试验中成功的次数. 若设

$$X_i=\begin{cases}1, & \text{如第 } i \text{ 次试验成功},\\ 0, & \text{如第 } i \text{ 次试验失败}\end{cases} \quad (i=1,2,\cdots,n),$$

则 $X=\sum\limits_{i=1}^{n}X_i$ 表示 n 次试验中成功的次数，且 X_i 服从 0-1 分布. 因为

$$E(X_i)=P\{X_i=1\}=p,\quad E(X_i^2)=p,$$

故
$$D(X_i)=E(X_i^2)-[E(X_i)]^2=p-p^2=p(1-p)(i=1,2,\cdots,n).$$

由于 $X_1,X_2,\cdots,X_n$ 相互独立，于是

$$E(X)=\sum_{i=1}^{n}E(X_i)=np,$$

$$D(X)=\sum_{i=1}^{n}D(X_i)=np(1-p)=npq\quad(q=1-p).$$

例 8 设 $X_1,X_2,\cdots,X_n$ 相互独立并且服从同一分布，若 $E(X_i)=\mu,D(X_i)=\sigma^2(i=1,2,\cdots,n)$，记 $\overline{X}=\frac{1}{n}\sum\limits_{i=1}^{n}X_i$，证明：$E(\overline{X})=\mu,D(\overline{X})=\frac{\sigma^2}{n}$.

证 由数学期望的性质，$E(\sum\limits_{i=1}^{n}X_i)=\sum\limits_{i=1}^{n}E(X_i)=n\mu$，又由独立性和方差的性质知 $D(\sum\limits_{i=1}^{n}X_i)=\sum\limits_{i=1}^{n}D(X_i)=n\sigma^2$，于是 $E(\overline{X})=\mu,D(\overline{X})=\frac{1}{n^2}D(\sum\limits_{i=1}^{n}X_i)=\frac{\sigma^2}{n}$.

若用 $X_1,X_2,\cdots,X_n$ 表示被测物的 n 次重复测量的误差，而 σ^2 为误差大小的度量，公式 $D(\overline{X})=\frac{\sigma^2}{n}$ 表明 n 次重复测量的平均误差是单次测量误差的 $\frac{1}{n}$，即重复测量的平均精度要比单次测量的精度高.

习题 4.2

1. 设有甲、乙两种棉花，从中各抽取等量的样品进行检验，结果如下：

X	28	29	30	31	32
P	0.1	0.15	0.5	0.15	0.1

Y	28	29	30	31	32
P	0.13	0.17	0.4	0.17	0.13

其中 X,Y 分别表示甲、乙两种棉花的纤维长度(单位:mm),求 $D(X)$ 与 $D(Y)$,并评定它们的质量.

2. 设对某目标连续射击,直到命中 m 次为止,每次射击的命中率为 p. 求子弹消耗量 X 的期望与方差.(提示:$X=X_1+X_2+\cdots+X_m$,利用期望和方差的性质.)

3. 证明:对于任何常数 c,随机变量 X 有 $D(X)=E(X-c)^2-[E(X)-c]^2$.

4. 设随机变量 X 的密度函数为

$$f(x)=\begin{cases}1+x, & -1\leqslant x<0,\\ 1-x, & 0\leqslant x<1,\\ 0, & \text{其他},\end{cases}$$

求 $D(X)$.

5. 设随机变量 X 服从瑞利分布,其密度函数为

$$f(x)=\begin{cases}\dfrac{x}{\sigma^2}\mathrm{e}^{-\frac{x^2}{2\sigma^2}}, & x>0,\\ 0, & x\leqslant 0,\end{cases}$$

其中 $\sigma>0$,是常数. 求 $E(X),D(X)$.

6. (拉普拉斯分布)X 的密度函数为

$$f(x)=\frac{1}{2}\mathrm{e}^{-|x|}\quad(-\infty<x<+\infty),$$

求 $E(X),D(X)$.

7. 设随机变量 X,Y 相互独立,X 与 Y 的方差分别是 4 和 2. 求 $D(2X-Y)$.

4.3 协方差和相关系数

4.3.1 协方差

4.2 节性质 4 的证明中,如果两个随机变量 X 与 Y 相互独立,则有 $E\{[X-E(X)][Y-E(Y)]\}=0$. 这表明,当 $E\{[X-E(X)][Y-E(Y)]\}\neq 0$ 时,X 与 Y 不独立. 因而可以用 $E\{[X-E(X)][Y-E(Y)]\}$ 来描述 X 和 Y 之间的某种相互关系,有下面的定义.

定义 4.3.1 设(X,Y)为二维随机变量，且随机变量 X 与 Y 的数学期望$E(X)$和 $E(Y)$都存在，如果随机变量$[X-E(X)][Y-E(Y)]$的数学期望存在，则称之为随机变量 X 和 Y 的**协方差**，记为 $\mathrm{Cov}(X,Y)$，即

$$\mathrm{Cov}(X,Y)=E\{[X-E(X)][Y-E(Y)]\}.$$

若(X,Y)为二维离散型随机变量，其联合分布律为

$$P\{X=x_i,Y=y_i\}=p_{ij}\quad(i,j=1,2,\cdots),$$

则
$$\mathrm{Cov}(X,Y)=\sum_{i,j}[x_i-E(X)][y_j-E(Y)]\cdot p_{ij};$$

若(X,Y)为二维连续型随机变量，其联合密度函数为 $f(x,y)$，则

$$\mathrm{Cov}(X,Y)=\int_{-\infty}^{+\infty}\int_{-\infty}^{+\infty}[x-E(X)][y-E(Y)]f(x,y)\mathrm{d}x\mathrm{d}y.$$

利用数学期望的性质，容易得到协方差的另一计算公式

$$\mathrm{Cov}(X,Y)=E(XY)-E(X)E(Y).$$

当 X 与 Y 相互独立时，有 $\mathrm{Cov}(X,Y)=0$.

例 1 设(X,Y)的联合分布律如下，求 $\mathrm{Cov}(X,Y)$.

Y \ X	0	1
0	$1-p$	0
1	0	p

解 $E(XY)=\sum_i\sum_j(x_iy_j)p_{ij}=p,\quad E(X)=p,\quad E(Y)=p,$

$$\mathrm{Cov}(X,Y)=E(XY)-E(X)E(Y)=p-p^2=p(1-p).$$

例 2 设(X,Y)的联合密度函数为

$$f(x,y)=\begin{cases}x+y, & 0\leqslant x\leqslant 1,0\leqslant y\leqslant 1,\\ 0, & \text{其他},\end{cases}$$

求 $\mathrm{Cov}(X,Y)$.

解 由于

$$E(XY)=\int_{-\infty}^{+\infty}\int_{-\infty}^{+\infty}xyf(x,y)\mathrm{d}x\mathrm{d}y=\int_0^1\mathrm{d}x\int_0^1 xy(x+y)\mathrm{d}y=\frac{1}{3},$$

$$E(X)=\int_{-\infty}^{+\infty}\int_{-\infty}^{+\infty}xf(x,y)\mathrm{d}x\mathrm{d}y=\int_0^1\mathrm{d}x\int_0^1 x(x+y)\mathrm{d}y=\frac{7}{12},$$

$$E(Y)=\int_{-\infty}^{+\infty}\int_{-\infty}^{+\infty}yf(x,y)\mathrm{d}x\mathrm{d}y=\int_0^1\mathrm{d}x\int_0^1 y(x+y)\mathrm{d}y=\frac{7}{12},$$

则 $\mathrm{Cov}(X,Y)=E(XY)-E(X)E(Y)=\frac{1}{3}-\left(\frac{7}{12}\right)^2=-\frac{1}{144}.$

容易验证，协方差有如下性质：

性质 1 $\mathrm{Cov}(X,Y)=\mathrm{Cov}(Y,X)$.

性质 2 $\mathrm{Cov}(X,X)=D(X)$.

性质 3 $\mathrm{Cov}(aX,bY)=ab\mathrm{Cov}(X,Y)$，其中 a,b 为常数.

性质 4 $\mathrm{Cov}(C,X)=0$，其中 C 为任意常数.

性质 5 $\mathrm{Cov}(X+Y,Z)=\mathrm{Cov}(X,Z)+\mathrm{Cov}(Y,Z)$.

由此容易得到计算方差的一般公式

$$D(X+Y)=D(X)+D(Y)+2\mathrm{Cov}(X,Y).$$

引入协方差的目的在于度量随机变量之间关系的强弱，但由于协方差有量纲，其数值受 X 和 Y 本身量纲的影响，为了克服这一缺点，先对随机变量进行标准化，然后再计算其协方差.

称 $X^*=\dfrac{X-E(X)}{\sqrt{D(X)}}$ 为随机变量 X 的**标准化随机变量**. 不难验证，$E(X^*)=0$，$D(X^*)=1$. 例如，若 $X\sim N(\mu,\sigma^2)(\sigma>0)$，由于 $E(X)=\mu,D(X)=\sigma^2$，有

$$X^*=\frac{X-\mu}{\sigma}\sim N(0,1).$$

对 X 和 Y 的标准化随机变量求协方差，有

$$\begin{aligned}\mathrm{Cov}(X^*,Y^*)&=E(X^*Y^*)-E(X^*)E(Y^*)=E(X^*Y^*)\\&=E\left(\frac{X-E(X)}{\sqrt{D(X)}}\cdot\frac{Y-E(Y)}{\sqrt{D(Y)}}\right)=\frac{E\{[X-E(X)][Y-E(Y)]\}}{\sqrt{D(X)}\sqrt{D(Y)}}\\&=\frac{\mathrm{Cov}(X,Y)}{\sqrt{D(X)}\sqrt{D(Y)}}.\end{aligned}$$

上式表明，可以利用标准差对协方差进行修正，从而得到一个能更好地度量随机变量之间关系强弱的数字特征——相关系数.

4.3.2 相关系数

定义 4.3.2 设随机变量 X 和 Y 的方差都存在且不为零，X 和 Y 的协方差 $\mathrm{Cov}(X,Y)$ 也存在，则称 $\dfrac{\mathrm{Cov}(X,Y)}{\sqrt{D(X)}\sqrt{D(Y)}}$ 为随机变量 X 和 Y 的**相关系数**，记为 ρ_{XY}，即

$$\rho_{XY}=\frac{\mathrm{Cov}(X,Y)}{\sqrt{D(X)}\sqrt{D(Y)}}.$$

X 和 Y 的相关系数 ρ_{XY} 具有下列性质.

性质 1 $|\rho_{XY}|\leqslant 1$.

性质 2 $|\rho_{XY}|=1$ 的充分必要条件是存在常数 a,b,使得 $P\{Y=aX+b\}=1$.

可见,相关系数定量地刻画了 X 和 Y 的相关程度:$|\rho_{XY}|$越大,X 和 Y 的相关程度越大;当 $\rho_{XY}=0$ 时,称 X 和 Y **不相关**;当 $\rho_{XY}>0$ 时,称 X 和 Y **正相关**(特别地,当 $\rho_{XY}=1$ 时,称 X 和 Y **完全正相关**);当 $\rho_{XY}<0$ 时,称 X 和 Y **负相关**(特别地,当 $\rho_{XY}=-1$ 时,称 X 和 Y **完全负相关**).

需要说明的是:X 和 Y 相关的含义是指 X 和 Y 之间存在某种程度的线性关系.因此,若 X 和 Y 不相关,只能说明 X 与 Y 之间不存在线性关系,但并不排除其他相关关系.

对于随机变量 X 与 Y,下列是等价的:

(1)$\mathrm{Cov}(X,Y)=0$;

(2)X 和 Y 不相关;

(3)$E(XY)=E(X)E(Y)$;

(4)$D(X+Y)=D(X)+D(Y)$;

(5)$D(X-Y)=D(X)+D(Y)$.

例 3 设 θ 是$[-\pi,\pi]$上均匀分布的随机变量,又 $X=\sin\theta,Y=\cos\theta$,求 X 与 Y 之间的相关系数.

解 由于

$$E(X)=\frac{1}{2\pi}\int_{-\pi}^{\pi}\sin x\mathrm{d}x=0,\quad E(Y)=\frac{1}{2\pi}\int_{-\pi}^{\pi}\cos x\mathrm{d}x=0,$$

$$E(X^2)=\frac{1}{2\pi}\int_{-\pi}^{\pi}\sin^2 x\mathrm{d}x=\frac{1}{2},\quad E(Y^2)=\frac{1}{2\pi}\int_{-\pi}^{\pi}\cos^2 x\mathrm{d}x=\frac{1}{2},$$

$$E(XY)=\frac{1}{2\pi}\int_{-\pi}^{\pi}\sin x\cos x\mathrm{d}x=0,\quad D(X)=D(Y)=\frac{1}{2},$$

因此 $\mathrm{Cov}(X,Y)=E(XY)-E(X)E(Y)=0$,于是 $\rho_{XY}=\dfrac{\mathrm{Cov}(X,Y)}{\sqrt{D(X)}\sqrt{D(Y)}}=0$.

例 3 中 X 与 Y 是不相关的,说明 X 与 Y 没有线性关系,但显然有 $X^2+Y^2=1$,从而 X 与 Y 是不独立的.因此,当 $\rho_{XY}=0$ 时,X 与 Y 可能独立,也可能不独立.

例 4 设(X,Y)服从二维正态分布,它的密度函数为

$$f(x,y)=\frac{1}{2\pi\sigma_1\sigma_2\sqrt{1-\rho^2}}\cdot\exp\left\{-\frac{1}{2(1-\rho^2)}\left[\frac{(x-\mu_1)^2}{\sigma_1^2}-2\rho\frac{(x-\mu_1)(y-\mu_2)}{\sigma_1\sigma_2}+\frac{(y-\mu_2)^2}{\sigma_2^2}\right]\right\},$$

求 $\mathrm{Cov}(X,Y)$和 ρ_{XY}.

解 $$\mathrm{Cov}(X,Y)=\int_{-\infty}^{+\infty}\int_{-\infty}^{+\infty}(x-\mu_1)(y-\mu_2)f(x,y)\mathrm{d}x\mathrm{d}y$$

$$= \frac{1}{2\pi\sigma_1\sigma_2\sqrt{1-\rho^2}} \cdot \int_{-\infty}^{+\infty}\int_{-\infty}^{+\infty}(x-\mu_1)(y-\mu_2)e^{-\frac{(x-\mu_1)^2}{2\sigma_1^2}}e^{-\frac{1}{2(1-\rho^2)}\left[\frac{y-\mu_2}{\sigma_2}-\rho\frac{x-\mu_1}{\sigma_1}\right]^2}dxdy,$$

令 $t=\frac{1}{\sqrt{1-\rho^2}}\left(\frac{y-\mu_2}{\sigma_2}-\rho\frac{x-\mu_1}{\sigma_1}\right), u=\frac{x-\mu_1}{\sigma_1}$,则

$$\begin{aligned}\mathrm{Cov}(X,Y) &= \frac{1}{2\pi}\int_{-\infty}^{+\infty}\int_{-\infty}^{+\infty}(\sigma_1\sigma_2\sqrt{1-\rho^2}tu+\rho\sigma_1\sigma_2u^2)e^{-\frac{u^2}{2}-\frac{t^2}{2}}dtdu \\ &= \frac{\sigma_1\sigma_2\rho}{2\pi}\left(\int_{-\infty}^{+\infty}u^2e^{-\frac{u^2}{2}}du\right)\left(\int_{-\infty}^{+\infty}e^{-\frac{t^2}{2}}dt\right) \\ &\quad + \frac{\sigma_1\sigma_2\sqrt{1-\rho^2}}{2\pi}\left(\int_{-\infty}^{+\infty}ue^{-\frac{u^2}{2}}du\right)\left(\int_{-\infty}^{+\infty}te^{-\frac{t^2}{2}}dt\right) \\ &= \frac{\rho\sigma_1\sigma_2}{2\pi}\sqrt{2\pi}\cdot\sqrt{2\pi} = \rho\sigma_1\sigma_2.\end{aligned}$$

于是
$$\rho_{XY}=\frac{\mathrm{Cov}(X,Y)}{\sqrt{D(X)}\sqrt{D(Y)}}=\rho.$$

例4说明二维正态随机变量(X,Y)的密度函数中的参数ρ就是X和Y的相关系数,从而二维正态随机变量的分布完全可由X,Y的各自的数学期望、方差以及它们的相关系数所确定.

由第3章讨论可知,若(X,Y)服从二维正态分布,那么X和Y相互独立的充要条件是$\rho=0$,即X与Y不相关.因此,对于二维正态随机变量(X,Y)来说,X和Y不相关与X和Y相互独立是等价的.

4.3.3 矩、协方差矩阵

定义 4.3.3 设X和Y为随机变量,k,l为正整数.若$E(X^k)(k=1,2,\cdots)$存在,则称它为X的k阶原点矩,简称k **阶矩**.

若$E[X-E(X)]^k(k=2,3,\cdots)$存在,则称它为$X$的$k$ **阶中心矩**.

若$E(X^kY^l)(k,l=1,2,\cdots)$存在,则称它为$X$和$Y$的$k+l$ **阶混合原点矩**.

若$E\{[X-E(X)]^k[Y-E(Y)]^l\}(k,l=1,2,\cdots)$存在,则称它为$X$和$Y$的$k+l$ **阶混合中心矩**.

显然,X的期望$E(X)$是X的一阶原点矩,X的方差$D(X)$是X的二阶中心矩,协方差$\mathrm{Cov}(X,Y)$是X和Y的二阶混合中心距.

对二维随机变量(X_1,X_2)的四个二阶中心矩,假设它们都存在,且分别记为

$$c_{11}=E[X_1-E(X_1)]^2,\quad c_{22}=E[X_2-E(X_2)]^2,$$
$$c_{12}=E\{[X_1-E(X_1)][X_2-E(X_2)]\},\quad c_{21}=E\{[X_2-E(X_2)][X_1-E(X_1)]\},$$

则称$\begin{pmatrix} c_{11} & c_{12} \\ c_{21} & c_{22} \end{pmatrix}$为$(X_1,X_2)$的**协方差矩阵**.

类似地,可定义n维随机变量$(X_1,X_2,\cdots,X_n)$的协方差矩阵.如果

$$c_{ij}=\mathrm{Cov}(X_i,X_j)=E\{[X_i-E(X_i)][X_j-E(X_j)]\} \quad (i,j=1,2,\cdots,n)$$

都存在,则称

$$C=\begin{pmatrix} c_{11} & c_{12} & \cdots & c_{1n} \\ c_{21} & c_{22} & \cdots & c_{2n} \\ \vdots & \vdots & & \vdots \\ c_{n1} & c_{n2} & \cdots & c_{nn} \end{pmatrix}$$

为$(X_1,X_2,\cdots,X_n)$的**协方差矩阵**.

习题 4.3

1. 已知二维随机变量(X,Y)的分布律为

X \ Y	-1	0	1
0	$\frac{3}{10}$	$\frac{2}{10}$	$\frac{1}{10}$
1	$\frac{1}{10}$	$\frac{3}{10}$	0

求:(1)X和Y的分布律;(2)$\mathrm{Cov}(X,Y)$.

2. 设(X,Y)的联合密度函数为$f(x,y)=\mathrm{e}^{-(x+y)}\ (x,y>0)$,计算$\mathrm{Cov}(X,Y)$.

3. 设随机变量(X,Y)的联合分布律为

Y \ X	-1	0	1
-1	$\frac{1}{8}$	$\frac{1}{8}$	$\frac{1}{8}$
0	$\frac{1}{8}$	0	$\frac{1}{8}$
1	$\frac{1}{8}$	$\frac{1}{8}$	$\frac{1}{8}$

验证:X,Y不相关,但X,Y不相互独立.

4. 设X服从$[0,2\pi]$上的均匀分布,$Y=\cos X$,$Z=\cos(X+a)$,这里a是常数,求ρ_{YZ}.

5. 设$X\sim N(\mu,\sigma^2)$,$Y\sim N(\mu,\sigma^2)$,X,Y相互独立,求$Z_1=\alpha X+\beta Y$,$Z_2=\alpha X-\beta Y$的相关系数(其中α,β是不为0的常数).

6. 设 X,Y 两个随机变量的方差分别为 $D(X)=1,D(Y)=4,\mathrm{Cov}(X,Y)=1$，记 $\xi=X-2Y,\eta=2X-Y$，求 $\rho_{\xi\eta}$.

数学家伯恩斯坦简介

伯恩斯坦

伯恩斯坦(Bernstein)是苏联数学家，1880 年 3 月 6 日生于敖德萨，1968 年 10 月 26 日卒于莫斯科.

伯恩斯坦 1893 年毕业于法国巴黎大学，1901 年又毕业于巴黎综合工科学校. 1904 年在巴黎获数学博士学位，1907 年成为教授. 1914 年在哈尔科夫又获纯粹数学博士学位. 1907—1933 年在哈尔科夫大学任教，1933—1941 年在列宁格勒综合技术学院和列宁格勒大学(现更名为圣彼得堡国立大学)工作，1935 年以后在苏联科学院数学研究所工作. 1925 年当选为乌克兰科学院院士，1929 年当选为苏联科学院院士. 他还是巴黎科学院的外国院士. 伯恩斯坦曾获得许多国家的荣誉称号和奖励.

伯恩斯坦对偏微分方程、函数构造论和多项式逼近理论及概率论都作出了贡献.

在偏微分方程方面，他以解决希尔伯特第 19 问题(正则变分问题的解是否一定解析，1904 年伯恩斯坦证明了一个变元的解析非线性椭圆型方程其解必定解析)和 1908 年试解希尔伯特第 20 问题(一般边值问题)而闻名于世. 他创立了一种求解二阶偏微分方程边值问题的新方法——伯恩斯坦法，他还将普拉托问题解的存在性当做所举椭圆型偏微分方程的第一边值问题来加以探讨. 他的工作推动了偏微分方程的发展.

在函数构造论和多项式逼近理论方面，他于1912年发表的《论连续函数借助于具有固定次数的多项式的最佳逼近》论文，奠定了函数构造论的基础．他引进了伯恩斯坦多项式、三角多项式导数的伯恩斯坦不等式等，开创了不少函数构造的研究方向，如多项式逼近定理、确定单连通域多项式的逼近的准确近似度等．

在概率论方面，他最早(1917年)提出了一些公理来作为概率论的前提，促进了概率论公理化的建立．他与莱维共同开创了相关随机变量之和依法则收敛问题的研究．1917年他们得到了相当于独立随机变量之和的中心极限定理，其特点是把独立性换为渐近独立性．从1922起，他又着手研究一些应用的实例，诸如马尔可夫单链成果的推广等．他与莱维在研究一维布朗扩散运动时，曾尝试用概率论方式研究所谓随机微分方程，并可将它推广到多维扩散过程的研究．

伯恩斯坦对变分法、泛函分析等也有贡献．

在数学中以他的姓氏命名的概念有伯恩斯坦定理、伯恩斯坦多项式、伯恩斯坦不等式、伯恩斯坦插值法、伯恩斯坦拟解析类、伯恩斯坦求和法、伯恩斯坦－科尔莫哥洛夫估计、伯恩斯坦-佐藤多项式、伯恩斯坦极小子流形问题，等等，而其中以他的姓氏命名的定理有多种．

伯恩斯坦的主要论著都被收入1952—1964年出版的《伯恩斯坦文集》(1—4卷)中．

第4章总习题

1. 从数字$0,1,2,\cdots,n$中任取两个不同的数字，求这两个数字之差的绝对值的数学期望．
2. 从学校乘汽车到火车站的途中有三个交通岗，设在各交通岗遇到红灯的事件是相互独立的，其概率均为0.4，用X表示途中遇到红灯的次数，求X的分布律和数学期望．
3. 由自动线加工的某种零件的内径X(单位：mm)服从正态分布$N(\mu,1)$，内径小于10或大于12的为不合格品，其余为合格品，销售每件合格品获利，销售每件不合格品亏损．设销售利润L(单位：元)与销售零件的内径X的关系为

$$L=\begin{cases}-1, & X<10,\\ 20, & 10\leqslant X\leqslant 12,\\ -5, & X>12,\end{cases}$$

问平均内径μ取何值时，销售一个零件的平均利润最大？
4. 一民航送客车载有20位旅客自机场出发，旅客有10个车站可以下车，如到达一个车站没有旅客下车就不停车，以X表示停车的次数，求$E(X)$．

5. 设(X,Y)的分布律为

Y \ X	1	2	3
-1	0.2	0.1	0
0	0.1	0	0.3
1	0.1	0.1	0.1

(1)求$E(X),E(Y)$;

(2)设$Z=Y/X$,求$E(Z)$;

(3)设$Z=(X-Y)^2$,求$E(Z)$.

6. 设$(X,Y)\sim f(x,y)=\begin{cases}15x^2y, & 0<x<y<1,\\ 0, & 其他,\end{cases}$求$E(XY),E(X)$.

7. 对球的直径作近似测量,设其值均匀分布在区间$[a,b]$内,求球体积的数学期望.

8. 设一设备无故障运行时间$X\sim E(\lambda)$,开机后如果发生故障就停机,如果无故障,运行2个小时也要停机,设停机时无故障运行时间为Y,求$E(Y)$.

9. 设(X,Y)在区域$D=\{(x,y)\mid x\geqslant 0,y\geqslant 0,x+y\leqslant 1\}$上服从均匀分布,求$E(X)$,$E(3X-2Y)$,$E(XY)$.

10. 甲、乙两人约定于某地在12:00—13:00会面,设X、Y分别表示甲、乙到达的时间,且相互独立,已知

$$X\sim f_X(x)=\begin{cases}3x^2, & 0<x<1,\\ 0, & 其他,\end{cases}\quad Y\sim f_Y(y)=\begin{cases}2y, & 0<y<1,\\ 0, & 其他,\end{cases}$$

求先到达者需要等待的时间的数学期望.

11. 一台设备由三大部件构成,在设备运转中部件需要调整的概率分别为0.1,0.2,0.3,假设各部件的状态是独立的,以X表示同时需要调整的部件数,求$E(X)$和$D(X)$.

12. 设随机变量X的密度函数为$f(x)=\begin{cases}a+bx^2, & 0<x<1,\\ 0, & 其他,\end{cases}$且$E(X)=\dfrac{3}{5}$,试确定$a,b$的值,并求$D(X)$.

13. 计算下列各题:

(1)设X与Y相互独立,$E(X)=E(Y)=0,D(X)=D(Y)=1$,求$E[(X+Y)^2]$.

(2)设X与Y相互独立,其数学期望与方差均已知,求$D(XY)$.

14. 设X与Y相互独立,$X\sim N(1,4),Y\sim N(2,9)$,求$2X-Y$的分布.

15. 设(X,Y)在区域$D=\{(x,y)\mid 0<x<1,|y|<x\}$上服从均匀分布,试问$X$与$Y$是否不相关,是否相互独立?

16. 设A和B是试验E的两个事件,且$P(A)>0,P(B)>0$,并定义随机变量X,Y

如下：

$$X=\begin{cases}1, & \text{若 } A \text{ 发生},\\ 0, & \text{若 } A \text{ 不发生},\end{cases} \qquad Y=\begin{cases}1, & \text{若 } B \text{ 发生},\\ 0, & \text{若 } B \text{ 不发生}.\end{cases}$$

证明：若 $\rho_{XY}=0$，则 X 和 Y 必定相互独立.

第5章　大数定律与中心极限定理

在数学中，我们发现真理的主要工具是归纳和模拟.

——拉普拉斯

在前面章节中，我们介绍了一维随机变量和多维随机变量的统计特性. 在实践中和理论上还需要对随机变量序列的统计特性进行研究，主要包括两类基本问题：一类是研究大量随机现象的平均结果在什么条件下具有稳定性的问题，关于此类问题的一系列定理统称为**大数定律**；另一类研究大量随机因素的总效应在什么条件下近似地服从正态分布，关于此类问题的一系列定理统称为**中心极限定理**.

5.1　大数定律

5.1.1　切比雪夫不等式

一个随机变量离差平方的数学期望就是它的方差，而方差又是用来描述随机变量取值的分散程度的. 下面进一下研究随机变量的离差与方差之间的关系.

定理 5.1.1(切比雪夫不等式)　若随机变量 X 的期望 $E(X)=\mu$，方差 $D(X)=\sigma^2$，则对于任意给定 $\varepsilon>0$，有

$$P\{|X-\mu|\geqslant\varepsilon\}\leqslant\frac{\sigma^2}{\varepsilon^2} \tag{5.1.1}$$

或

$$P\{|X-\mu|<\varepsilon\}\geqslant1-\frac{\sigma^2}{\varepsilon^2}. \tag{5.1.2}$$

证　当 X 是连续型随机变量时，

$$P\{|X-\mu|\geqslant\varepsilon\}=\int_{|x-\mu|\geqslant\varepsilon}f(x)\mathrm{d}x\leqslant\int_{|x-\mu|\geqslant\varepsilon}\frac{|x-\mu|^2}{\varepsilon^2}f(x)\mathrm{d}x$$
$$\leqslant\int_{-\infty}^{+\infty}\frac{|x-\mu|^2}{\varepsilon^2}f(x)\mathrm{d}x=\frac{\sigma^2}{\varepsilon^2}.$$

对于 X 是离散型随机变量的情况也可以同样地证明.

利用切比雪夫不等式,在随机变量 X 分布未知的情况下,只要知道 X 的数学期望 $E(X)=\mu$ 和方差 $D(X)=\sigma^2$,就可以对 X 的分布进行估计.

例 1 已知某只股票每股价格 X 的平均值为 10 元,标准差为 1 元. 求实数 $a(a>0)$,使这只股票的价格不低于 $10+a$ 元或不超过 $10-a$ 元的概率不超过 0.09.

解 $E(X)=10, D(X)=1$,由切比雪夫不等式,

$$P\{X\geqslant 10+a \text{ 或 } X\leqslant 10-a\}=P\{|X-10|\geqslant a\}\leqslant\frac{D(X)}{a^2}=\frac{1}{a^2},$$

令 $\frac{1}{a^2}\leqslant 0.09$,则 $a^2\geqslant\frac{100}{9}$,即 $a\geqslant\frac{10}{3}$.

例 2 已知正常男性成人血液中每毫升白细胞数平均是 7 300,标准差是 700. 利用切比雪夫不等式估计每毫升白细胞数在 5 200 到 9 400 之间的概率.

解 设正常男性成人血液中每毫升白细胞数为 X,依题意,有 $E(X)=7\ 300$, $D(X)=700^2$,则由切比雪夫不等式,

$$P\{5\ 200<X<9\ 400\}=P\{|X-7\ 300|<2\ 100\}\geqslant 1-\frac{700^2}{2\ 100^2}=1-\frac{1}{9}=\frac{8}{9},$$

即估计每毫升白细胞数在 5 200～9 400 之间的概率不小于 8/9.

5.1.2 大数定律

随机现象的统计规律只有在相同条件下进行大量重复试验或观察才呈现出来. 因此研究"大量"随机现象,常常采用极限的形式. 随机变量的极限在不同的意义下有不同的定义方法,这里仅给出随机变量序列依概率收敛的定义.

定义 5.1.1 设 a 为常数,如果对任意正数 ε,事件 $\{|X_n-a|<\varepsilon\}$ 发生的概率当 $n\to\infty$ 时趋于 1,即

$$\lim_{n\to\infty}P\{|X_n-a|<\varepsilon\}=1,$$

则称随机变量序列 $\{X_n\}$ 当 $n\to\infty$ 时**依概率收敛**于 a,记为 $X_n\xrightarrow{P}a$.

例 3 掷一颗均匀的正六面体的骰子,"出现 1 点"的概率是 1/6,在掷的次数比较少时,"出现 1 点"的频率可能与 1/6 相差得很大,但是在掷的次数很多时,"出现 1 点"的频率接近 1/6 几乎是必然的.

例 4 测量一个长度为 a 的器件,一次测量的结果不见得等于 a,量了若干次,其算术平均值仍不见得等于 a,但当测量的次数很多时,其算术平均值接近于 a 几乎是必然的.

例 3 和例 4 说明,在大量随机现象中,人们不仅看到了随机事件的频率具有稳

定性，而且还看到了大量测量值的平均结果也具有稳定性.这种稳定性就是大数定律的客观背景，即无论个别随机现象的结果如何，或者它们在进行过程中的个别特征如何，大量随机现象的平均结果实际上与每一个别随机现象的特征无关，并且几乎不再是随机的了.

大数定律以确切的数学形式描述了这种规律性，并论证了它成立的条件，即从理论上阐述了这种大量的、在一定条件下重复的随机现象呈现的规律性，也即稳定性.由于大数定律的作用，大量随机因素的总体作用必然导致某种不依赖于个别随机事件的结果.

定理 5.1.2(切比雪夫大数定律) 设随机变量 $X_1,X_2,\cdots$ 相互独立，分别有数学期望 $E(X_i)=\mu_i$ 和方差 $D(X_i)=\sigma_i^2$，且 $\sigma_i^2\leqslant c$，其中 c 是与 i 无关的常数，则

$$\frac{1}{n}\sum_{i=1}^{n}X_i \xrightarrow{P} \frac{1}{n}\sum_{i=1}^{n}\mu_i,$$

即对于任意 $\varepsilon>0$，恒有

$$\lim_{n\to\infty}P\left\{\left|\frac{1}{n}\sum_{i=1}^{n}X_i-\frac{1}{n}\sum_{i=1}^{n}\mu_i\right|<\varepsilon\right\}=1.$$

证明 令 $Y_n=\frac{1}{n}\sum_{i=1}^{n}X_i$，由于随机变量 $X_1,X_2,\cdots$ 相互独立，则

$$E(Y_n)=\frac{1}{n}\sum_{i=1}^{n}E(X_i)=\frac{1}{n}\sum_{i=1}^{n}\mu_i,\quad D(Y_n)=\frac{1}{n^2}\sum_{i=1}^{n}D(X_i)\leqslant\frac{1}{n^2}nc=\frac{c}{n},$$

由切比雪夫不等式知

$$P\left\{\left|Y_n-\frac{1}{n}\sum_{i=1}^{n}\mu_i\right|<\varepsilon\right\}\geqslant 1-\frac{D(Y_n)}{\varepsilon^2}\geqslant 1-\frac{c}{n\varepsilon^2}\to 1(n\to\infty),$$

因此，

$$\lim_{n\to\infty}P\left\{\left|\frac{1}{n}\sum_{i=1}^{n}X_i-\frac{1}{n}\sum_{i=1}^{n}\mu_i\right|<\varepsilon\right\}=1.$$

定理 5.1.3(伯努利大数定律) 设 n_A 表示 n 重伯努利试验中事件 A 发生的次数，$p(0<p<1)$ 是事件 A 在每次试验中发生的概率，则 $\frac{n_A}{n}\xrightarrow{P}p$，即对于任意 $\varepsilon>0$，有

$$\lim_{n\to\infty}P\left\{\left|\frac{n_A}{n}-p\right|<\varepsilon\right\}=1.$$

证明 记 $X_i=\begin{cases}1, & 第\ i\ 次试验\ A\ 发生,\\ 0, & 第\ i\ 次试验\ A\ 不发生\end{cases}(i=1,2,\cdots)$.显然有 $n_A=\sum_{i=1}^{n}X_i$，且 $X_1,X_2,\cdots$ 相互独立，且服从参数为 p 的 0-1 分布，则

$$E(X_i)=p,\quad D(X_i)=p(1-p)\quad (i=1,2,\cdots).$$

于是，由切比雪夫大数定律得

$$\lim_{n\to\infty}P\left\{\left|\frac{1}{n}\sum_{i=1}^{n}X_i-p\right|<\varepsilon\right\}=1,$$

即

$$\lim_{n\to\infty}P\left\{\left|\frac{n_A}{n}-p\right|<\varepsilon\right\}=1.$$

伯努利大数定律表明事件 A 发生的频率 $\frac{n_A}{n}$ 依概率收敛于 p，从而以严格的数学形式刻画了频率的稳定性，即当试验次数 n 很大时，事件 A 发生的频率与概率有较大偏差的可能性很小.因而在实际应用中，当试验次数很大时，可用事件发生的频率作为事件发生概率的近似值.

例 5 投掷一枚均匀的硬币，问至少需掷多少次才能保证正面出现的频率在 0.4～0.6 之间的概率不小于 0.9?

解 设需要投掷 n 次，X 表示投掷 n 次中出现正面的次数，由题意知 $X\sim B(n,0.5)$.于是 $E(X)=0.5n$，$D(X)=0.25n$，则

$$P\left\{0.4<\frac{X}{n}<0.6\right\}=P\{0.4n<X<0.6n\}=P\{|X-E(X)|<0.1n\}$$
$$\geqslant 1-\frac{D(X)}{(0.1n)^2}=1-\frac{0.25n}{0.01n^2}=1-\frac{25}{n},$$

要使 $P\left\{0.4<\frac{X}{n}<0.6\right\}\geqslant 0.9$，只需 $1-\frac{25}{n}\geqslant 0.9$，解得 $n\geqslant 250$，即至少需掷 250 次才能保证正面出现的频率在 0.4～0.6 之间的概率不小于 0.9.

在实际工作中，概率很小的随机事件在个别试验中几乎是不可能发生的.因此，人们常常忽略了那些概率很小的事件发生的可能性，这个原理叫做**小概率事件的实际不可能原理**(简称**小概率原理**).它在国家经济建设事业中有着广泛的应用.至于"小概率"小到什么程度才能看做实际上不可能发生，则要视具体问题的要求和性质而定.从小概率原理容易得到下面的重要结论：如果随机事件的概率很接近 1，则可以认为在个别试验中这个事件几乎一定发生.

定理 5.1.4(辛钦大数定律) 设 $X_1,X_2,\cdots$ 是相互独立的随机变量序列，它们服从相同的分布，且 $E(X_i)=\mu<+\infty(i=1,2,\cdots)$，则对任意的 $\varepsilon>0$，有

$$\lim_{n\to\infty}P\left\{\left|\frac{1}{n}\sum_{i=1}^{n}X_i-\mu\right|<\varepsilon\right\}=1.$$

辛钦大数定律说明，在定理 5.1.4 的条件下，当 n 充分大时，n 个独立随机变量的平均值与数学期望 μ 的离散程度是很小的.这意味着经过算术平均以后得到的随机变量 $Y_n=\frac{1}{n}\sum_{k=1}^{n}X_k$ 比较密集地聚集在它的数学期望附近，且与数学期望之差依概率收敛到 0.

辛钦大数定律使算术平均值的法则有了理论依据.假使要测量某个物理量 μ，在相同条件下重复测量 n 次，得到的观测值 $x_1,x_2,\cdots,x_n$ 是不完全相同的.这些结

果可以看做是服从同一分布并且期望值为 μ 的 n 个相互独立的随机变量 X_1，$X_2,\cdots,X_n$的试验观测值. 由定理 5.1.4 可知，当 n 充分大时，取 $\frac{1}{n}\sum_{k=1}^{n}x_k$ 作为 μ 的近似值所产生的误差是很小的，即对于同一个随机变量 X 进行 n 次独立观测，所有观测结果的算术平均值依概率收敛于随机变量的期望值.

习题 5.1

1. 利用切比雪夫不等式估计随机变量与其数学期望之差的绝对值大于 2 倍标准差的概率.
2. 设随机变量 X 的密度函数为

$$f(x)=\begin{cases}\dfrac{x^k}{k!}\mathrm{e}^{-x}, & x>0,\\ 0, & x\leqslant 0,\end{cases}$$

其中 k 为自然数. 试利用切比雪夫不等式证明：$P\{0<X<2(k+1)\}\geqslant\frac{k}{k+1}$.

3. 在每次试验中，事件 A 发生的概率为 0.5，利用切比雪夫不等式估计，在 1 000 次独立重复的试验中，事件 A 发生的次数在 400～600 之间的概率.

5.2 中心极限定理

在实际中，许多随机现象是由大量的相互独立的随机因素的综合影响所形成的，而其中每一个别随机因素在总的影响中所起的作用都是微小的. 这种随机变量往往近似地服从正态分布，这种现象就是中心极限定理的客观背景.

正态分布在随机变量的各种分布中占有特别重要的地位. 在某些条件下当随机变量的个数 n 无限增加时，即使原来并不服从正态分布的一些独立的随机变量，它们之和的分布也是趋于正态分布的.

在概率论里，把研究在什么条件下大量独立随机变量之和的分布以正态分布为极限分布的这一类定理称为**中心极限定理**.

定理 5.2.1(林德伯格-勒维中心极限定理) 设随机变量序列 $X_1,X_2,\cdots$独立同分布，且满足 $E(X_k)=\mu,D(X_k)=\sigma^2>0(k=1,2,\cdots)$，则对于任意 x，有

$$\lim_{n\to\infty}P\left\{\frac{\sum_{k=1}^{n}X_k-n\mu}{\sqrt{n}\sigma}\leqslant x\right\}=\int_{-\infty}^{x}\frac{1}{\sqrt{2\pi}}\mathrm{e}^{-\frac{t^2}{2}}\mathrm{d}t.$$

定理 5.2.1 说明，当 n 很大时，$\dfrac{\sum_{k=1}^{n}X_k-n\mu}{\sqrt{n}\sigma}$ 近似地服从 $N(0,1)$. 因此，对于独

立随机变量序列 $X_1,X_2,\cdots$，只要它们同分布且存在期望和方差，则 $\sum_{k=1}^{n}X_k$ 近似地服从正态分布 $N(n\mu,n\sigma^2)$.

例 1 设 $X_1,X_2,\cdots,X_{100}$ 是相互独立的随机变量，且均服从参数为 $\lambda=1$ 的泊松分布，试计算概率 $P\left\{\sum_{i=1}^{100}X_i<120\right\}$.

解 $E(X_i)=D(X_i)=1$，则 $E\left(\sum_{i=1}^{100}X_i\right)=100,D\left(\sum_{i=1}^{100}X_i\right)=100$，于是由林德伯格-勒维中心极限定理知

$$P\left\{\sum_{i=1}^{100}X_i<120\right\}=P\left\{\frac{\sum_{i=1}^{100}X_i-100}{10}<\frac{120-100}{10}\right\}\approx\Phi(2)=0.977\,2.$$

例 2 一个加法器同时收到 20 个噪声电压 $V_k(k=1,2,\cdots,20)$，设它们是相互独立的随机变量，且都在区间 $(0,10)$ 上服从均匀分布，记 $V=\sum_{k=1}^{20}V_k$，求 $P\{V>105\}$.

解 $E(V_k)=5,D(V_k)=\frac{100}{12}(k=1,2,\cdots,20)$，则由林德伯格-勒维中心极限定理知

$$Z=\frac{\sum_{k=1}^{20}V_k-20\times5}{\sqrt{20}\times\sqrt{\frac{100}{12}}}=\frac{V-100}{\sqrt{\frac{500}{3}}}$$

近似地服从 $N(0,1)$，故

$$P\{V>105\}=P\left\{\frac{V-100}{\sqrt{\frac{500}{3}}}>\frac{105-100}{\sqrt{\frac{500}{3}}}=0.387\right\}$$

$$=1-P\left\{\frac{V-100}{\sqrt{\frac{500}{3}}}\leqslant0.387\right\}\approx1-\Phi(0.387)=0.348.$$

定理 5.2.2(棣莫弗-拉普拉斯中心极限定理) 设随机变量 $Y_n(n=1,2,\cdots)$ 服从参数为 $n,p(0<p<1)$ 的二项分布，则对于任意 x，恒有

$$\lim_{n\to\infty}P\left\{\frac{Y_n-np}{\sqrt{np(1-p)}}\leqslant x\right\}=\int_{-\infty}^{x}\frac{1}{\sqrt{2\pi}}\mathrm{e}^{-\frac{t^2}{2}}\mathrm{d}t.$$

证 将 Y_n 看成是 n 个相互独立且服从参数为 p 的 0-1 分布的随机变量 X_1，$X_2,\cdots,X_n$ 之和，即 $Y_n=X_1+X_2+\cdots+X_n$，其中 $X_k(k=1,2,\cdots,n)$ 的分布律为

$$P\{X_k=i\}=p^i(1-p)^{1-i}\quad(i=0,1).$$

由于 $E(X_k)=p,D(X_k)=p(1-p)(k=1,2,\cdots,n)$，由林德伯格-勒维中心极限定理知

$$\lim_{n\to\infty}P\left\{\frac{Y_n-np}{\sqrt{np(1-p)}}\leqslant x\right\}=\lim_{n\to\infty}P\left\{\frac{\sum\limits_{k=1}^{n}X_k-np}{\sqrt{np(1-p)}}\leqslant x\right\}=\int_{-\infty}^{x}\frac{1}{\sqrt{2\pi}}\mathrm{e}^{-\frac{t^2}{2}}\mathrm{d}t,$$

即$\dfrac{Y_n-np}{\sqrt{np(1-p)}}$近似服从 $N(0,1)$.

由棣莫佛-拉普拉斯中心极限定理知，对于任意区间$(a,b]$，有

$$\lim_{n\to\infty}P\left\{a<\frac{Y_n-np}{\sqrt{np(1-p)}}\leqslant b\right\}=\int_{a}^{b}\frac{1}{\sqrt{2\pi}}\mathrm{e}^{-\frac{t^2}{2}}\mathrm{d}t.$$

例 3 一批种子，其中良种占 1/6. 从中任意抽取 6 000 粒，求 ε，使得良种所占的比例与 1/6 之差的绝对值小于 ε 的概率为 0.99，并求这时良种数的取值范围.

解 令 X 为 6 000 粒种子中所含良种数，则 $X\sim B\left(6\ 000,\frac{1}{6}\right)$，由棣莫佛-拉普拉斯中心极限定理得

$$P\left\{\left|\frac{X}{6\ 000}-\frac{1}{6}\right|<\varepsilon\right\}=P\left\{\left|\frac{X-6\ 000\times\frac{1}{6}}{\sqrt{6\ 000\times\frac{1}{6}\times\frac{5}{6}}}\right|<\frac{\varepsilon\sqrt{6\ 000}}{\sqrt{\frac{1}{6}\times\frac{5}{6}}}\right\}\approx2\Phi(120\sqrt{3}\varepsilon)-1.$$

根据题意，有 $P\left\{\left|\frac{X}{6\ 000}-\frac{1}{6}\right|<\varepsilon\right\}=0.99$，即 $\Phi(120\sqrt{3}\varepsilon)\approx0.995$. 查标准正态分布表，得 $120\sqrt{3}\varepsilon=2.58$，解得 $\varepsilon=0.0124$. 所以在 6 000 粒种子中良种所占的比例与 1/6之差的绝对值小于 0.012 4 的概率为 0.99.

当 $\varepsilon=0.012\ 4$ 时，有

$$P\left\{\left|\frac{X}{6\ 000}-\frac{1}{6}\right|<\varepsilon\right\}=P\{|X-1\ 000|<74.48\}\approx P\{925<X<1\ 075\}=0.99,$$

即良种数落在 925 粒与 1075 粒之间的概率为 0.99.

例 4 在人寿保险公司里有 10 000 个同一年龄的人参加人寿保险，在一年里这些人死亡概率为 0.001，参加保险的人在一年的头一天交付保险费 10 元，死亡时，家属可以从保险公司领取 2 000 元的抚恤金. 求：

(1)保险公司一年获利不少于 70 000 元的概率；

(2)保险公司亏本的概率.

解 设 X 为投保人中的死亡人数，则 $X\sim B(10\ 000,0.001)$，$E(X)=10$，$D(X)=9.99$. 于是

(1)$P\{10\times10\ 000-2\ 000\cdot X\geqslant70\ 000\}=P\{X\leqslant15\}=P\left\{\frac{X-10}{\sqrt{9.99}}\leqslant\frac{15-10}{\sqrt{9.99}}\right\}$

$$\approx\Phi\left(\frac{5}{\sqrt{9.99}}\right)\approx\Phi(1.58)=0.943;$$

$$(2)P\{100\ 000-2\ 000\cdot X<0\}=P\{X>50\}=P\left\{\frac{X-10}{\sqrt{9.99}}>\frac{50-10}{\sqrt{9.99}}\right\}$$

$$\approx1-\Phi\left(\frac{40}{\sqrt{9.99}}\right)=1-\Phi(12.655)\approx0.$$

保险公司一年获利不少于 70 000 元的概率约为 0.943,保险公司亏本的概率为 0.

前面所介绍的中心极限定理均要求独立随机变量序列是同分布的. 对于非同分布的情况也有相应的结果,下面介绍的李雅普诺夫中心极限定理就是其中的一个.

*__定理 5.2.3(李雅普诺夫中心极限定理)__　设 $X_1,X_2,\cdots$ 是相互独立的随机变量序列,又 $E(X_k)=\mu_k,D(X_k)=\sigma_k^2\neq0(k=1,2,\cdots)$. 记 $B_n^2=\sum_{k=1}^{n}\sigma_k^2$,若存在 $\delta>0$,使

$$\lim_{n\to\infty}\frac{1}{B_n^{2+\delta}}\sum_{k=1}^{n}E\mid X_k-\mu_k\mid^{2+\delta}=0,$$

则对于任意的 x,有

$$\lim_{n\to\infty}P\left\{\frac{1}{B_n}\sum_{k=1}^{n}(X_k-\mu_k)\leqslant x\right\}=\int_{-\infty}^{x}\frac{1}{\sqrt{2\pi}}e^{-\frac{t^2}{2}}dt.$$

李雅普诺夫中心极限定理说明,如果一个随机现象由众多的随机因素引起,且每一因素在总的变化中作用不显著,则可以推断描述这个随机现象的随机变量近似地服从正态分布. 由于这种情况很普遍,所以有相当多的一类随机变量服从正态分布,从而正态分布成为概率统计中最重要的分布.

习题 5.2

1. 计算机做加法时,要求对每个加数取整(即最接近它的整数),设所有取整误差是相互独立的,且它们都服从均匀分布 $U[-0.5,0.5]$. 如果将 1 500 个数相加,求误差总和的绝对值超过 15 的概率.
2. 进行某种射击试验,射击不断地独立进行,设每次命中的概率为 0.1.
   (1)试求 500 次射击中,射中的次数在 49 至 55 的概率;
   (2)问至少要射击多少次,才能使命中的次数不小于 50 的概率等于 0.9?
3. 对某游动目标用步枪射击的命中率为 5%,问需要多少支步枪同时射击才能使目标至少命中 5 弹的概率达到 80%?
4. 某单位有 200 台电话机,每台电话机大约有 5%的时间使用外线电话. 若每台电话机是否使用外线是相互独立的. 试问该单位总机至少需要安装多少条外线,才能以 90%以上的概率保证每台电话机需要使用外线时不被占线?

数学家切比雪夫简介

切比雪夫

切比雪夫生于1821年5月26日，是俄罗斯数学家.他一生发表了70多篇科学论文，内容涉及数论、概率论、函数逼近论、积分学等方面.

1837年，年方16岁的切比雪夫进入莫斯科大学.1865年9月30日切比雪夫在莫斯科数学会上宣读了一封信，信中把自己应用连分数理论于级数展开式的工作归功于布拉什曼的启发.在大学里，切比雪夫递交了一篇题为《方程根的计算》的论文，提出了一种建立在反函数的级数展开式基础之上的方程近似解法，因此获得该年度系里颁发的银质奖章.

大学毕业之后，切比雪夫一面在莫斯科大学当助教，一面攻读硕士学位.1843年，切比雪夫通过了硕士课程的考试，并在刘维尔的《纯粹与应用数学杂志》上发表了一篇关于多重积分的文章.1844年，他又在格列尔的同名杂志上发表了一篇讨论泰勒级数收敛性的文章.

1846年，切比雪夫接受了彼得堡大学的助教职位，从此开始了在这所大学教书与研究的生涯.1847年春天，在题为《关于用对数积分》的报告中，切比雪夫彻底解决了奥斯特罗格拉茨基不久前才提出的一类代数无理函数的积分问题，他因此被提升为讲师.1849年5月27日，他的博士论文《论同余式》在彼得堡大学通过答辩，并荣获彼得堡科学院的最高数学荣誉奖.1872年，在他到彼得堡大学任教25周年之际，学校授予他功勋教授的称号.1882年，切比雪夫在彼得堡大学执教35年之后光荣退休.

1853年，切比雪夫被选为彼得堡科学院候补院士，同时兼任应用数学部主席. 1856年成为副院士，1859年成为院士. 他于1860年、1871年与1873年分别当选为法兰西科学院、柏林皇家科学院的通讯院士与意大利波隆那科学院的院士，1877年、1880年、1893年分别成为伦敦皇家学会、意大利皇家科学院与瑞典皇家科学院的外籍成员. 同时他也是全俄罗斯所有大学的荣誉成员、全俄中等教育改革委员会的成员和彼得堡炮兵科学院的荣誉院士. 他还是彼得堡和莫斯科两地数学会的热心支持者.

切比雪夫是彼得堡数学学派的奠基人和当之无愧的领袖. 他在概率论、解析数论和函数逼近论领域的开创性工作，从根本上改变了法国、德国等传统数学大国的数学家们对俄国数学的看法.

切比雪夫一开始就抓住了古典概率论中具有基本意义的问题，即那些"几乎一定要发生的事件"的规律——大数定律. 1846年，切比雪夫在格列尔的杂志上发表了《概率论中基本定理的初步证明》一文，文中继而给出了泊松形式的大数定律的证明. 1866年，切比雪夫发表了《论平均数》，进一步讨论了作为大数定律极限值的平均数问题. 1887年，他发表了《关于概率的两个定理》，开始对随机变量和收敛到正态分布的条件，即中心极限定理进行讨论.

切比雪夫引出的一系列概念和研究题材，为俄国以及后来苏联的数学家继承和发展马尔科夫对"矩方法"作了补充，圆满地解决了随机变量的和按正态收敛的条件问题. 近代极限理论——无穷可分分布律的研究也经伯恩斯坦、辛钦等人之手而臻于完善，成为切比雪夫所开拓的古典极限理论在20世纪抽枝发芽的繁茂大树.

切比雪夫终身未娶，日常生活十分简朴. 1894年12月8日，这位令人尊敬的学者在自己的书桌前溘然长逝. 他给人类留下了一笔不可估价的遗产——一个光荣的学派. 彼得堡数学学派是伴随着切比雪夫几十年的舌耕笔耘成长起来的，它深深地扎根在大学这块沃土里，它的成员们大都重视基础理论和实际应用，善于以经典问题为突破口，并擅长运用初等工具建立高深的结果.

第5章总习题

1. 一颗骰子连续掷4次，点数之和记为X，估计$P\{10<X<18\}$.
2. 从某工厂产品中任取200件，检查结果发现其中有4件废品，能否相信该产品的废品率不超过0.005?
3. 据以往经验，某电子元件的寿命服从均值为100 h的指数分布. 现随机地抽取16只，设它们的寿命是相互独立的，求这16只元件的寿命的总和大于1 920 h的概率.

4. 某公司 200 名员工参加一种资格证书考试. 按往年经验,该考试通过率为 0.8,试计算这 200 名员工至少有 150 人考试通过的概率.

5. 设计算机系统有 120 个终端,每个终端有 5%的时间在使用,若各个终端使用与否是相互独立的. 试求有 10 个或更多个终端在使用的概率.

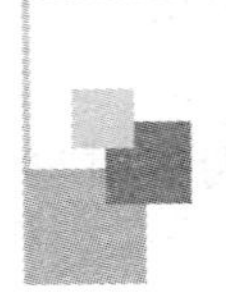

第6章 数理统计的基础知识

为了使教程能够尽可能地简明，我的方法完全在于选取最精简的材料，而不在叙述上压缩词句.

——辛钦

数理统计作为一门学科诞生于19世纪末20世纪初，它以概率论为基础，根据试验或观察得到的数据，对随机现象的客观规律做出合理的估计或判断.例如，一个灯泡厂希望了解本厂所生产灯泡的平均寿命，由于测定灯泡寿命是一种破坏性试验，故不可能对灯泡寿命逐一测定，而只能随机地抽取有限个灯泡进行试验，从有限个灯泡的寿命去推断该种灯泡的平均寿命.类似的问题在经济、生产等活动中经常遇到，数理统计就是在解决这些实际问题中逐渐形成的一门独立学科.数理统计是研究怎样以有效的方式收集、整理、分析带有随机性的数据，并在此基础上，对所研究的问题作出统计推断.简单地讲，数理统计是研究数据处理的一门学科，而概率论为数据处理提供了理论依据.

在概率论中，随机变量的分布常常是已知的或假设已知的，但在实际问题中，所研究的随机变量是什么分布往往是不知道的，人们通过对所研究的随机变量进行重复的独立的观察，得到许多观察值，对这些数据进行分析，从而对所研究的随机变量的分布做出推断.因此，数理统计包括两方面的内容：一是怎样合理有效地收集数据，包括抽样的方法与试验的设计；二是统计推断，对收集到的局部数据分析，推断整体的情况.

本章主要介绍数理统计的一些基本概念和常用统计量的分布.

6.1 数理统计的基本概念

6.1.1 总体和样本

在数理统计中，将研究对象的全体称为**总体**，构成总体的每个元素称为**个体**.

例如，在研究今年武汉市10岁儿童的身高和体重时，这些10岁儿童就构成了一个总体，每个儿童就是一个个体. 一般地，可以根据总体中个体的个数是否有限，将总体分为**有限总体**和**无限总体**. 例如，研究长江在任何一处的水质情况，其总体就是一个无限总体. 当有限总体包含的个体总数很大时，可近似地将它看成是无限总体.

需要注意的是，总体具有两层含义：一是研究对象的全体；二是总体的指标数据往往呈现某种分布，个体的取值具有随机性，所以也可以理解为总体是一个随机变量.

在实际问题中，人们所研究的往往是总体中个体的某种数值指标，其取值在客观上是一个随机变量，一般用 X 表示，其分布称为**总体分布**，用 $F(x)$ 表示其分布函数. 为了方便起见，可以把这个数值指标 X 的可能取值的全体看做总体，并且称 X 为**具有分布函数 $F(x)$ 的总体**.

由于总体分布一般是未知的，或者至少它的某些参数未知. 要了解一个总体有两种方法，一种是全面观测统计，一种是抽样观测统计. 由于全面观测统计往往不现实，故一般采用从总体中抽取一部分个体来进行观测，记录其数据，然后来推断总体的性质.

从总体中抽取的某部分个体，称为总体的一个样本. 显然，对每个个体观测结果是随机的，可看成是一个随机变量的取值. 记从总体 X 中第 i 次抽取的个体指标为 X_i，则 $X_i(i=1,2,\cdots,n)$ 是一个随机变量，称 $X_1,X_2,\cdots,X_n$ 为总体 X 的一个**样本**，称样本观测值 $x_1,x_2,\cdots,x_n$ 为**样本值**，样本所含个体数目 n 称为**样本容量**（或**样本大小**）.

抽取样本的目的是对总体进行推断. 为了保证对总体的性质做出正确的推断，一般要求抽取的样本具有代表性与独立性.

(1) **代表性**：$X_1,X_2,\cdots,X_n$ 与所考察的总体具有相同的分布.

(2) **独立性**：$X_1,X_2,\cdots,X_n$ 是相互独立的随机变量.

称满足代表性和独立性的样本为**简单随机样本**，简称**样本**，用 $X_1,X_2,\cdots,X_n$ 表示.

例1 某食品厂用自动装罐机生产净重为500 g的水果罐头，由于随机性，每瓶罐头的净重都有差别. 现在从生产线上随机抽取10瓶罐头，称其净重，得如下结果：

$$498,501,499,500,499,502,501,503,500,497$$

这是一个容量为10的样本观测值，它是来自该生产线罐头净重这一总体的一组样本观测值.

若 $X_1,X_2,\cdots,X_n$ 为具有分布函数 $F(x)$ 的总体 X 的一个样本，则 $X_1,X_2,\cdots,$

X_n 的联合分布函数为

$$F(x_1,x_2,\cdots,x_n)=\prod_{i=1}^{n}F(x_i).$$

若 X 为连续型随机变量并具有密度函数 $f(x)$，则样本 $X_1,X_2,\cdots,X_n$ 的联合密度函数为

$$f(x_1,x_2,\cdots,x_n)=\prod_{i=1}^{n}f(x_i);$$

若 X 为离散型随机变量，其分布律为 $P\{X=x_i\}=p_i(i=1,2,\cdots)$，则样本 X_1，$X_2,\cdots,X_n$ 的联合分布律为

$$\begin{aligned}p(x_1,x_2,\cdots,x_n)&=P\{X_1=x_1,X_2=x_2,\cdots,X_n=x_n\}\\&=\prod_{i=1}^{n}P\{X=x_i\}=\prod_{i=1}^{n}p_i.\end{aligned}$$

例 2 电话交换台 1 小时内的呼唤次数 $X\sim P(\lambda)$，求来自这一总体的简单随机样本 $X_1,X_2,\cdots,X_n$ 的联合分布律.

解 由 $X\sim P(\lambda)$ 知其分布律为

$$P\{X=x\}=\frac{\lambda^x}{x!}\mathrm{e}^{-\lambda}\quad(x=0,1,\cdots).$$

因此简单随机样本 $X_1,X_2,\cdots,X_n$ 的联合分布律为

$$p(x_1,x_2,\cdots,x_n)=\prod_{i=1}^{n}P\{X=x_i\}=\prod_{i=1}^{n}\frac{\lambda^{x_i}}{x_i!}\mathrm{e}^{-\lambda}=\frac{\lambda^{\sum\limits_{i=1}^{n}x_i}}{\prod\limits_{i=1}^{n}x_i!}\mathrm{e}^{-n\lambda}.$$

例 3 设总体 X 服从参数为 λ 的指数分布，$X_1,X_2,\cdots,X_n$ 是来自总体的样本，求该样本 $X_1,X_2,\cdots,X_n$ 的联合密度函数.

解 总体 X 的密度函数为 $f(x)=\begin{cases}\lambda\mathrm{e}^{-\lambda x}, & x>0,\\0, & x\leqslant 0,\end{cases}$ 因为 $X_1,X_2,\cdots,X_n$ 相互独立且与 X 有相同的分布，所以样本 $X_1,X_2,\cdots,X_n$ 的联合密度函数为

$$f(x_1,x_2,\cdots,x_n)=\prod_{i=1}^{n}f(x_i)=\begin{cases}\lambda^n\mathrm{e}^{-\lambda\sum\limits_{i=1}^{n}x_i}, & x_i>0,\\0, & \text{其他}.\end{cases}$$

6.1.2 频率直方图

样本来自总体，则样本必包含了总体的信息，因此希望通过样本的观测值 x_1，$x_2,\cdots,x_n$ 来获得有关总体分布类型或有关总体的特征信息. 然而样本观测值是一组杂乱无章的数，必须对它进行整理与加工，这样才会显示出规律. 下面介绍利用**频率直方图**对观测值进行整理加工的方法.

例 4 下面是某地近 50 年的四月份平均气温的观测值，所得数据按递增顺序排列，可以得表 6-1.

表 6-1

3.0	4.0	4.1	4.4	4.7	4.8	4.8	5.2	5.2	5.2
5.2	5.5	5.6	5.6	5.6	5.7	5.8	5.8	5.9	6.2
6.2	6.4	6.4	6.4	6.4	6.5	6.6	6.7	6.8	6.8
6.8	6.8	6.9	6.9	7.0	7.1	7.3	7.3	7.4	7.7
7.8	7.9	7.9	8.1	8.2	8.4	8.6	8.6	8.8	9.0

温度是一个连续变量，用近 50 年的观测值作出一样本的频率直方图，来估计四月份的平均温度这一总体的密度函数曲线.

解 第一步，找出样本观测值的最小值和最大值：

$$a_0=\min\{x_1,x_2,\cdots,x_{50}\}=3.0,\quad a_1=\max\{x_1,x_2,\cdots,x_{50}\}=9.0.$$

第二步，分组.

将区间$[a_0,a_1]$或比它略大一点（包含$[a_0,a_1]$）的区间分成若干个左闭右开的小区间，小区间的个数往往根据经验确定（各小区间的长度可以不相等），但每个小区间中至少含有一个观测值. 本题中将$[3.0,10)$分成 7 个等长度的小区间.

第三步，计算样本分区间频率分布，得频率分布表如表 6-2 所示.

表 6-2

温度	个数(h_i)	频率(f_i)	频率/小区间长($g_i=f_i/\Delta x$)
$[3,4)$	1	1/50	0.02
$[4,5)$	6	6/50	0.12
$[5,6)$	12	12/50	0.24
$[6,7)$	15	15/50	0.30
$[7,8)$	9	9/50	0.18
$[8,9)$	6	6/50	0.12
$[9,10)$	1	1/50	0.02

第四步，画出频率直方图.

在平面坐标的横轴上，以 Δx 为底，以相应 g_i 为高，得频率直方图（见图 6-1）. 从图 6-1 看出，频率直方图呈中间高、两头低的“倒钟”形，可以认为该地区四月份平均温度近似服从正态分布.

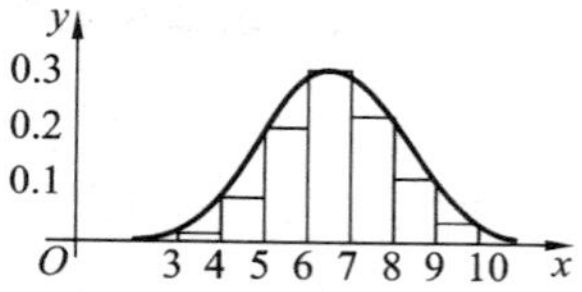

图 6-1

当纵坐标取为 g_i 时，每个小矩形的面积为落在该区间的频率，且所有小矩形的面积之和为 1. 结合连续型随机变量密度函数的直观意义，可以看出，只要有了直方图，就可以大致描述密度函数的曲线了. 而对于总体分布函数,一般采用经验分布函数来描述.

定义 6.1.1 设总体 X 的一个容量为 n 的样本的观测值为 $x_1,x_2,\cdots,x_n$,将它们从小到大排列成 $x_{(1)}\leqslant x_{(2)}\leqslant\cdots\leqslant x_{(n)}$,则函数

$$F_n(x)=\begin{cases}0, & x<x_{(1)},\\ k/n, & x_{(k)}\leqslant x<x_{(k+1)},\\ 1, & x\geqslant x_{(n)}\end{cases}$$

表示事件$\{X\leqslant x\}$在 n 次独立重复试验中发生的频率,称 $F_n(x)$为**经验分布函数**.

注 当 n 固定时,$F_n(x)$是 x 的函数.由伯努利大数定律知,只要 n 充分大,则 $F_n(x)$依概率收敛于总体分布函数 $F(x)$,因此当 n 充分大时,$F_n(x)$是 $F(x)$的一个良好的近似.

例 5 某样本容量为 5 的一组样本观测值为 101,99,102,100,101,则其经验分布函数为

$$F_n(x)=\begin{cases}0, & x<99,\\ \dfrac{1}{5}, & 99\leqslant x<100,\\ \dfrac{2}{5}, & 100\leqslant x<101,\\ \dfrac{4}{5}, & 101\leqslant x<102,\\ 1, & x\geqslant 102.\end{cases}$$

习题 6.1

1. 设总体 $X\sim B(1,p)$,$X_1,X_2,\cdots,X_n$ 为取自总体 X 的样本,求样本 $X_1,X_2,\cdots,X_n$ 的联合分布律.
2. 设总体 X 服从正态分布 $N(\mu,\sigma^2)$,$X_1,X_2,\cdots,X_n$ 为取自总体 X 的样本,求样本 $X_1,X_2,\cdots,X_n$ 的联合密度函数.
3. 观测一个连续型随机变量,抽取 100 株"豫农一号"玉米的穗位(单位:cm),得到如下所列的数据.按区间[70,80),[80,90),…,[150,160)将 100 个数据分成 9 个组,列出分组数据的统计表,并画出频率直方图.

127	118	121	113	145	125	87	94	118	111
102	72	113	76	101	134	107	118	114	128
118	114	117	120	128	94	124	87	88	105
115	134	89	141	114	119	150	107	126	95

137	108	129	136	98	121	91	111	134	123
138	104	107	121	94	126	108	114	103	129
103	127	93	86	113	97	122	86	94	118
109	84	117	112	112	125	94	73	93	94
102	108	158	89	127	115	112	94	118	114
88	111	111	104	101	129	144	128	131	142

4. 观察 2012 年股市行情,取 50 个交易日按时间先后的涨跌值如下.

13.93	−6.92	−6.13	−14.70	−2.83	−11.01	−4.28	−9.03	−15.70	5.70
−21.92	−0.48	−17.80	−5.87	8.20	−2.67	−28.87	−1.23	1.26	−0.87
19.61	−11.98	7.46	−0.73	−5.27	−4.47	−4.61	1.20	6.18	53.50
−5.51	−30.70	2.84	−12.01	7.70	3.89	16.37	39.08	16.56	−12.15
−15.22	−19.30	−0.06	2.01	−15.64	7.28	13.64	−8.07	6.50	21.75

列出分组数据的统计表,并画出频率直方图.

6.2 统 计 量

6.2.1 统计量

样本是对总体进行统计推断的依据.但样本信息往往是零散的,并不能直接应用.在实际中,需要针对不同的问题构造合适的关于样本的函数,利用构造的函数对总体进行统计推断.

定义 6.2.1 设 $X_1,X_2,\cdots,X_n$ 为取自总体 X 的样本,$T(X_1,X_2,\cdots,X_n)$是关于 $X_1,X_2,\cdots,X_n$ 的函数.若 T 中不含有任何未知参数,则称 $T(X_1,X_2,\cdots,X_n)$是一个**统计量**,统计量的分布称为**抽样分布**.

因为 $X_1,X_2,\cdots,X_n$ 都是随机变量,而统计量 $T(X_1,X_2,\cdots,X_n)$是随机变量的函数,所以统计量也是一个随机变量.设 $x_1,x_2,\cdots,x_n$ 是样本 $X_1,X_2,\cdots,X_n$ 的观测值,则称 $T(x_1,x_2,\cdots,x_n)$是 $T(X_1,X_2,\cdots,X_n)$的一个**观测值**.

例 1 已知 X_1,X_2,X_3,X_4 是来自总体 $X\sim N(0,\sigma^2)$的一个样本,其中 σ 未知,则 $T_1=\frac{1}{4}(X_1+X_2+X_3+X_4)$,$T_2=\min\{X_1,X_2,X_3,X_4\}$,$T_3=\max\{X_1,X_2,X_3,X_4\}$是统计量,而 $T_4=\frac{1}{\sigma^2}(X_1^2+X_2^2+X_3^2+X_4^2)$不是统计量.

统计推断的好坏与所选择的统计量的分布有密切的关系,因此寻求抽样分布是统计学的一项重要内容.下面介绍一些常用的统计量.

6.2.2 常用统计量

1. 样本均值

定义 6.2.2 设 $X_1,X_2,\cdots,X_n$ 是来自总体 X 的一个样本,$x_1,x_2,\cdots,x_n$ 是其一组观测值,则称 $\overline{X}=\frac{1}{n}\sum_{i=1}^{n}X_i$ 为**样本均值**,称 $\overline{x}=\frac{1}{n}\sum_{i=1}^{n}x_i$ 为**样本均值 $\overline{X}$ 的观测值**,在不致混淆的情况下,亦简称**样本均值**.

对于样本容量较大的分组样本,一般用 $\frac{1}{n}\sum_{i=1}^{n}n_i x_i$ 近似计算其样本均值,其中 x_i 表示第 i 个组的中值(即对应区间的中点),n_i 为第 i 组的个数.

例 2 已知某容量为 10 的样本的观测值依次为

531,532,540,551,526,527,515,542,523,529

则该样本的样本均值为

$$\overline{x}=\frac{531+532+540+551+526+527+515+542+523+529}{10}=531.6.$$

例 3 已知某容量为 50 的样本观测值,对其进行整理,得频率分布表 6-3.

表 6-3

组号	分组区间	个数	频率
1	[−30,−20)	2	0.04
2	[−20,−10)	6	0.12
3	[−10,0)	12	0.24
4	[0,10)	14	0.28
5	[10,20)	9	0.18
6	[20,30)	4	0.08
7	[30,40)	1	0.02
8	[40,50)	2	0.04
合计		50	1

该样本的样本均值的近似值为

$$\overline{x}\approx\frac{2\times(-25)+6\times(-15)+12\times(-5)+14\times5+9\times15+4\times25+35+2\times45}{50}=4.6.$$

2. 样本方差

定义 6.2.3 设 $X_1, X_2, \cdots, X_n$ 是来自总体 X 的一个样本，$x_1, x_2, \cdots, x_n$ 是其一组观测值，称 $S^2 = \frac{1}{n-1}\sum_{i=1}^{n}(X_i - \overline{X})^2$ 为**样本方差**，称 $S = \sqrt{S^2}$ 为**样本标准差**. 并分别称 $s^2 = \frac{1}{n-1}\sum_{i=1}^{n}(x_i - \overline{x})^2$，$s = \sqrt{s^2}$ 为**样本方差的观测值**和**样本标准差的观测值**，在不致混淆的情况下，亦分别简称**样本方差**和**样本标准差**.

例 4 现有如下 2 组样本观测值：

样本 A：3，4，5，6，7　　　样本 B：1，3，5，7，9

分别计算样本 A 和样本 B 的样本均值和样本方差.

解 样本均值

$$\overline{x_A} = \frac{3+4+5+6+7}{5} = 5, \quad \overline{x_B} = \frac{1+3+5+7+9}{5} = 5;$$

样本方差

$$s_A^2 = \frac{4+1+0+1+4}{4} = 2.5, \quad s_B^2 = \frac{16+4+0+4+16}{4} = 10.$$

例 4 中样本 A 的观测值较样本 B 的观测值“密集”，对应的样本方差也有 $s_A^2 < s_B^2$. 因此，样本方差反映了样本观测值的分散程度.

3. 样本 k 阶矩

定义 6.2.4 设 $X_1, X_2, \cdots, X_n$ 是来自总体 X 的一个样本，$x_1, x_2, \cdots, x_n$ 是其一组观测值，则称

$$A_k = \frac{1}{n}\sum_{i=1}^{n} X_i^k \quad (k = 1, 2, \cdots)$$

为**样本的 k 阶原点矩**，称

$$B_k = \frac{1}{n}\sum_{i=1}^{n}(X_i - \overline{X})^k \quad (k = 1, 2, \cdots)$$

为**样本的 k 阶中心矩**. 对应地，分别称 $a_k = \frac{1}{n}\sum_{i=1}^{n} x_i^k$，$b_k = \frac{1}{n}\sum_{i=1}^{n}(x_i - \overline{x})^k$（$k = 1, 2, \cdots$）为样本的 **$k$ 阶原点矩的观测值**和 **k 阶中心矩的观测值**，也分别简称为**样本的 k 阶原点矩**和 **k 阶中心矩**.

显然，当样本容量 n 充分大时，样本方差 $s^2 = \frac{1}{n-1}\sum_{i=1}^{n}(x_i - \overline{x})^2$ 与样本二阶中心矩 $b_2 = \frac{1}{n}\sum_{i=1}^{n}(x_i - \overline{x})^2$ 是近似相等的.

当总体 X 的 k 阶矩 $E(X^k) = \mu_k$ 存在，且样本 $X_1, X_2, \cdots, X_n$ 是来自总体 X 的

一个样本时,有 $E(X_1^k)=E(X_2^k)=\cdots=E(X_n^k)=\mu_k$.

由大数定律易知,当 $n\to\infty$ 时,$A_k=\frac{1}{n}\sum_{i=1}^{n}X_i^k\xrightarrow{P}\mu_k(k=1,2,\cdots)$,

这也是下一章所介绍的矩估计法的理论依据.

*4. 次序统计量

次序统计量是一类常用的统计量,由它还可派生出一些有用的统计量.

定义 6.2.5 设 $X_1,X_2,\cdots,X_n$ 是来自总体 X 的一个样本,$x_1,x_2,\cdots,x_n$ 是这一样本的一组观测值,将样本观测值从小到大排列为

$$x_{(1)}\leqslant x_{(2)}\leqslant\cdots\leqslant x_{(n)}.$$

将第 i 个值 $x_{(i)}$ 记为 $X_{(i)}$ 的观测值,则称 $X_{(1)},X_{(2)},\cdots,X_{(n)}$ 为该样本的**次序统计量**,并且称 $X_{(i)}$ 为**样本的第 i 个次序统计量**,$X_{(1)}$ 称为**最小次序统计量**,$X_{(n)}$ 称为**最大次序统计量**.

定义 6.2.6 样本的最大次序统计量与最小次序统计量之差称为**样本极差**,简称**极差**,常用 R 表示,即 $R=X_{(n)}-X_{(1)}$.

极差表示样本的取值长度,也反映了总体取值的分散与集中程度.

定义 6.2.7 样本次序统计量中位于中间位置上的统计量称为**样本中位数**,常用 M_{d} 表示,即

$$M_{\mathrm{d}}=\begin{cases}X_{(\frac{n+1}{2})}, & n=2k+1,\\ \frac{1}{2}\left(X_{(\frac{n}{2})}+X_{(\frac{n}{2}+1)}\right), & n=2k,\end{cases}$$

其中 k 为正整数.

样本中位数 M_{d} 表示样本中有一半数据小于 M_{d},另一半数据大于 M_{d},反映了总体中位数的信息.

习题 6.2

1. 设 $X\sim N(\mu,\sigma^2)$,μ 未知,且 σ^2 已知,$X_1,X_2,\cdots,X_n$ 为取自此总体的一个样本,则(　　)是统计量.

A. $X_1+X_2+X_n-\mu$　　　B. X_n-X_{n-1}

C. $\frac{\overline{X}-\mu}{\sigma}$　　　D. $\sum_{i=1}^{n}\frac{(X_i-\mu)^2}{\sigma^2}$

2. 设在总体中取得样本容量为 5 的样本,样本观测值为 $-2.8,-1,1.5,2.1,3.4$,求样本均值 $\overline{x}$、样本方差 s^2 和样本二阶中心距.

3. 某大学的就业办公室寄出一份抽样的商学院毕业生调查表,调查他们有关工作起薪的资讯,得到如下的数据.

毕业生编号	月薪/元	毕业生编号	月薪/元
1	2 350	7	2 390
2	2 450	8	2 300
3	2 550	9	2 440
4	2 380	10	2 825
5	2 255	11	2 420
6	2 210	12	2 380

计算这 12 个毕业生起薪的均值和极差和中位数.

6.3 常用统计分布

在实际问题中,用正态随机变量刻画的随机现象是比较普遍的,以标准正态分布为基石而构造的三个著名统计量在实际中有着广泛的应用,因此本节将讨论来自正态总体的常用统计量的分布.

6.3.1 χ^2 分布

定义 6.3.1 设 $X_1,X_2,\cdots,X_n$ 是来自总体 $N(0,1)$ 的样本,则称统计量

$$\chi^2=X_1^2+X_2^2+\cdots+X_n^2$$

服从**自由度为 n 的 χ^2 分布**,记为 $\chi^2\sim\chi^2(n)$.

$\chi^2(n)$分布的密度函数为

$$f(y)=\begin{cases}\dfrac{1}{2^{\frac{n}{2}}\Gamma\left(\dfrac{n}{2}\right)}y^{\frac{n}{2}-1}\mathrm{e}^{-\frac{y}{2}}, & y>0,\\ 0, & y\leqslant 0,\end{cases}$$

其中 $\Gamma(\cdot)$为 Gamma 函数,即 $\Gamma(\alpha)=\int_0^{+\infty}x^{\alpha-1}\mathrm{e}^{-x}\mathrm{d}x\ (\alpha>0)$.

$f(y)$的图形如图 6-2 所示.

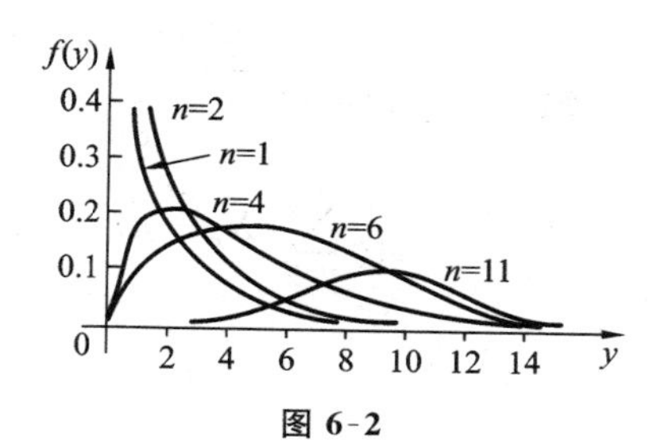

图 6-2

χ^2 分布具有如下性质:

(1)可加性.

设 $\chi_1^2\sim\chi^2(n_1)$,$\chi_2^2\sim\chi^2(n_2)$,并且 χ_1^2 与 χ_2^2 独立,则有 $\chi_1^2+\chi_2^2\sim\chi^2(n_1+n_2)$.

(2)$E(\chi^2)=n$,$D(\chi^2)=2n$.

事实上,由于 $X_i\sim N(0,1)$,故 $E(X_i^2)=D(X_i)=1$,且有

$$D(X_i^2)=E(X_i^4)-[E(X_i^2)]^2=3-1=2\quad(i=1,2,\cdots,n),$$

其中
$$E(X_i^4)=\frac{1}{\sqrt{2\pi}}\int_{-\infty}^{+\infty}t^4\mathrm{e}^{-\frac{t^2}{2}}\mathrm{d}t=3.$$

于是

$$E(\chi^2)=E\Big(\sum_{i=1}^{n}X_i^2\Big)=\sum_{i=1}^{n}E(X_i^2)=n,$$

$$D(\chi^2)=D\Big(\sum_{i=1}^{n}X_i^2\Big)=\sum_{i=1}^{n}D(X_i^2)=2n.$$

定义 6.3.2 设 $\chi^2\sim\chi^2(n)$，对于给定实数 $\alpha(0<\alpha<1)$，称满足条件

$$P\{\chi^2>\chi_\alpha^2(n)\}=\int_{\chi_\alpha^2(n)}^{+\infty}f(y)\mathrm{d}y=\alpha$$

的数 $\chi_\alpha^2(n)$ 为 $\chi^2(n)$ 分布的 α **分位数**，如图 6-3 所示.

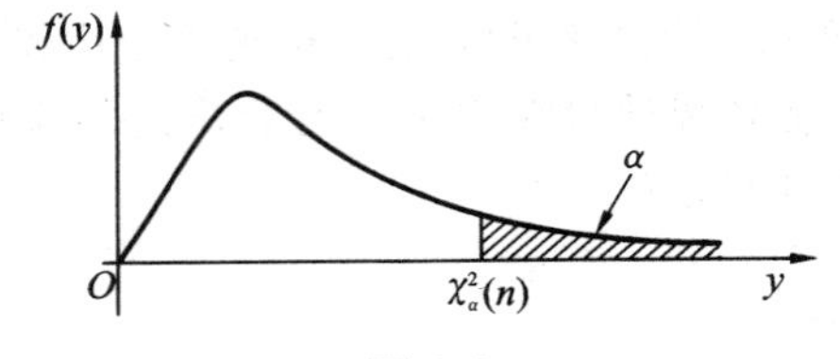

图 6-3

对不同的 α,n,α 分位数的值已经制成表供查用，见本书附表 G. 例如，对于 $\alpha=0.1,n=24$，查表得 $\chi_{0.1}^2(24)=33.196$.

附表 G 中只列到 $n=50$，当 n 充分大时，近似地有：$\chi_\alpha^2(n)\approx\frac{1}{2}(u_\alpha+\sqrt{2n-1})^2$，其中 u_α 为标准正态分布的上 α 分位数. 例如，$\chi_{0.05}^2(61)\approx\frac{1}{2}(1.65+\sqrt{121})^2=80.011$.

例 1 设总体 $X\sim N(\mu,\sigma^2)$，$X_1,X_2,\cdots,X_{16}$ 为来自总体 X 的样本，求概率

$$P\left\{\frac{\sigma^2}{2}\leqslant\frac{1}{16}\sum_{i=1}^{16}(X_i-\mu)^2\leqslant 2\sigma^2\right\}.$$

解 由已知可得 $\dfrac{\sum\limits_{i=1}^{16}(X_i-\mu)^2}{\sigma^2}=\sum\limits_{i=1}^{16}\left(\dfrac{X_i-\mu}{\sigma}\right)^2\sim\chi^2(16)$，则

$$\begin{aligned}P\left\{\frac{\sigma^2}{2}\leqslant\frac{1}{16}\sum_{i=1}^{16}(X_i-\mu)^2\leqslant 2\sigma^2\right\}&=P\left\{8\leqslant\sum_{i=1}^{16}\left(\frac{X_i-\mu}{\sigma}\right)^2\leqslant 32\right\}\\&=P\{8\leqslant\chi^2(16)\leqslant 32\}\\&=P\{\chi^2(16)\geqslant 8\}-P\{\chi^2(16)>32\}\\&=0.95-0.01=0.94.\end{aligned}$$

6.3.2 t 分布

定义 6.3.3 设 $X \sim N(0,1)$，$Y \sim \chi^2(n)$，且 X,Y 相互独立，则称

$$T=\frac{X}{\sqrt{Y/n}}$$

服从自由度为 n 的 t 分布，记为 $T \sim t(n)$.

$t(n)$分布的密度函数为

$$f(t)=\frac{\Gamma[(n+1)/2]}{\sqrt{n\pi}\Gamma(n/2)}\left(1+\frac{t^2}{n}\right)^{-\frac{n+1}{2}},-\infty<t<+\infty.$$

$f(t)$的图形（见图 6-4）关于 $t=0$ 对称. 当 n 充分大时，$t(n)$的分布接近于标准正态分布，但当 n 较小时，t 分布与标准正态分布相差较大.

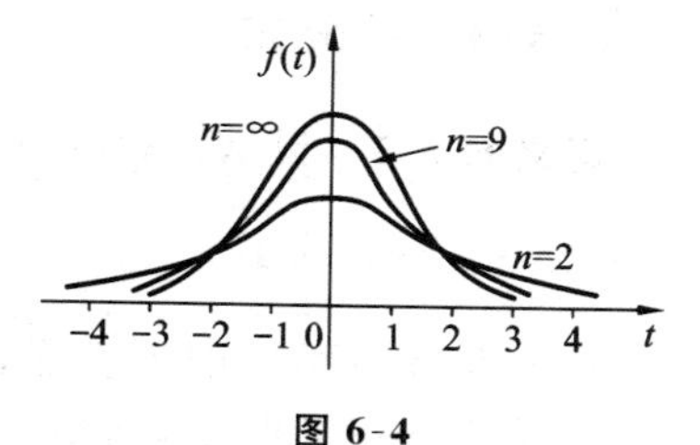

图 6-4

t 分布的性质：当 $n>1$ 时，$E(t(n))=0$；当 $n>2$ 时，$D(t(n))=n/(n-2)$.

定义 6.3.4 对于给定的实数 $\alpha(0<\alpha<1)$，称满足条件

$$P\{T>t_\alpha(n)\}=\int_{t_\alpha(n)}^{+\infty}f(t)\mathrm{d}t=\alpha$$

的点 $t_\alpha(n)$为 $t(n)$分布的 α **分位数**，如图 6-5 所示. 由 t 分布图形的对称性知$t_{1-\alpha}(n)=-t_\alpha(n)$.

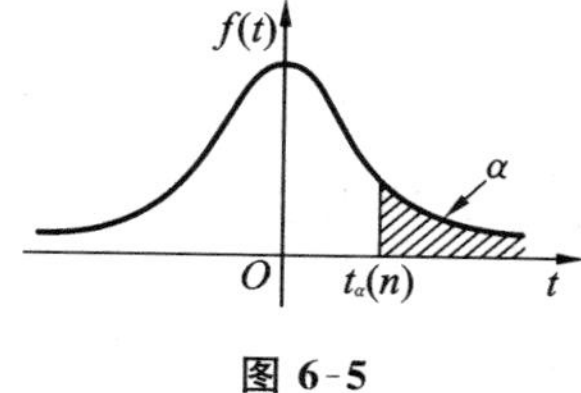

图 6-5

对不同的 α 与 n，α 分位数的值已经制成表供查用，见本书附表 F. 例如设 $T\sim t(8)$，对水平 $\alpha=0.05$，查表得到 $t_\alpha(8)=1.859\ 5$. 当 $n>45$ 时，可用正态分布近似，$t_\alpha(n)\approx u_\alpha$.

例 2 设随机变量 X 和 Y 相互独立，且都服从正态分布 $N(0,3^2)$，而 $X_1,X_2,\cdots,X_9$ 和 $Y_1,Y_2,\cdots,Y_9$ 是分别来自总体 X 和 Y 的简单随机样本，求统计量 $Z=\sum\limits_{i=1}^{9}X_i\Big/\sqrt{\sum\limits_{i=1}^{9}Y_i^2}$ 的分布，并确定 z_0，使 $P\{|Z|>z_0\}=0.01$.

解 由于 $X_i\sim N(0,3^2)$，$Y_i\sim N(0,3^2)(i=1,2,\cdots,9)$，则

$$\frac{X_i}{3}\sim N(0,1),\quad \frac{Y_i}{3}\sim N(0,1)\quad (i=1,2,\cdots,9).$$

由题意知，$\frac{X_i}{3},\frac{Y_i}{3}(i=1,2,\cdots,9)$之间相互独立. 所以

$$\sum_{i=1}^{9}\frac{X_i}{3}\sim N(0,9),\quad \sum_{i=1}^{9}\left(\frac{Y_i}{3}\right)^2\sim\chi^2(9).$$

也即 $\frac{1}{9}\sum_{i=1}^{9}X_i\sim N(0,1)$，$\frac{1}{9}\sum_{i=1}^{9}Y_i^2\sim\chi^2(9)$，且它们相互独立. 于是由 t 分布的定义知，

$$Z=\sum_{i=1}^{9}X_i\Big/\sqrt{\sum_{i=1}^{9}Y_i^2}\sim t(9),$$

又由 $P\{|Z|>z_0\}=0.01$，对于 $n=9$，$\alpha=0.01$，查 t 分布的 α 分位数表，得 $z_0=3.2498$.

6.3.3 F 分布

定义 6.3.5 设 $X\sim\chi^2(n_1)$，$Y\sim\chi^2(n_2)$，且 X 与 Y 相互独立，则称

$$F=\frac{X/n_1}{Y/n_2}$$

服从自由度为 (n_1,n_2) 的 F **分布**，记为 $F\sim F(n_1,n_2)$.

$F(n_1,n_2)$ 分布的密度函数为

$$f(x)=\begin{cases}\dfrac{\Gamma[(n_1+n_2)/2]}{\Gamma\left(\dfrac{n_1}{2}\right)\Gamma\left(\dfrac{n_2}{2}\right)}\left(\dfrac{n_1}{n_2}\right)\left(\dfrac{n_1}{n_2}x\right)^{\frac{n_1}{2}-1}\left(1+\dfrac{n_1}{n_2}x\right)^{-\frac{n_1+n_2}{2}}, & x>0,\\ 0, & x\leqslant 0.\end{cases}$$

图 6-6 分别给出了 $F(10,40)$，$F(11,3)$ 的密度函数的图形.

F 分布的性质：若 $F\sim F(n_1,n_2)$，则 $\frac{1}{F}\sim F(n_2,n_1)$.

定义 6.3.6 设 $F\sim F(n_1,n_2)$，对给定的实数 $\alpha(0<\alpha<1)$，称满足

$$P\{F>F_\alpha(n_1,n_2)\}=\int_{F_\alpha(n_1,n_2)}^{+\infty}f(x)\mathrm{d}x=\alpha$$

的数 $F_\alpha(n_1,n_2)$ 为 F 分布的 α **分位数**，如图 6-7 所示. F 分布的 α 分位数值已制成表供查用，见本书附表 H.

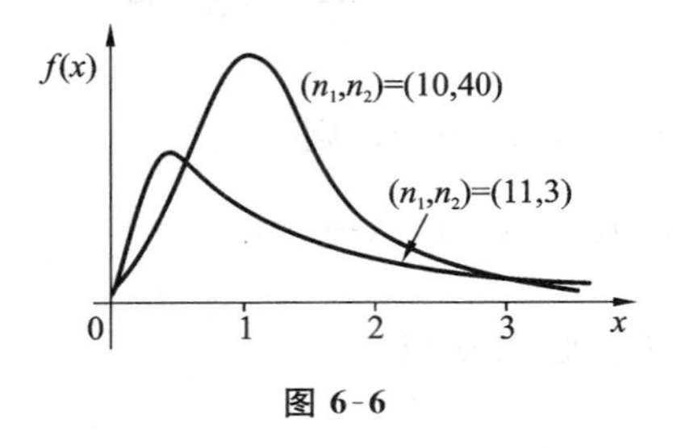

图 6-6

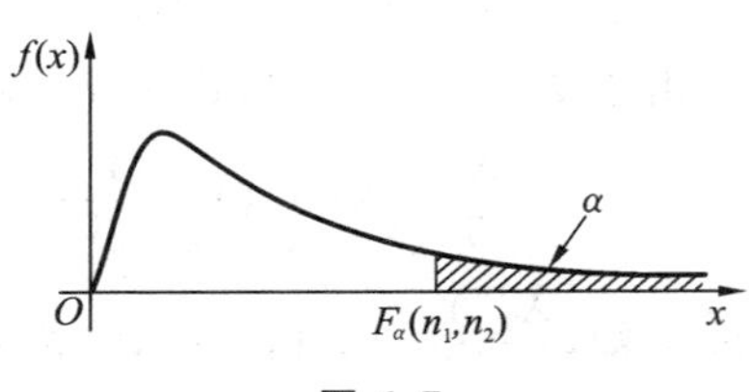

图 6-7

F 分布的 α 分位数有一个重要性质：$F_{\alpha}(n_1,n_2)=\dfrac{1}{F_{1-\alpha}(n_2,n_1)}$. 此式可用于求附表 H 中没有列出来的分位数. 例如，

$$F_{0.95}(7,3)=\frac{1}{F_{0.05}(3,7)}=\frac{1}{4.35}\approx 0.229\ 9.$$

例 3 设总体 $X\sim N(0,\sigma^2)$，X_1,X_2 为取自该总体的一个样本.

(1)求统计量 $Y=\dfrac{(X_1+X_2)^2}{(X_1-X_2)^2}$ 的分布；(2)求 y_0 满足 $P\{Y\leqslant y_0\}=0.05$.

解 (1)因 $X_1\sim N(0,\sigma^2)$，$X_2\sim N(0,\sigma^2)$，故

$$X_1+X_2\sim N(0,2\sigma^2),\quad \frac{X_1+X_2}{\sqrt{2}\sigma}\sim N(0,1),\quad \left(\frac{X_1+X_2}{\sqrt{2}\sigma}\right)^2\sim\chi^2(1),$$

$$X_1-X_2\sim N(0,2\sigma^2),\quad \frac{X_1-X_2}{\sqrt{2}\sigma}\sim N(0,1),\quad \left(\frac{X_1-X_2}{\sqrt{2}\sigma}\right)^2\sim\chi^2(1).$$

且可证 X_1+X_2 与 X_1-X_2 相互独立，根据 F 分布的定义，有

$$\frac{\left(\dfrac{X_1+X_2}{\sqrt{2}\sigma}\right)^2/1}{\left(\dfrac{X_1-X_2}{\sqrt{2}\sigma}\right)^2/1}\sim F(1,1),$$

即

$$Y=\frac{(X_1+X_2)^2}{(X_1-X_2)^2}\sim F(1,1).$$

(2)$P\{Y>y_0\}=1-P\{Y\leqslant y_0\}=0.95$，则

$$y_0=F_{0.95}(1,1)=\frac{1}{F_{0.05}(1,1)}=\frac{1}{161.45}\approx 0.006\ 19.$$

习题 6.3

1. 设随机变量 X 和 Y 都服从标准正态分布，则(　　).

   A. $X+Y$ 服从正态分布

   B. X^2+Y^2 服从 χ^2 分布

   C. X^2 和 Y^2 都服从 χ^2 分布

   D. $\dfrac{X^2}{Y^2}$ 服从 F 分布

2. 设 $X_1,X_2,\cdots,X_n$ 是来自具有 $\chi^2(m)$ 分布的总体的样本，求样本均值 $\overline{X}$ 的期望与方差.

3. 设总体 $X\sim N(0,1)$，从此总体中取一个容量为 6 的样本 $(X_1,\cdots,X_6)$，设 $Y=$

$(X_1+X_2+X_3)^2+(X_4+X_5+X_6)^2$，试确定常数 c，使得随机变量 cY 服从 χ^2 分布并指出该 χ^2 分布的自由度.

4. 假设随机变量 F 服从分布 $F(5,10)$，求 λ 的值，使其满足 $P\{F\geqslant\lambda\}=0.95$.

6.4 正态总体的抽样分布

一般来说，要确定某个统计量的分布是比较困难的，有时甚至不可能. 然而，对总体服从正态分布的情形已经有了详尽的研究. 下面主要介绍基于正态总体的常用统计量的抽样分布.

6.4.1 单个正态总体的抽样分布

引理 6.4.1 设总体 X 的均值为 μ，方差为 σ^2，$X_1,X_2,\cdots,X_n$ 是取自 X 的一个样本，$\overline{X}$ 与 S^2 分别为该样本均值与样本方差，则有 $E(\overline{X})=\mu$，$D(\overline{X})=\sigma^2/n$，$E(S^2)=\sigma^2$.

证明 $E(\overline{X})=E\left(\frac{1}{n}\sum_{i=1}^{n}X_i\right)=\frac{1}{n}\sum_{i=1}^{n}E(X_i)=E(X)=\mu$，

$$D(\overline{X})=D\left(\frac{1}{n}\sum_{i=1}^{n}X_i\right)=\frac{1}{n^2}\sum_{i=1}^{n}D(X_i)=\frac{D(X)}{n}=\frac{\sigma^2}{n},$$

$$\begin{aligned}E(S^2)&=E\left[\frac{1}{n-1}\left(\sum_{i=1}^{n}X_i^2-n\overline{X}^2\right)\right]=\frac{1}{n-1}\left[\sum_{i=1}^{n}E(X_i^2)-nE(\overline{X}^2)\right]\\&=\frac{1}{n-1}\left[\sum_{i=1}^{n}(\sigma^2+\mu^2)-n\left(\frac{\sigma^2}{n}+\mu^2\right)\right]=\sigma^2.\end{aligned}$$

定理 6.4.1 设总体 $X\sim N(\mu,\sigma^2)$，$X_1,X_2,\cdots,X_n$ 是取自 X 的一个样本，$\overline{X}$ 为该样本均值，则有：

(1) $\overline{X}\sim N(\mu,\sigma^2/n)$；(2) $U=\frac{\overline{X}-\mu}{\sigma/\sqrt{n}}\sim N(0,1)$.

证 (1)由引理 6.4.1 知，$E(\overline{X})=\mu$，$D(\overline{X})=\sigma^2/n$，又由于 $X_1,X_2,\cdots,X_n$ 相互独立且均服从正态分布 $N(\mu,\sigma^2)$，由正态分布的性质知，$\overline{X}\sim N(\mu,\sigma^2/n)$.

(2)由(1)知，$\overline{X}\sim N(\mu,\sigma^2/n)$，由正态分布的性质知，$\frac{\overline{X}-\mu}{\sigma/\sqrt{n}}\sim N(0,1)$，即 $U\sim N(0,1)$.

例 1 设 $X\sim N(21,2^2)$，$X_1,X_2,\cdots,X_{25}$ 为 X 的一个样本. 求：

(1)样本均值 $\overline{X}$ 的数学期望和方差；(2) $P\{|\overline{X}-21|\leqslant0.24\}$.

解 (1)由于 $X\sim N(21,2^2)$，样本容量 $n=25$，所以 $\overline{X}\sim N\left(21,\frac{2^2}{25}\right)$，于是

$$E(\overline{X})=21,\quad D(\overline{X})=\frac{2^2}{25}=0.16.$$

(2)由 $\overline{X}\sim N(21,0.4^2)$，得$\dfrac{\overline{X}-21}{0.4}\sim N(0,1)$，故

$$P\{|\overline{X}-21|\leqslant 0.24\}=P\left\{\left|\frac{\overline{X}-21}{0.4}\right|\leqslant 0.6\right\}=2\Phi(0.6)-1=0.4514.$$

定理 6.4.2 设总体 $X\sim N(\mu,\sigma^2)$，$X_1,X_2,\cdots,X_n$ 是取自 X 的一个样本，$\overline{X}$ 与 S^2 分别为该样本均值与样本方差，则有：

(1)$\chi^2=\dfrac{(n-1)S^2}{\sigma^2}\sim\chi^2(n-1)$；(2)$\overline{X}$ 与 S^2 相互独立.

本定理的证明从略. 仅对自由度做以下说明：由于$(n-1)S^2=\sum\limits_{i=1}^{n}(X_i-\overline{X})^2$，故统计量 $\chi^2=\dfrac{(n-1)S^2}{\sigma^2}=\dfrac{1}{\sigma^2}\sum\limits_{i=1}^{n}(X_i-\overline{X})^2=\sum\limits_{i=1}^{n}\left(\dfrac{X_i-\overline{X}}{\sigma}\right)^2$，虽然该式是 n 个随机变量的平方和，但$\sum\limits_{i=1}^{n}\dfrac{X_i-\overline{X}}{\sigma}=\dfrac{1}{\sigma}\sum\limits_{i=1}^{n}(X_i-n\overline{X})=0$，即这些随机变量不是完全相互独立的，受到一个条件的约束，所以自由度是 $n-1$.

例 2 对于一类导弹发射装置，弹着点偏离目标中心的距离服从正态分布 $N(\mu,\sigma^2)$，其中 $\sigma^2=100\ \mathrm{m}^2$. 现在进行了 25 次发射试验，试求 S^2 超过 $50\ \mathrm{m}^2$ 的概率.

解 根据定理 6.4.2，

$$\begin{aligned}P\{S^2>50\}&=P\left\{\frac{(n-1)S^2}{\sigma^2}>\frac{50(n-1)}{\sigma^2}\right\}=P\left\{\chi^2(24)>\frac{24\times 50}{100}\right\}\\&=P\{\chi^2(24)>12\}\approx P\{\chi^2(24)>12.401\}=0.975,\end{aligned}$$

于是，S^2 超过 $50\ \mathrm{m}^2$ 的概率为 0.975.

定理 6.4.3 设总体 $X\sim N(\mu,\sigma^2)$，$X_1,X_2,\cdots,X_n$ 是取自 X 的一个样本，$\overline{X}$ 与 S^2 分别为该样本均值与样本方差，则有：

(1) $\chi^2=\dfrac{1}{\sigma^2}\sum\limits_{i=1}^{n}(X_i-\mu)^2\sim\chi^2(n)$；(2)$T=\dfrac{\overline{X}-\mu}{S/\sqrt{n}}\sim t(n-1)$.

证 (1)由于总体 $X\sim N(\mu,\sigma^2)$，$X_1,X_2,\cdots,X_n$ 是取自总体 X 的一个样本，所以 $X_i\sim N(\mu,\sigma^2)(i=1,2,\cdots,n)$，且 $X_1,X_2,\cdots,X_n$ 相互独立，令

$$Y_i=\frac{X_i-\mu}{\sigma}\sim N(0,1)\quad(i=1,2,\cdots,n),$$

且 $Y_1,Y_2,\cdots,Y_n$ 相互独立. 由 χ^2 分布的定义知，$\sum\limits_{i=1}^{n}Y_i^2\sim\chi^2(n)$，即

$$\chi^2=\frac{1}{\sigma^2}\sum_{i=1}^{n}(X_i-\mu)^2\sim\chi^2(n).$$

(2)由定理 6.4.1 知，$\frac{\overline{X}-\mu}{\sigma/\sqrt{n}} \sim N(0,1)$，又由定理 6.4.2 知，$\frac{(n-1)S^2}{\sigma^2} \sim \chi^2(n-1)$，且两者相互独立，由 t 分布的定义知，

$$T=\frac{\frac{\overline{X}-\mu}{\sigma/\sqrt{n}}}{\sqrt{\frac{(n-1)S^2}{\sigma^2}/(n-1)}}=\frac{\overline{X}-\mu}{S/\sqrt{n}}\sim t(n-1).$$

例 3 从正态总体 $N(\mu,0.5^2)$ 中抽取容量为 10 的样本 $X_1,X_2,\cdots,X_{10}$. $\overline{X}$ 是样本的均值. 若 μ 未知，计算：

(1) $P\left\{\sum\limits_{i=1}^{10}(X_i-\mu)^2 \geqslant 0.985\right\}$；(2) $P\left\{\sum\limits_{i=1}^{10}(X_i-\overline{X})^2 < 4.23\right\}$.

解 (1)因 μ 未知，由 $X_i \sim N(\mu,0.5^2)$，以及定理 6.4.2 和定理 6.4.3，有

$$\frac{X_i-\mu}{0.5}\sim N(0,1),$$

$$\sum_{i=1}^{10}\left(\frac{X_i-\mu}{0.5}\right)^2 = 4\sum_{i=1}^{10}(X_i-\mu)^2 \sim \chi^2(10),$$

$$\sum_{i=1}^{10}\left(\frac{X_i-\overline{X}}{0.5}\right)^2 = 4\sum_{i=1}^{10}(X_i-\overline{X})^2 \sim \chi^2(9),$$

故
$$P\left\{\sum_{i=1}^{10}(X_i-\mu)^2 \geqslant 0.985\right\} = P\left\{4\sum_{i=1}^{10}(X_i-\mu)^2 \geqslant 3.94\right\}.$$

查 χ^2 分布的 α 分位数表知，$\chi^2_{0.95}(10)=3.94$，所以

$$P\left\{\sum_{i=1}^{10}(X_i-\mu)^2 \geqslant 0.985\right\} = 0.95.$$

(2)
$$P\left\{\sum_{i=1}^{10}(X_i-\overline{X})^2 < 4.23\right\} = 1-P\left\{\sum_{i=1}^{10}(X_i-\overline{X})^2 \geqslant 4.23\right\}$$
$$= 1-P\left\{4\sum_{i=1}^{10}(X_i-\overline{X})^2 \geqslant 16.92\right\}.$$

查 χ^2 分布的 α 分位数表知，$\chi^2_{0.05}(9)=16.919\approx 16.92$，所以

$$P\left\{\sum_{i=1}^{10}(X_i-\overline{X})^2 < 4.23\right\} \approx 1-0.05 = 0.95.$$

*6.4.2 两个正态总体的抽样分布

定理 6.4.4 设 $X\sim N(\mu_1,\sigma_1^2)$ 与 $Y\sim N(\mu_2,\sigma_2^2)$ 是两个相互独立的正态总体，又 $X_1,X_2,\cdots,X_{n_1}$ 是取自总体 X 的一个样本，样本 $Y_1,Y_2,\cdots,Y_{n_2}$ 取自总体 Y，且 $\overline{X},\overline{Y}$ 与 S_1^2,S_2^2 分别为它们的样本均值与样本方差，定义 S_W^2 为

$$S_W^2=\frac{(n_1-1)S_1^2+(n_2-1)S_2^2}{n_1+n_2-2}.$$

则有：

(1)$U=\dfrac{(\overline{X}-\overline{Y})-(\mu_1-\mu_2)}{\sqrt{\sigma_1^2/n_1+\sigma_2^2/n_2}}\sim N(0,1)$；

(2)$F=\left(\dfrac{\sigma_2}{\sigma_1}\right)^2\dfrac{S_1^2}{S_2^2}\sim F(n_1-1,n_2-1)$；

(3)当 $\sigma_1^2=\sigma_2^2=\sigma^2$ 时，$T=\dfrac{(\overline{X}-\overline{Y})-(\mu_1-\mu_2)}{S_W\sqrt{1/n_1+1/n_2}}\sim t(n_1+n_2-2)$.

例 4 设总体 X 和 Y 相互独立且都服从正态分布 $N(30,3^2)$，$X_1,X_2,\cdots,X_{20}$ 和 $Y_1,Y_2,\cdots,Y_{26}$ 分别为来自总体 X 和 Y 的样本，$\overline{X},\overline{Y},S_1^2$ 和 S_2^2 分别是这两个样本的均值和方差，求 $P\{S_1^2/S_2^2\leqslant 0.4\}$.

解 因为 $\sigma_1^2=\sigma_2^2=3^2$，由定理 6.4.4 知，

$$S_1^2/S_2^2\sim F(20-1,26-1)=F(19,25).$$

因 F 分布的 α 分位数表中没有 $n_1=19$，可按性质化为 $S_2^2/S_1^2\sim F(25,19)$，于是

$$P\{S_1^2/S_2^2\leqslant 0.4\}=P\{S_2^2/S_1^2\geqslant 2.5\},$$

查 F 分布的 α 分位数表得 $F_{0.025}(25,19)=2.44$，即 $P\{F(25,19)>2.44\}=0.025$，故

$$P\{S_1^2/S_2^2\leqslant 0.4\}\approx 0.025.$$

*6.4.3 一般总体抽样分布的极限分布

定义 6.4.1 设 $F_n(x)$ 和 $F(x)$ 分别为随机变量 X_n 和 X 的分布函数，并记 $C(F)$ 为由 $F(x)$ 的全体连续点组成的集合. 若对于任意的 $x\in C(F)$，有 $\lim\limits_{n\to\infty}F_n(x)=F(x)$，则称随机变量 X_n 依分布收敛于 X，简记为 $X_n\xrightarrow{\text{d}}X$ 或 $F_n(x)\xrightarrow{\text{d}}F(x)$.

关于一般总体的抽样分布，有下面的极限定理.

定理 6.4.5 设 $X_1,X_2,\cdots,X_n$ 为取自总体 X 的样本，X 的均值为 μ，方差为 σ^2. 记 $U_n=\dfrac{\overline{X}-\mu}{\sigma/\sqrt{n}}$，$T_n=\dfrac{\overline{X}-\mu}{S/\sqrt{n}}$，其中 $\overline{X}$ 与 S^2 为样本的均值与方差，则：

(1)$F_{U_n}(x)\xrightarrow{\text{d}}\Phi(x)$；(2)$F_{T_n}(x)\xrightarrow{\text{d}}\Phi(x)$.

定理 6.4.6 设 $X_1,X_2,\cdots,X_{n_1}$ 和 $Y_1,Y_2,\cdots,Y_{n_2}$ 分别为取自总体 X 和 Y 的样本，且满足 $E(X)=\mu_1,D(X)=\sigma_1^2,E(Y)=\mu_2,D(Y)=\sigma_2^2$，则当 n_1,n_2 均充分大时，统计量

$$V=\frac{(\overline{X}-\overline{Y})-(\mu_1-\mu_2)}{\sqrt{\sigma_1^2/n_1+\sigma_2^2/n_2}},\quad W=\frac{(\overline{X}-\overline{Y})-(\mu_1-\mu_2)}{\sqrt{S_1^2/n_1+S_2^2/n_2}}$$

均近似服从标准正态分布.

习题 6.4

1. 已知离散型总体 X，其分布律为 $P\{X=2\}=P\{X=4\}=P\{X=6\}=1/3$，取大小为 $n=54$ 的样本，求：
   (1)样本均值 $\overline{X}$ 落于 4.1 到 4.4 之间的概率；
   (2)样本均值 $\overline{X}$ 超过 4.5 的概率.
2. 设在总体 $X\sim N(\mu,\sigma^2)$ 中抽取样本容量为 16 的样本，μ 和 σ^2 未知，求 $P\left\{\frac{S^2}{\sigma^2}\leqslant 2.041\right\}$.
3. 设总体 $X\sim N(\mu,16)$，$X_1,X_2,\cdots,X_{10}$ 为取自该总体的样本，已知 $P\{S^2>a\}=0.1$，求常数 a.
4. 设 $X_1,X_2,\cdots,X_{16}$ 及 $Y_1,Y_2,\cdots,Y_{25}$ 分别是取自两个独立总体 $N(0,16)$ 及 $N(1,9)$ 的样本，以 $\overline{X}$ 和 $\overline{Y}$ 分别表示两个样本均值，求 $P\{|\overline{X}-\overline{Y}|>1\}$.
5. 设 X_1,X_2,X_3,X_4,X_5 是来自总体 $X\sim N(2.5,6^2)$ 的样本，求概率
   $P\{(1.3<\overline{X}<3.5)\cap(6.3<S^2<9.6)\}$.
6. 设 $X_1,X_2,\cdots,X_n$ 和 $Y_1,Y_2,\cdots,Y_n$ 分别取自正态总体 $X\sim N(\mu_1,\sigma^2)$ 和 $Y\sim N(\mu_2,\sigma^2)$ 且相互独立，则以下统计量服从什么分布？
   (1) $\frac{(n-1)(S_1^2+S_2^2)}{\sigma^2}$；(2) $\frac{n[(\overline{X}-\overline{Y})-(\mu_1-\mu_2)]^2}{S_1^2+S_2^2}$.

数学家辛钦简介

辛钦于 1894 年 7 月 19 日生于莫斯科附近，1959 年 11 月 18 日卒于莫斯科，是苏联数学家与数学教育家，也是现代概率论的奠基者之一.他在分析学、数论及概率论在统计力学的应用方面都有重要贡献.

辛钦

辛钦 1916 年毕业于莫斯科大学，先后在莫斯科大学和苏联科学院斯捷克洛夫数学研究所等处工作.他在 1927 年成为教授，1939 年当选为苏联科学院通讯院士.他还是俄罗斯教育科学院院士.

辛钦的早期研究成果属于函数的度量理论，他通过引进渐近导数的概念，研究了可测函数的结构，这些度量特征研究的思想深刻地影响了他在数论和

概率论上的研究.他在数论上的成就主要是丢番图逼近论和连分数的度量理论.辛钦最早的概率论成果是伯努利试验序列的重对数律,它源于数论,是莫斯科概率学派的开端,直到现在重对数律仍然是概率论的重要研究课题之一.

独立随机变量序列是概率论的重要领域,辛钦首先与柯尔莫哥洛夫讨论了随机变量级数的收敛性,还研究了分布律的算术问题和大偏差极限问题.

辛钦对统计力学的考察促使他研究现代概率论的一个重要领域——平稳过程.他提出并证明了严格平稳过程的一般遍历定理,首次给出了宽平稳过程的概念并建立了它的谱理论基础.这些直到现在仍然是平稳过程的核心内容的一部分.他还研究了概率极限理论与统计力学基础的关系.他早在1932年就发表了有关排队论的论文,50年代写了著名的专著.他还曾致力于信息论的数学基础的研究.

辛钦十分重视数学教育和人才的培养.在他的指导和影响下,一批苏联数学家成长起来.他以优美的笔调、突出论题本质的风格写了一批初级参考读物、教材以及10本篇幅不大但很引人入胜的专著,内容涉及数学分析、数论、概率极限理论、统计力学、排队论、信息论,对引导后来者进入科学殿堂和促进数学发展起了显著的作用.

第6章总习题

1. 设 $X_1,X_2,\cdots,X_n$ 为来自正态总体 $X\sim N(\mu,\sigma^2)$ 的样本,μ,σ^2 均未知,则下列样本函数中(　　)是统计量.

A. $\sum\limits_{i=1}^{n}X_i-\mu$　　　B. $X_i-\overline{X}$

C. $\sum\limits_{i=1}^{n}(X_i/\sigma)^2$　　　D. $\sum\limits_{i=1}^{n}\left(\dfrac{X_i-\mu}{\sigma}\right)^2$

2. 假设 $X_1,X_2,\cdots,X_n$ 是取自正态总体 $N(0,\sigma^2)$ 的简单随机样本,$\overline{X}$ 与 S^2 分别是样本均值与样本方差,则(　　).

A. $\dfrac{\overline{X}^2}{\sigma^2}\sim\chi^2(1)$　　　B. $\dfrac{S^2}{\sigma^2}\sim\chi^2(n-1)$

C. $\dfrac{\overline{X}}{S}\sim t(n-1)$　　　D. $\dfrac{S^2}{n\overline{X}^2}\sim F(n-1,1)$

3. 设 $X_1,X_2,\cdots,X_{10}$ 取自正态总体 $N(0,0.3^2)$,求:

(1) $P\left\{\sum\limits_{i=1}^{10}X_i^2>1.44\right\}$;

(2) $P\left\{\dfrac{1}{2}\times0.3^2\leqslant\dfrac{1}{10}\sum\limits_{i=1}^{10}(X_i-\overline{X})^2\leqslant2\times0.3^2\right\}$.

4. 某工厂生产的某种电器的使用寿命服从指数分布，参数 λ 未知. 为此，抽查了 n 件电器，测量其使用寿命. 试确定本问题的总体、样本及样本的分布.

5. 设从总体 $X \sim N(\mu,\sigma^2)$ 中抽取容量为 18 的样本，μ,σ^2 未知，求：

(1) $P\{S^2/\sigma^2 \leqslant 1.2052\}$，其中 $S^2 = \dfrac{\sum\limits_{i=1}^{n}(X_i - \overline{X})^2}{n-1}$；

(2) $D(S^2)$.

6. 设 $X \sim N(0,1)$，$Y \sim \chi^2(n)$，X 与 Y 相互独立，又 $T = X\Big/\sqrt{\dfrac{Y}{n}}$. 证明：$T^2 \sim F(1,n)$.

7. 设总体 $X \sim N(80,20^2)$，从总体中抽取一个容量为 100 的样本，问样本均值与总体均值之差的绝对值大于 3 的概率是多少？

8. 设总体 $X \sim N(10,9)$，$X_1,\cdots,X_6$ 是它的一个样本，$Z = \sum\limits_{i=1}^{6} X_i$，求：

(1) Z 的密度函数；

(2) $P\{Z > 11\}$.

9. 总体 X,Y 独立，$X \sim N(150,400)$，$Y \sim N(125,625)$，各从中抽取容量为 5 的样本，$\overline{X},\overline{Y}$ 分别为它们的样本均值，求：

(1) $\overline{X} - \overline{Y}$ 的分布；

(2) $\overline{X} - \overline{Y} \leqslant 0$ 的概率.

10. 总体 X 的概率密度为 $f(x) = \begin{cases} |x|, & |x| < 1, \\ 0, & \text{其他}. \end{cases}$ $X_1,X_2,\cdots,X_{50}$ 为其样本. 试求：

(1) S^2，B_2 的数学期望；

(2) $P\{|\overline{X}| > 0.02\}$.

11. 在天平上重复称一重量为 a 的物品，假设各次称量的结果相互独立，且服从正态分布 $N(a,0.2^2)$. 若以 $\overline{X}$ 表示称量结果的算术平均值. 求使 $P\{|\overline{X} - a| < 0.1\} \geqslant 0.95$ 成立的称量次数 n 的最小值.

12. 设总体 X 服从正态分布 $N(\mu,\sigma^2)(\sigma > 0)$，从总体中抽取简单随机样本 X_1，$X_2,\cdots,X_{2n}(n \geqslant 2)$，其样本均值 $\overline{X} = \dfrac{1}{2n}\sum\limits_{i=1}^{2n} X_i$，求统计量 $Y = \sum\limits_{i=1}^{n}(X_i + X_{n+i} - 2\overline{X})^2$ 的数学期望.

13. 设 $X_1,X_2,\cdots,X_9$ 是取自正态总体 $X \sim N(\mu,\sigma^2)$ 的样本，且 $Y_1 = \dfrac{1}{6}(X_1 + X_2 + \cdots + X_6)$，$Y_2 = \dfrac{1}{3}(X_7 + X_8 + X_9)$，$S^2 = \dfrac{1}{2}\sum\limits_{i=7}^{9}(X_i - Y_2)^2$，求证：$Z=$

$\frac{\sqrt{2}(Y_1-Y_2)}{S}\sim t(2)$.

14. 假设 $X_1,X_2,\cdots,X_9$ 是来自总体 $X\sim N(0,2^2)$ 的简单随机样本，求系数 a,b,c，使

$$Q=a(X_1+X_2)^2+b(X_3+X_4+X_5)^2+c(X_6+X_7+X_8+X_9)^2$$

服从 χ^2 分布，并求其自由度.

15. 设总体 X 具有方差 $\sigma_1^2=400$，总体 Y 具有方差 $\sigma_2^2=900$，两总体的均值相等. 分别自这两个总体中抽取容量均为 400 的样本，设两样本独立，分别记样本均值为 $\overline{X},\overline{Y}$.

(1)试利用切比雪夫不等式估计 k，使得 $P\{|\overline{X}-\overline{Y}|<k\}\geqslant 0.99$；

(2)设在(1)中总体 X 和 Y 均为正态变量，求 k.

16. 设总体 X 和 Y 相互独立，分别服从 $N(\mu,\sigma_1^2)$ 和 $N(\mu,\sigma_2^2)$，$X_1,X_2,\cdots,X_m$ 和 $Y_1,Y_2,\cdots,Y_n$ 是分别取自 X 和 Y 的简单随机样本，其样本均值分别是 $\overline{X},\overline{Y}$，样本方差分别是 S_X^2,S_Y^2. 令 $Z=\alpha\overline{X}+\beta\overline{Y}$，$\alpha=\frac{S_X^2}{S_X^2+S_Y^2}$，$\beta=\frac{S_Y^2}{S_X^2+S_Y^2}$，求 $E(Z)$.

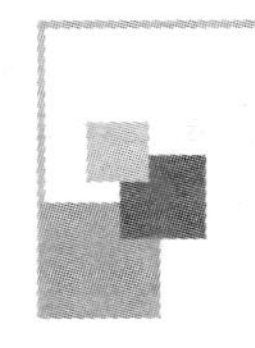

第7章　参数估计

只有在微积分发明之后，物理学才成为一门科学. 只有在认识到自然现象是联系的之后，构造抽象模型的努力才取得了成功.

——黎曼

在实际问题中，往往需要依据样本对总体进行分析和推断. 参数估计是利用样本对总体分布中未知参数进行合理推断的统计方法，分为点估计和区间估计两种.

7.1 点估计

7.1.1 参数的点估计

引例 设有一大批产品，其次品率为 $p(0<p<1)$，试估计 p 的数值.

若用"0"表示正品，用"1"表示次品，那么总体 X 的分布为

$$P\{X=1\}=p,\quad P\{X=0\}=1-p,\quad E(X)=p.$$

考虑随机试验：从这批产品中连续有放回地抽取 n 次，每次取一件产品观察是否为次品，得总体 X 的一组样本值，记为 $x_1,x_2,\cdots,x_n$，其中 $x_i=1$ 或 $0(i=1,2,\cdots,n)$. 显然，$\sum\limits_{i=1}^{n}x_i$ 是抽取 n 次出现次品的次数，常用次品出现的频率 $\frac{1}{n}\sum\limits_{i=1}^{n}x_i$ 来估计次品率 p 的数值，记作 $\hat{p}=\frac{1}{n}\sum\limits_{i=1}^{n}x_i$. 这种估计随抽取样本的数值不同而不同，带有随机性. 因此，$\hat{p}=\frac{1}{n}\sum\limits_{i=1}^{n}X_i$ 为随机变量，称其为 p 的估计量.

定义 7.1.1 如果取统计量 $\hat{\theta}=\hat{\theta}(X_1,X_2,\cdots,X_n)$ 来估计总体分布中的未知参数 θ，则称 $\hat{\theta}$ 为 θ 的**估计量**，这种用 $\hat{\theta}(X_1,X_2,\cdots,X_n)$ 对参数 θ 做的定值估计，称为参数 θ 的**点估计**.

注 估计量 $\hat{\theta}(X_1,X_2,\cdots,X_n)$ 是一个随机变量，是样本的函数，即是一个统计量，对不同的样本值，θ 的估计值 $\hat{\theta}$ 一般是不同的.

下面介绍求估计量的两种常用的方法.

7.1.2 矩估计法

矩估计法的基本思想是用样本矩估计总体矩,由大数定律知,当总体 k 阶矩存在时,样本 k 阶矩依概率收敛于总体的 k 阶矩. 例如,可用样本均值 $\overline{X}$ 作为总体均值 $E(X)$ 的估计量.

定义 7.1.2 用样本 k 阶矩去估计总体 k 阶矩的方法称为**矩估计法**,用矩估计法确定的估计量称为**矩估计量**,相应的估计值称为**矩估计值**,矩估计量与矩估计值统称为**矩估计**.

例 1 $X_1,X_2,\cdots,X_n$ 为来自总体 X 的样本,μ,σ^2 分别为 X 的数学期望与方差,试用矩估计法求 μ,σ^2,σ 的估计量.

解 因为 $E(X)=\mu,D(X)=\sigma^2$,由矩估计法得

$$\begin{cases}\overline{X}=E(X)=\mu,\\ \dfrac{1}{n}\sum\limits_{i=1}^{n}X_i^2=E(X^2)=D(X)+[E(X)]^2=\sigma^2+\mu^2,\end{cases}$$

得到

$$\begin{cases}\mu=\overline{X},\\ \sigma^2=\dfrac{1}{n}\sum\limits_{i=1}^{n}(X_i-\overline{X})^2,\end{cases}$$

即 μ,σ^2 的矩估计量分别是

$$\hat{\mu}=\overline{X},\quad \hat{\sigma}^2=\frac{1}{n}\sum_{i=1}^{n}(X_i-\overline{X})^2,$$

又因为 $\sigma=\sqrt{D(X)}$,可得 σ 的矩估计量是

$$\hat{\sigma}=\sqrt{\frac{1}{n}\sum_{i=1}^{n}(X_i-\overline{X})^2}.$$

例 2 在总体 $X\sim B(m,p)$ 中的参数 m,p 均未知,$X_1,X_2,\cdots,X_n$ 为来自此总体的样本,求 m,p 的矩估计量.

解 因为 $E(X)=mp,D(X)=mp(1-p)$,由矩估计法得

$$\begin{cases}\overline{X}=mp,\\ \dfrac{1}{n}\sum\limits_{i=1}^{n}(X_i-\overline{X})^2=mp(1-p),\end{cases}$$

解得 m,p 的矩估计量分别为

$$\hat{m}=\frac{\overline{X}^2}{\overline{X}-\dfrac{1}{n}\sum\limits_{i=1}^{n}(X_i-\overline{X})^2},\quad \hat{p}=\frac{\overline{X}-\dfrac{1}{n}\sum\limits_{i=1}^{n}(X_i-\overline{X})^2}{\overline{X}}.$$

7.1.3 极大似然估计法

某同学与一位猎人一起去打猎，一只野兔从前方窜过，只听一声枪响，野兔应声倒下，由于猎人命中的概率一般大于这位同学命中的概率，故人们会猜测这一枪是猎人射中的.通常人们认为，概率大的事件在一次试验中更容易发生，根据这一原理构成未知参数的估计量是极大似然估计法的思想.

1.极大似然估计法的概念

(1)离散型总体情形.

设总体 X 的分布律为 $p(x;\theta)=P\{X=x\}$，其中 θ 未知，$X_1,X_2,\cdots,X_n$ 为来自总体 X 的样本，$x_1,x_2,\cdots,x_n$ 为相应的样本观测值，称

$$L(\theta)=P\{X_1=x_1,X_2=x_2,\cdots,X_n=x_n\}=\prod_{i=1}^{n}p(x_i;\theta)$$

为 θ 的**似然函数**.

(2)连续型总体情形.

设总体 X 的密度函数为 $f(x;\theta)$，其中 θ 未知，此时定义**似然函数**为

$$L(\theta)=f(x_1,x_2,\cdots,x_n;\theta)=\prod_{i=1}^{n}f(x_i;\theta).$$

似然函数 $L(\theta)$ 值的大小意味着该样本值出现的可能性大小，在已得到样本值 $x_1,x_2,\cdots,x_n$ 的情况下，则应选择使 $L(\theta)$ 达到最大的那个值作为 θ 的估计 $\hat{\theta}$，这种求点估计的方法称为**极大似然估计法**.

若对任意给定的样本值 $x_1,x_2,\cdots,x_n$，存在 $\hat{\theta}=\hat{\theta}(x_1,x_2,\cdots,x_n)$，使得

$$L(\hat{\theta})=\max_{\theta}L(\theta),$$

则称 $\hat{\theta}=\hat{\theta}(x_1,x_2,\cdots,x_n)$ 为 θ 的**极大似然估计值**，称 $\hat{\theta}(X_1,X_2,\cdots,X_n)$ 为**极大似然估计量**，它们统称为 θ 的**极大似然估计**.

2.求极大似然估计的一般方法

求 θ 的极大似然估计 $\hat{\theta}$，显然是寻找似然函数 $L(x_1,x_2,\cdots,x_n;\theta)$ 的最大值点 $\hat{\theta}$.

当似然函数关于 θ 可微时，可以用微分法求函数 L 的极值点，进而求 L 的最大值点 $\hat{\theta}$.由于 $\ln L$ 是 L 的单调增函数，故 $\ln L$ 与 L 有相同极值点.因此，为了计算简便，通常是求 $\ln L$ 的最大值点.

当似然函数关于未知参数 θ 不可微时，只能按极大似然估计法的定义求出最大值点.

例 3 若总体 $X\sim B(m,p)$，即

$$P\{X=x_i\}=C_m^{x_i}p^{x_i}(1-p)^{m-x_i} \quad (x_i=0,1,\cdots,m;i=1,2,\cdots,n),$$

其中 $x_1,x_2,\cdots,x_n$ 为来自总体 X 的样本 $X_1,X_2,\cdots,X_n$ 的观测值，求未知参数 p 的极大似然估计.

解 因为 $P\{X=x_i\}=C_m^{x_i}p^{x_i}(1-p)^{m-x_i}$，所以似然函数为

$$L(p)=\left(\prod_{i=1}^{n}C_m^{x_i}\right)p^{\sum\limits_{i=1}^{n}x_i}(1-p)^{nm-\sum\limits_{i=1}^{n}x_i},$$

所以有 $$\ln L=\ln\left(\prod_{i=1}^{n}C_m^{x_i}\right)+\sum_{i=1}^{n}x_i\ln p+\left(nm-\sum_{i=1}^{n}x_i\right)\ln(1-p).$$

令 $$\frac{\mathrm{d}\ln L}{\mathrm{d}p}=\frac{1}{p}\sum_{i=1}^{n}x_i-\left(nm-\sum_{i=1}^{n}x_i\right)\frac{1}{1-p}=0,$$

得 $\hat{p}=\dfrac{\bar{x}}{m}$. 因为

$$\left.\frac{\mathrm{d}^2\ln L}{\mathrm{d}p^2}\right|_{p=\hat{p}}=-\frac{1}{\hat{p}^2}\sum_{i=1}^{n}x_i-\left(nm-\sum_{i=1}^{n}x_i\right)\frac{1}{(1-\hat{p})^2}<0,$$

所以 $\hat{p}=\dfrac{\bar{x}}{m}$ 为 p 的极大似然估计.

例 4 若总体 X 服从指数分布

$$f(x;\lambda)=\begin{cases}\lambda e^{-\lambda x}, & x>0,\\ 0, & 其他,\end{cases}$$

其中 λ 为未知参数，且 $\lambda>0$，$x_1,x_2,\cdots,x_n$ 为总体 X 的一个样本观测值，求参数 λ 的极大似然估计.

解 当 $x_i>0(i=1,\cdots,n)$ 时，似然函数为

$$L(\lambda)==\prod_{i=1}^{n}f(x_i;\lambda)=\prod_{i=1}^{n}\lambda e^{-\lambda x_i}=\lambda^n e^{-\lambda\sum\limits_{i=1}^{n}x_i},$$

于是 $\ln L=n\ln\lambda-\lambda\sum\limits_{i=1}^{n}x_i$，$\dfrac{\mathrm{d}\ln L}{\mathrm{d}\lambda}=\dfrac{n}{\lambda}-\sum\limits_{i=1}^{n}x_i$，令 $\dfrac{\mathrm{d}\ln L}{\mathrm{d}\lambda}=0$，解得 $\hat{\lambda}=\dfrac{n}{\sum\limits_{i=1}^{n}x_i}=\dfrac{1}{\bar{x}}$，

故参数 λ 的极大似然估计值 $\hat{\lambda}=\dfrac{1}{\bar{x}}$.

例如，已知某电子设备的使用寿命服从指数分布，密度函数是

$$f(x;\lambda)=\begin{cases}\lambda e^{-\lambda x}, & x>0,\\ 0, & 其他,\end{cases}$$

今随机抽取 18 台，测得寿命数据如下(单位:小时)：

16， 29， 50， 68， 100， 140， 270， 280， 180，
340， 410， 450， 520， 620， 190， 210， 700， 100

问如何估计 λ?

可用例 4 的结果:$\hat{\lambda}=\frac{1}{\bar{x}}$,$\bar{x}=\frac{4\ 673}{18}\approx 260$,所以 $\hat{\lambda}=\frac{1}{260}$.

例 5 设总体 X 在区间 $(0,\theta]$ 上服从均匀分布,其中 $\theta>0$ 为未知参数,又设 $X_1,X_2,\cdots,X_n$ 为 X 的样本,$x_1,x_2,\cdots,x_n$ 为样本观测值,求 θ 的极大似然估计.

解 因为总体 X 为区间 $(0,\theta]$ 上的均匀分布,所以其密度函数为

$$f(x;\theta)=\begin{cases}\frac{1}{\theta}, & 0<x\leqslant\theta,\\ 0, & \text{其他}.\end{cases}$$

因而当 $0<x_i\leqslant\theta(i=1,\cdots,n)$ 时,θ 的似然函数为 $L(\theta)=\theta^{-n}$,从而 $\ln L(\theta)=-n\ln\theta$. 由于 $\frac{\mathrm{d}\ln L}{\mathrm{d}\theta}=-\frac{n}{\theta}<0$,因此 θ 的极大似然估计只能根据定义求,即找到使得 $L(\theta)$ 达到最大值的 $\hat{\theta}$.

由于

$$L(\theta)=\prod_{i=1}^{n}f(x_i;\theta)=\begin{cases}\theta^{-n}, & 0<\min\limits_{1\leqslant i\leqslant n}\{x_i\}\leqslant\max\limits_{1\leqslant i\leqslant n}\{x_i\}\leqslant\theta,\\ 0, & \text{其他},\end{cases}$$

显然当 $0<\max\limits_{1\leqslant i\leqslant n}\{x_i\}\leqslant\theta$ 时,有 $\theta^{-n}\leqslant\left[\max\limits_{1\leqslant i\leqslant n}\{x_i\}\right]^{-n}<+\infty$. 这说明 $\left[\max\limits_{1\leqslant i\leqslant n}\{x_i\}\right]^{-n}$ 是 θ^{-n} 的最大值,所以 $\hat{\theta}=\max\limits_{1\leqslant i\leqslant n}\{x_i\}$ 为未知参数 θ 的极大似然估计.

例 6 设总体 $X\sim N(\mu,\sigma^2)$,其中 μ,σ^2 均为未知参数,$x_1,x_2,\cdots,x_n$ 为来自总体 X 的样本,试求 μ 和 σ^2 的极大似然估计.

解 似然函数为

$$L(\mu,\sigma^2)=\prod_{i=1}^{n}f(x_i;\mu,\sigma^2)=(2\pi\sigma^2)^{-\frac{n}{2}}\exp\left\{-\frac{1}{2\sigma^2}\sum_{i=1}^{n}(x_i-\mu)^2\right\},$$

于是 $\ln L=-\frac{n}{2}\ln(2\pi\sigma^2)-\frac{1}{2\sigma^2}\sum\limits_{i=1}^{n}(x_i-\mu)^2$,令

$$\begin{cases}\frac{\partial\ln L}{\partial\mu}=\frac{1}{\sigma^2}\sum\limits_{i=1}^{n}(x_i-\mu)=0,\\ \frac{\partial\ln L}{\partial\sigma^2}=\frac{1}{2\sigma^4}\sum\limits_{i=1}^{n}(x_i-\mu)^2-\frac{n}{2\sigma^2}=0,\end{cases}$$

得 μ 与 σ^2 的极大似然估计

$$\hat{\mu}=\frac{1}{n}\sum_{i=1}^{n}x_i=\bar{x},\quad \hat{\sigma}^2=\frac{1}{n}\sum_{i=1}^{n}(x_i-\bar{x})^2.$$

习题 7.1

1. 总体 X 的密度函数为

$$f(x)=\begin{cases}\sqrt{\dfrac{2}{\pi}}\dfrac{1}{\sigma}e^{-\frac{x^2}{2\sigma^2}}, & 0<x<+\infty,\\ 0, & 其他,\end{cases}$$

其中 $\sigma>0$，$x_1,x_2,\cdots,x_n$ 为来自总体 X 的样本，求未知参数 σ 的矩估计.

2. 设总体 X 的分布律为

X	1	2	3
P	θ^2	$2\theta(1-\theta)$	$(1-\theta)^2$

其中 θ 为未知参数，现抽得一个样本 $x_1=1,x_2=2,x_3=1$，求 θ 的矩估计值.

3. 设 X 表示某种型号的电子元件的寿命(以小时计)，它服从指数分布

$$X\sim f(x;\theta)=\begin{cases}\dfrac{1}{\theta}e^{-x/\theta}, & x>0,\\ 0, & x\leqslant 0,\end{cases}$$

其中 $\theta(\theta>0)$ 为未知参数. 现得样本观测值为

168　130　169　143　174　198　108　212　252

试用矩估计法估计未知参数 θ.

4. 若总体 X 服从两点分布，其中参数 p 未知，$x_1,x_2,\cdots,x_n$ 为来自 X 的样本观测值，求 p 的极大似然估计.

5. 设 $X_1,X_2,\cdots,X_n$ 为总体的一个样本，$x_1,x_2,\cdots,x_n$ 为相应的样本观测值. 求下列各总体的密度函数中的未知参数的极大似然估计量.

(1) $f(x)=\begin{cases}\theta c^{\theta}x^{-(\theta+1)}, & x>c,\\ 0, & x\leqslant c,\end{cases}$ 其中 $c(c>0)$ 已知，$\theta(\theta>1)$ 为未知参数.

(2) $f(x)=\begin{cases}\sqrt{\theta}x^{\sqrt{\theta}-1}, & 0<x\leqslant 1,\\ 0, & 其他,\end{cases}$ 其中 $\theta(\theta>0)$ 为未知参数.

6. 设总体 X 的密度函数为

$$f(x)=\begin{cases}(a+1)x^a, & 0<x<1,\\ 0, & 其他.\end{cases}$$

其中 $a>0$，$x_1,x_2,\cdots,x_n$ 是来自总体 X 的样本观测值，求参数 a 的矩估计和极大似然估计.

7.2 估计量的评选标准

对于点估计问题，由于同一参数可以用不同方法得到各种不同的估计量，为此需要确立估计量优良性的一些评选标准，以便对于同一参数的不同估计量做出合理的评价.

关于估计量的评选标准，可以根据不同场合的需要做出多种不同的规定，但在实际应用中，较常见的只有三种：无偏性、有效性与一致性.

7.2.1 无偏性

由于估计量是样本的函数，样本的抽取具有随机性，在取不同的样本值时得到不同的估计值，所以估计量也是随机变量. 人们自然希望估计值在参数真值左右徘徊，并且使它的数学期望等于真值，因此，提出无偏估计量的概念.

定义 7.2.1 若未知参数 θ 的估计量 $\hat{\theta}=\hat{\theta}(X_1,X_2,\cdots,X_n)$ 的数学期望 $E(\hat{\theta})$ 存在，且有 $E(\hat{\theta})=\theta$，则称 $\hat{\theta}$ 为 θ 的**无偏估计量**.

在科学技术中，常把 $E(\hat{\theta})-\theta$ 称为以 $\hat{\theta}$ 作为 θ 估计的系统误差，无偏估计的实际意义就是指无系统误差，也就是说，用 $\hat{\theta}$ 来估计 θ 时，$\hat{\theta}$ 与 θ 的真值的误差不是估计量造成的，而是由于观测值的随机性带来的.

若 $E(\hat{\theta})\neq\theta$ 且 $\lim\limits_{n\to\infty}E(\hat{\theta})=\theta$，则称 $\hat{\theta}$ 为 θ 的**渐近无偏估计量**.

定理 7.2.1 设 $X_1,X_2,\cdots,X_n$ 为取自总体 X 的样本，总体 X 的均值为 μ，方差为 σ^2，则：

(1)样本均值 $\overline{X}$ 是 μ 的无偏估计量；

(2)样本方差 S^2 是 σ^2 的无偏估计量；

(3)样本二阶中心矩 $\dfrac{1}{n}\sum\limits_{i=1}^{n}(X_i-\overline{X})^2$ 是 σ^2 的有偏估计量.

证 (1)由引理 6.4.1 知，$E(\overline{X})=E(X)=\mu$，故 $\hat{\mu}=\overline{X}$ 是 μ 的一个无偏估计量.

(2) 由引理 6.4.1 知，$E(S^2)=D(X)=\sigma^2$，故 $\hat{\sigma}^2=S^2$ 是 σ^2 的一个无偏估计量.

(3) $E\left[\dfrac{1}{n}\sum\limits_{i=1}^{n}(X_i-\overline{X})^2\right]=E\left[\dfrac{n-1}{n}S^2\right]=\dfrac{n-1}{n}E(S^2)=\dfrac{n-1}{n}\sigma^2\neq\sigma^2$，

故样本二阶中心矩 $\dfrac{1}{n}\sum\limits_{i=1}^{n}(X_i-\overline{X})^2$ 是 σ^2 的有偏估计量，但

$$\lim_{n\to\infty}E\left[\frac{1}{n}\sum_{i=1}^{n}(X_i-\overline{X})^2\right]=\lim_{n\to\infty}\frac{n-1}{n}\sigma^2=\sigma^2,$$

因此，样本二阶中心矩是 σ^2 的一个渐近无偏估计量.

例 1 设总体 X 的 k 阶矩 $\mu_k=E(X^k)\,(k\geqslant 1)$ 存在，又设 $X_1,X_2,\cdots,X_n$ 为取自总体 X 的一个样本. 试证明：k 阶样本矩 $A_k=\dfrac{1}{n}\sum\limits_{i=1}^{n}X_i^k$ 是 k 阶总体矩 μ_k 的无偏估计量.

证 $X_1,X_2,\cdots,X_n$ 与 X 同分布，故有

$$E(X_i^k)=E(X^k)=\mu_k \quad (i=1,2,\cdots,n).$$

即有 $E(A_k)=\frac{1}{n}\sum_{i=1}^{n}E(X_i^k)=\mu_k$.

注 如果 $\hat{\theta}$ 是 θ 的无偏估计量，$g(\theta)$ 是 θ 的函数，则 $g(\hat{\theta})$ 未必是 $g(\theta)$ 的无偏估计量.

例如，总体 $X\sim N(\mu,\sigma^2)$，$\overline{X}$ 为 μ 的无偏估计量，但 $\overline{X}^2$ 却不是 μ^2 的无偏估计量，因为 $E(\overline{X}^2)=D(\overline{X})+[E(\overline{X})]^2=\frac{\sigma^2}{n}+\mu^2\neq\mu^2$.

7.2.2 有效性

对同一参数 θ，若有两个无偏估计量 $\hat{\theta}_1$ 和 $\hat{\theta}_2$，在样本容量相同的条件下，应该是对真值的平均偏差较小者为好，所以在样本相同的情况下，若 $\hat{\theta}_1$ 的观察值较 $\hat{\theta}_2$ 的观察值更密集于真值 θ 的附近，就判定 $\hat{\theta}_1$ 比 $\hat{\theta}_2$ 更符合要求. 由于方差刻画的是随机变量取值与其数学期望的偏离程度，所以无偏估计中应是方差较小者更好.

定义 7.2.2 设 θ 为未知参数，$\hat{\theta}_1=\hat{\theta}_1(X_1,X_2,\cdots,X_n)$ 与 $\hat{\theta}_2=\hat{\theta}_2(X_1,X_2,\cdots,X_n)$ 都是 θ 的无偏估计量，若

$$D(\hat{\theta}_1)<D(\hat{\theta}_2)$$

成立，则称 $\hat{\theta}_1$ 比 $\hat{\theta}_2$ 有效.

定义 7.2.3 设 $X_1,X_2,\cdots,X_n$ 为取自总体 X 的样本，$\hat{\theta}(X_1,X_2,\cdots,X_n)$ 是未知参数 θ 的一个估计量，若 $\hat{\theta}$ 满足：

(1) $E(\hat{\theta})=\theta$，即 $\hat{\theta}$ 为 θ 的无偏估计；

(2) $D(\hat{\theta})\leqslant D(\hat{\theta}^*)$，$\hat{\theta}^*$ 是 θ 的任一无偏估计，

则称 $\hat{\theta}$ 为 θ 的最小方差无偏估计.

例 2 设总体 X 的数学期望 μ、方差 σ^2 存在，$X_1,X_2,\cdots,X_n$ 是 X 的一个样本. 证明：μ 的估计量 $\hat{\mu}_1=\overline{X}$ 比 $\hat{\mu}_2=\sum_{i=1}^{n}C_iX_i \ \left(\sum_{i=1}^{n}C_i=1\right)$ 有效.

证 因为

$$E(\hat{\mu}_1)=E(\overline{X})=E(X)=\mu,$$

$$E(\hat{\mu}_2)=E\left(\sum_{i=1}^{n}C_iX_i\right)=\sum_{i=1}^{n}C_iE(X_i)=\sum_{i=1}^{n}C_iE(X)=E(X)=\mu,$$

故 $\hat{\mu}_1$ 与 $\hat{\mu}_2$ 都是 μ 的无偏估计量. 而

$$D(\hat{\mu}_1)=D(\overline{X})=\frac{1}{n}D(X)=\frac{\sigma^2}{n}=\left(\sum_{i=1}^{n}C_i\right)^2\cdot\frac{\sigma^2}{n}=\frac{1}{n}\left(\sum_{i=1}^{n}C_i\right)^2\sigma^2,$$

$$D(\hat{\mu}_2)=D\left(\sum_{i=1}^{n}C_iX_i\right)=\sum_{i=1}^{n}C_i^2D(X_i)=\left(\sum_{i=1}^{n}C_i^2\right)\sigma^2,$$

可以证明,当 $C_i(i=1,2,\cdots,n)$ 相异时,

$$\frac{1}{n}\left(\sum_{i=1}^{n}C_i\right)^2 < \sum_{i=1}^{n}C_i^2,$$

所以 $D(\hat{\mu}_1)<D(\hat{\mu}_2)$,即 $\hat{\mu}_1$ 比 $\hat{\mu}_2$ 有效.

7.2.3 一致性

无偏性与有效性都是在样本容量一定时对估计量评价的标准,如果要求随着样本容量的增大,一个估计量的值稳定于待估参数的真值,这样对估计量又有下述一致性的要求.

定义 7.2.4 设 θ 为未知参数,$\hat{\theta}_n=\hat{\theta}(X_1,X_2,\cdots,X_n)$ 是 θ 的估计量,如果对任给的 $\varepsilon>0$,有

$$\lim_{n\to\infty}P\{|\hat{\theta}_n-\theta|<\varepsilon\}=1,$$

则称 $\hat{\theta}_n$ 为 θ 的一致估计量.

例 3 设总体 X 的数学期望 μ 与方差 σ^2 存在,$X_1,X_2,\cdots,X_n$ 是 X 的一个样本,证明:$\hat{\mu}=\overline{X}=\frac{1}{n}\sum\limits_{i=1}^{n}X_i$ 是 μ 的一致估计量.

证 由辛钦大数定律知,对任意的 $\varepsilon>0$,有

$$\lim_{n\to\infty}P\{|\overline{X}-E(\overline{X})|<\varepsilon\}=1,$$

所以 $\hat{\mu}$ 是 μ 的一致估计量.

习题 7.2

1. 设 $X_1,X_2,\cdots,X_n$ 为来自总体 X 的样本,$\overline{X},X_i(i=1,\cdots,n)$ 均为总体均值 μ 的无偏估计量,哪一个估计量更有效?
2. 设 $\hat{\theta}$ 是参数 θ 的无偏估计,且有 $D(\hat{\theta})>0$. 试证:$\hat{\theta}^2=(\hat{\theta})^2$ 不是 θ^2 的无偏估计.
3. 设分别自总体 $N(\mu_1,\sigma^2)$ 和 $N(\mu_2,\sigma^2)$ 中抽取容量为 n_1 和 n_2 的两独立样本,其样本方差分别为 S_1^2,S_2^2. 试证:对于任意常数 $a,b(a+b=1)$,$Z=aS_1^2+bS_2^2$ 均是 σ^2 的无偏估计,并确定常数 a,b,使 $D(Z)$ 达到最小.
4. 设总体 $X\sim N(\mu,1)$,(X_1,X_2) 是 X 的一个容量为 2 的样本,试证:

$$\hat{\mu}_1=\frac{2}{3}X_1+\frac{1}{3}X_2,\quad \hat{\mu}_2=\frac{1}{2}X_1+\frac{1}{2}X_2$$

   都是 μ 的无偏估计量,问 $\hat{\mu}_1$ 和 $\hat{\mu}_2$ 哪一个有效?
5. 设总体 $X\sim N(\mu,\sigma^2)$,$X_1,X_2,\cdots,X_n$ 为其样本. 证明:方差 S^2 是 σ^2 的一致估计量.

7.3 区间估计

前面讨论了参数的点估计，它是用样本算出的一个定值去估计未知参数，即点估计仅仅是未知参数的一个近似值，它并没有给出这个近似值的误差范围. 估计问题若不以某种方式给出其精确度和可靠度，则实际意义不大.

刻画精确度的最好办法是指出一个包含未知参数的区间，如$(\hat{\theta}_1,\hat{\theta}_2)$，其中$\hat{\theta}_1$，$\hat{\theta}_2$是两个统计量，使参数的真值落在$(\hat{\theta}_1,\hat{\theta}_2)$内的概率为指定的概率，这就是区间估计.

7.3.1 基本概念与方法

定义 7.3.1 设$X_1,X_2,\cdots,X_n$为来自总体X的样本，θ为未知参数，且$\hat{\theta}_1=\hat{\theta}_1(X_1,X_2,\cdots,X_n)$及$\hat{\theta}_2=\hat{\theta}_2(X_1,X_2,\cdots,X_n)$为两个统计量，$\hat{\theta}_1<\hat{\theta}_2$. 对于给定的实数$\alpha(0<\alpha<1)$，有

$$P\{\hat{\theta}_1<\theta<\hat{\theta}_2\}=1-\alpha, \tag{7.3.1}$$

则称区间$(\hat{\theta}_1,\hat{\theta}_2)$是$\theta$的置信度(置信水平)为$1-\alpha$的**置信区间**，$1-\alpha$称为**置信度(或置信水平)**，$\hat{\theta}_2$和$\hat{\theta}_1$分别称为**置信上限**和**置信下限**.

式(7.3.1)表明区间$(\hat{\theta}_1,\hat{\theta}_2)$包含未知参数$\theta$的概率为$1-\alpha$. 在式(7.3.1)中，$\theta$虽是未知参数，但却是一个确定的数. 样本$X_1,X_2,\cdots,X_n$是随机变量，因而$\hat{\theta}_1(X_1,X_2,\cdots,X_n)$，$\hat{\theta}_2(X_1,X_2,\cdots,X_n)$也是随机变量，以$\hat{\theta}_1$，$\hat{\theta}_2$为左、右端点构成了一个区间$(\hat{\theta}_1,\hat{\theta}_2)$. 另外，$1-\alpha$的大小反映了区间估计的可靠性，$1-\alpha$越大，可靠性越高.

例 1 设总体$X\sim N(\mu,1)$，$X_1,X_2,\cdots,X_n$为来自总体X的样本.

(1)$P\{|\sqrt{n}(\overline{X}-\mu)|<k\}=0.95$，求$k$；

(2)求μ的置信度为0.95的置信区间.

解 (1)当$X\sim N(\mu,1)$时，其样本均值$\overline{X}\sim N\left(\mu,\frac{1}{n}\right)$，标准化后有

$$\frac{\overline{X}-\mu}{1/\sqrt{n}}\sim N(0,1).$$

记$U=\frac{\overline{X}-\mu}{1/\sqrt{n}}$，有$P\left\{\left|\sqrt{n}(\overline{X}-\mu)\right|<k\right\}=P\{|U|<k\}=2\Phi(k)-1=0.95$，则$\Phi(k)=0.975$，查标准正态分布表可得$k=1.96$.

(2)由(1)知，$P\{|U|<1.96\}=0.95$，即$P\left\{\left|\frac{\overline{X}-\mu}{1/\sqrt{n}}\right|<1.96\right\}=0.95$，也即

$$P\left\{\overline{X}-\frac{1.96}{\sqrt{n}}<\mu<\overline{X}+\frac{1.96}{\sqrt{n}}\right\}=0.95,$$

所以区间$\left(\overline{X}-\frac{1.96}{\sqrt{n}},\overline{X}+\frac{1.96}{\sqrt{n}}\right)$为参数$\mu$的置信度为0.95的置信区间.

7.3.2 正态总体均值的区间估计

1.单个正态总体均值μ的区间估计

以下假定$X\sim N(\mu,\sigma^2)$,$X_1,X_2,\cdots,X_n$为其样本,置信度为$1-\alpha$.

(1)σ^2已知.

由于$U=\frac{\overline{X}-\mu}{\sigma/\sqrt{n}}\sim N(0,1)$,对于给定的$\alpha$,查标准正态分布表可以确定$\frac{\alpha}{2}$的分位数$u_{\alpha/2}$,使得

$$P\{|U|<u_{\alpha/2}\}=1-\alpha$$

成立,因此μ的置信区间为

$$\left(\overline{X}-\frac{\sigma}{\sqrt{n}}u_{\alpha/2},\overline{X}+\frac{\sigma}{\sqrt{n}}u_{\alpha/2}\right). \tag{7.3.2}$$

例2 某车间生产滚珠,从长期实践得知滚珠直径$X\sim N(\mu,\sigma^2)$,$\sigma^2=0.05$,从当天生产的产品中任意抽取6个,量得直径(单位:mm)如下:

14.70 15.21 14.90 14.91 15.32 15.32

求此车间的滚珠直径的均值μ的置信区间,置信水平为$1-\alpha=0.95$.

解 由样本值可得

$$\bar{x}=\frac{1}{6}(14.70+15.21+14.90+14.91+15.32+15.32)=15.06.$$

取$U=\frac{\overline{X}-\mu}{\sigma/\sqrt{n}}\sim N(0,1)$,$1-\alpha=0.95$,查标准正态分布表得$u_{\alpha/2}=1.96$.

所以由式(7.3.2)得μ的置信下限为

$$15.06-1.96\times\frac{\sqrt{0.05}}{\sqrt{6}}=15.06-0.18=14.88,$$

置信上限为

$$15.06+1.96\times\frac{\sqrt{0.05}}{\sqrt{6}}=15.06+0.18=15.24,$$

故滚珠直径的均值μ的置信水平为0.95的置信区间为(14.88,15.24).

(2)σ^2未知.

由于$T=\frac{\overline{X}-\mu}{S/\sqrt{n}}\sim t(n-1)$,对于给定的$\alpha$,查$t$分布的$\alpha$分位数表可以确定$t_{\alpha/2}$,

使得

$$P\{|T|<t_{\alpha/2}(n-1)\}=1-\alpha$$

成立,因此 μ 的置信区间为

$$\left(\overline{X}-\frac{S}{\sqrt{n}}t_{\alpha/2}(n-1),\overline{X}+\frac{S}{\sqrt{n}}t_{\alpha/2}(n-1)\right). \tag{7.3.3}$$

例 3 某旅行社随机访问了 25 名旅游者,得知平均消费额 $\bar{x}=80$ 元,样本标准差 $s=12$ 元,已知旅游者消费额服从正态分布,求旅游者平均消费额 μ 的置信度为 0.95 的置信区间.

解 对于给定置信度 0.95(即 $\alpha=0.05$),有 $t_{\alpha/2}(n-1)=t_{0.025}(24)=2.0639$,将 $\bar{x}=80,s=12,n=25,t_{0.025}(24)=2.0639$ 代入式(7.3.3)得 μ 的置信度为 0.95的置信区间为(75.05,84.95).

*2. 两个正态总体均值之差的区间估计

以下假定 $X\sim N(\mu_1,\sigma_1^2)$ 和 $Y\sim N(\mu_2,\sigma_2^2)$,求总体均值差 $\mu_1-\mu_2$ 的置信度为 $1-\alpha$ 的置信区间.

(1)σ_1^2,σ_2^2 已知.

由于 $U=\dfrac{\overline{X}-\overline{Y}-(\mu_1-\mu_2)}{\sqrt{\sigma_1^2/n_1+\sigma_2^2/n_2}}\sim N(0,1)$,于是在给定的置信水平 $1-\alpha$ 下,查标准正态分布表,可得分位数 $u_{\alpha/2}$,从而得到 $\mu_1-\mu_2$ 的置信水平为 $1-\alpha$ 的置信区间为

$$(\overline{X}-\overline{Y}-u_{\alpha/2}\sqrt{\sigma_1^2/n_1+\sigma_2^2/n_2},\overline{X}-\overline{Y}+u_{\alpha/2}\sqrt{\sigma_1^2/n_1+\sigma_2^2/n_2}). \tag{7.3.4}$$

例 4 从两个正态总体 $X\sim N(\mu_1,3^2)$,$Y\sim N(\mu_2,4^2)$ 中分别取容量为 25,30 的样本,算得 $\bar{x}=95,\bar{y}=90$,求 $\mu_1-\mu_2$ 的置信水平为 0.90 的置信区间.

解 已知 $1-\alpha=0.90$,查标准正态分布表得 $u_{\alpha/2}=1.65$,由式(7.3.4),置信区间的下限为

$$\bar{x}-\bar{y}-u_{\alpha/2}\sqrt{\frac{\sigma_1^2}{n_1}+\frac{\sigma_2^2}{n_2}}=95-90-1.65\times\sqrt{\frac{9}{25}+\frac{16}{30}}\approx 3.44,$$

置信区间的上限为

$$\bar{x}-\bar{y}+u_{\alpha/2}\sqrt{\frac{\sigma_1^2}{n_1}+\frac{\sigma_2^2}{n_2}}=95-90+1.65\times\sqrt{\frac{9}{25}+\frac{16}{30}}\approx 6.56,$$

故 $\mu_1-\mu_2$ 的置信水平为 0.90 的置信区间为(3.44,6.56).

(2)$\sigma_1^2=\sigma_2^2$ 但 σ_1^2,σ_2^2 未知.

由于 $T=\dfrac{(\overline{X}-\overline{Y})-(\mu_1-\mu_2)}{S_W\sqrt{1/n_1+1/n_2}}\sim t(n_1+n_2-2)$,其中 $S_W^2=\dfrac{(n_1-1)S_1^2+(n_2-1)S_2^2}{n_1+n_2-2}$,对给定的置信水平 $1-\alpha$,查 t 分布的 α 分位数表得 $t_{\alpha/2}(n_1+n_2-2)$,从而得到 $\mu_1-\mu_2$ 的 $1-\alpha$ 的置信区间为

$$\left(\overline{X}-\overline{Y}-t_{\alpha/2}(n_1+n_2-2)\cdot S_W\sqrt{\frac{1}{n_1}+\frac{1}{n_2}},\overline{X}-\overline{Y}+t_{\alpha/2}(n_1+n_2-2)\cdot S_W\sqrt{\frac{1}{n_1}+\frac{1}{n_2}}\right).\tag{7.3.5}$$

经计算,若置信上限小于 0,可以认为$\mu_1<\mu_2$;若置信下限大于 0,可以认为 $\mu_1>\mu_2$;若置信区间含有 0,则认为 μ_1,μ_2 无显著差异.

例 5 为了估计磷肥对某种农作物的增产的作用,现选用 20 块条件大致相同的土地,10 块不施磷肥,另外 10 块施磷肥,得亩产量(单位:斤)如下:

不施磷肥亩产:560 590 560 570 580 570 600 550 570 550

施磷肥亩产:620 570 650 600 630 580 570 600 600 580

设不施磷肥亩产和施磷肥亩产独立且都服从正态分布,并方差相同. 取置信水平为 0.95,试对施磷肥平均亩产和不施磷肥平均亩产之差作区间估计.

解 将不施磷肥和施磷肥亩产分别看成两个总体 X 和 Y,由题设 $n_1=n_2=10$,经计算得

$$\bar{x}=570,\ (n_1-1)S_1^2=\sum_{i=1}^{n_1}(x_i-\bar{x})^2=2\ 400,$$

$$\bar{y}=600,\ (n_2-1)S_2^2=\sum_{i=1}^{n_2}(y_i-\bar{y})^2=6\ 400,$$

$$S_W^2=\frac{(n_1-1)S_1^2+(n_2-1)S_2^2}{n_1+n_2-2}=\frac{4\ 400}{9}.$$

由 $1-\alpha=0.95$ 查 t 分位数表(自由度为 $n_1+n_2-2=18$)得 $t_{\alpha/2}(18)=2.101$,由式(7.3.5),$\mu_2-\mu_1$ 的置信下限为

$$\bar{y}-\bar{x}-t_{\alpha/2}(18)\cdot S_W\sqrt{\frac{1}{n_1}+\frac{1}{n_2}}=600-570-2.101\times\sqrt{\frac{4\ 400}{9}}\sqrt{\frac{1}{10}+\frac{1}{10}}\approx 9.11,$$

$\mu_2-\mu_1$ 的置信上限为

$$\bar{y}-\bar{x}+t_{\alpha/2}(18)\cdot S_W\sqrt{\frac{1}{n_1}+\frac{1}{n_2}}=600-570+2.101\times\sqrt{\frac{4\ 400}{9}}\sqrt{\frac{1}{10}+\frac{1}{10}}\approx 50.89,$$

故施磷肥平均亩产与不施磷肥平均亩产之差的置信水平为 0.95 的置信区间为(9.11,50.89).

注 对于大样本的非正态总体的均值的置信区间也可以利用式(7.3.2)或式(7.3.4)得到.

7.3.3 方差 σ^2 的区间估计

1. 单个正态总体方差 σ^2 的区间估计

设 $X_1,X_2,\cdots,X_n$ 为来自总体 $X\sim N(\mu,\sigma^2)$的样本,其中 σ^2 与 μ 未知. 由于

$\chi^2=\frac{n-1}{\sigma^2}S^2\sim\chi^2(n-1)$，对给定的置信水平 $1-\alpha$，查 χ^2 分布的 α 分位数表，得 $\chi^2_{\alpha/2}(n-1)$ 和 $\chi^2_{1-\alpha/2}(n-1)$. 于是，方差 σ^2 的 $1-\alpha$ 的置信区间为

$$\left(\frac{(n-1)S^2}{\chi^2_{\alpha/2}(n-1)},\frac{(n-1)S^2}{\chi^2_{1-\alpha/2}(n-1)}\right),\tag{7.3.6}$$

从而标准差 σ 的 $1-\alpha$ 的置信区间为

$$\left(\sqrt{\frac{(n-1)S^2}{\chi^2_{\alpha/2}(n-1)}},\sqrt{\frac{(n-1)S^2}{\chi^2_{1-\alpha/2}(n-1)}}\right).\tag{7.3.7}$$

例 6 为考察某大学成年男性的胆固醇水平，现抽取样本容量为 25 的一样本，并测得样本均值 $\bar{x}=186$，样本标准差 $s=12$. 假定总体 $X\sim N(\mu,\sigma^2)$，其中 μ,σ^2 均未知，试分别求出 μ,σ 的置信度为 0.90 的置信区间.

解 μ 的 $1-\alpha$ 的置信区间为 $\left(\overline{X}-t_{\alpha/2}(n-1)\cdot\frac{S}{\sqrt{n}},\overline{X}+t_{\alpha/2}(n-1)\cdot\frac{S}{\sqrt{n}}\right)$，$\bar{x}=186$，$s=12$，$n=25$，$\alpha=0.1$，查 t 分布的分位数表得 $t_{0.05}(25-1)=1.7109$，于是

$$t_{\alpha/2}(n-1)\cdot\frac{s}{\sqrt{n}}=1.7109\times\frac{12}{\sqrt{25}}=4.106,$$

从而 μ 的置信度为 0.90 的置信区间为 $(186-4.106,186+4.106)$，即 $(181.894,190.106)$.

σ 的 $1-\alpha$ 的置信区间为 $\left(\sqrt{\frac{(n-1)S^2}{\chi^2_{\alpha/2}(n-1)}},\sqrt{\frac{(n-1)S^2}{\chi^2_{1-\alpha/2}(n-1)}}\right)$. 查 χ^2 分布的 α 分位数表得 $\chi^2_{0.05}(25-1)=36.42$，$\chi^2_{0.95}(25-1)=13.85$，于是 σ 的 $1-\alpha$ 的置信下限为 $\sqrt{\frac{24\times12^2}{36.42}}=9.74$，置信上限为 $\sqrt{\frac{24\times12^2}{13.85}}=15.80$，即所求 σ 的置信度为 0.90 的置信区间为 $(9.74,15.80)$.

2. 两个正态总体方差比 σ_1^2/σ_2^2 的区间估计

设两个独立正态总体 $X\sim N(\mu_1,\sigma_1^2)$ 和 $Y\sim N(\mu_2,\sigma_2^2)$，其中 $\mu_1,\mu_2,\sigma_1^2,\sigma_2^2$ 都是未知的. 由于 $F=\left(\frac{\sigma_2}{\sigma_1}\right)\frac{S_1^2}{S_2^2}\sim F(n_1-1,n_2-1)$，对给定的置信水平 $1-\alpha$，查 F 分布的 α 分位数表可以得到方差比 σ_1^2/σ_2^2 的置信度为 $1-\alpha$ 的置信区间为

$$\left(\frac{1}{F_{\alpha/2}(n_1-1,n_2-1)}\cdot\frac{S_1^2}{S_2^2},\frac{1}{F_{1-\alpha/2}(n_1-1,n_2-1)}\cdot\frac{S_1^2}{S_2^2}\right).\tag{7.3.8}$$

例 7 两正态总体 $X\sim N(\mu_1,\sigma_1^2)$ 和 $Y\sim N(\mu_2,\sigma_2^2)$ 的参数都未知，依次取容量为 16 和 26 的两独立样本，测得样本方差依次为 6.38 和 5.15，求两总体方差比 σ_1^2/σ_2^2 的置信度为 0.90 的置信区间.

解 因为 $n_1=16,n_2=26$，又因 $1-\alpha=0.90$，查 F 分布的 α 分位数表（自由度为 $n_1-1=15,n_2-1=25$），得 $F_{0.05}(15,25)=2.09$，而 $F_{0.95}(15,25)$ 在 F 分布的 α 分位数表中不能直接查到，它的值可利用关系式

$$F_{1-\beta}(n_1,n_2)=\frac{1}{F_\beta(n_2,n_1)}(0<\beta<1)$$

得到，即

$$F_{0.95}(15,25)=\frac{1}{F_{0.05}(25,15)}=\frac{1}{2.28},$$

另外$\dfrac{S_1^2}{S_2^2}=\dfrac{6.38}{5.15}=1.24$，所以由式(7.3.8)得 σ_1^2/σ_2^2 的置信度为 0.90 的置信区间为

$$\left(\frac{1.24}{2.09},2.28\times1.24\right)=(0.593,2.827).$$

习题 7.3

1. 某旅行社为调查当地旅游者的平均消费额，随机访问了 25 名旅游者，得知平均消费额 $\bar{x}=80$ 元，根据经验，已知旅游者消费额服从正态分布，且标准差为 $\sigma=12$ 元，求旅游者平均消费额 μ 的置信水平为 0.95 的置信区间.
2. 已知灯泡寿命的标准差 $\sigma=50$ 小时，抽出 25 个灯泡检验，得平均寿命 $\bar{x}=500$ 小时，试以 0.95 的可靠性对灯泡的平均寿命进行区间估计（假设灯泡寿命服从正态分布）.
3. 设某种电子管的使用寿命服从正态分布. 从中随机抽取 15 个进行检验，得平均使用寿命为 1 950 小时，样本标准差为 $s=300$. 试以 0.95 的可靠度估计整批电子管平均使用寿命 μ 的置信区间.
4. 人的身高服从正态分布，从初一女生中随机抽取 6 名，测得身高如下（单位：cm）：

   149　158.5　152.5　165　157　142

   求初一女生平均身高的置信区间($\alpha=0.05$).
5. 2003 年在某地区分行业调查职工平均工资情况：已知体育、卫生、社会福利事业职工工资 X（单位：元）服从正态分布，即 $X\sim N(\mu_1,218^2)$；文教、艺术、广播事业职工工资 $Y\sim N(\mu_2,227^2)$，从总体 X 中抽查 25 人，平均工资 1 286 元，从总体 Y 中抽查 30 人，平均工资 1 272 元，求这两大类行业平均工资之差的 99%的置信区间.
6. 设来自总体 $N(\mu_1,16)$ 的一容量为 15 的样本，其样本均值为 $\bar{x}_1=14.6$；来自总体 $N(\mu_2,9)$ 的一容量为 20 的样本，其样本均值为 $\bar{x}_2=13.2$. 又知这两个样本是相互独立的，试求 $\mu_1-\mu_2$ 的 90%的置信区间.

7. 某大学数学测验，抽得 20 个学生的分数平均数 $\overline{x}=72$，样本方差 $s^2=16$，假设分数服从正态分布，求 σ^2 的置信度为 98%的置信区间.

8. 设两位化验员 A、B 独立地对某种化合物含氯量用相同的方法各做 10 次试验，其测定值的样本方差分别为 $s_A^2=0.5419$，$s_B^2=0.6065$，设 σ_A^2，σ_B^2 分别为 A、B 所测定的测量值总体的方差，设总体均服从正态分布，求方差比 σ_A^2/σ_B^2 的置信度为 0.95 的置信区间.

数学家黎曼简介

黎曼

黎曼(Riemann)于 1826 年 9 月 17 日生于汉诺威布列斯伦茨，1866 年 7 月 20 日卒于意大利塞那斯加，是德国数学家、物理学家.

黎曼 1846 年入格丁根大学读神学与哲学，后来转学数学，在大学期间有两年去柏林大学就读，受到雅可比和狄利克莱的影响. 1849 年黎曼回格丁根，并于 1851 年获博士学位. 1854 年黎曼成为格丁根大学的讲师，1859 年成为教授. 1851 年黎曼论证了复变函数可导的必要充分条件(即柯西—黎曼方程). 黎曼借助狄利克莱原理阐述了黎曼映射定理，使其成为函数的几何理论的基础. 黎曼在 1853 年定义了黎曼积分并研究了三角级数收敛的准则，1854 年发扬了高斯关于曲面的微分几何研究，提出用流形的概念理解空间的实质，用微分弧长度的平方所确定的正定二次型理解度量，建立了黎曼空间的概念，把欧氏几何、非欧几何包进了他的体系之中. 1857 年黎曼发表的关于阿贝尔函数的研究论文，引出黎曼曲面的概念，将阿贝尔积分与阿贝尔函数的理论带到新的转折点并做系统的研究. 其中对黎曼曲面从拓扑、分析、代数几何各角度作了深入研究，创造了一系列对代数拓扑发展影响深远的概念，阐明了后来为G.罗赫所补足的黎曼-罗赫定理.

黎曼在1858年发表的关于素数分布的论文中，研究了黎曼ζ函数，给出了ζ函数的积分表示与它满足的函数方程，他提出著名的黎曼猜想至今仍未解决.另外，他对偏微分方程及其在物理学中的应用有重大贡献，甚至对物理学本身，如对热学、电磁非超距作用和激波理论等也作出重要贡献.黎曼的工作直接影响了19世纪后半期的数学发展，许多杰出的数学家重新论证黎曼断言过的定理，在黎曼思想的影响下数学许多分支取得了辉煌成就.黎曼首先提出用复变函数论特别是用ζ函数研究数论的新思想和新方法，开创了解析数论的新时期，并对单复变函数论的发展有深刻的影响.

黎曼引入三角级数理论，从而指出积分论的方向，并奠定了近代解析数论的基础，提出一系列问题.他最初引入黎曼曲面这一概念，对近代拓扑学影响很大.在代数函数论方面，如黎曼-诺赫定理也很重要.在微分几何方面，继高斯之后建立黎曼几何学.

第7章总习题

1.已知随机变量X的密度函数为

$$f(x)=\begin{cases}(\theta+1)(x-5)^{\theta}, & 5<x<6,\\ 0, & \text{其他},\end{cases}$$

其中$\theta(\theta>0)$为未知参数.求：(1)θ的矩估计量；(2)θ的极大似然估计量.

2.设总体X的分布律为

X	0	1	2	3
P	p^2	$2p(1-p)$	p^2	$1-2p$

其中$p(0<p<1/2)$是未知参数.利用总体X的如下样本值：

$$1,3,0,2,3,3,1,3$$

求：(1)p的矩估计值；(2)p的极大似然估计值.

3.设总体X的密度函数为$f(x)=\dfrac{1}{2\theta}e^{-\frac{|x|}{\theta}}$，$x\in(-\infty,+\infty)$，$\theta>0$且未知，$X_1$，$X_2$，…，$X_n$为来自$X$的一个样本.求：(1)$\theta$的矩估计量；(2)$\theta$的极大似然估计量.

4.设总体$X\sim N(\mu,\sigma^2)$，$X_1,X_2,\cdots,X_n$为总体X的一个样本.求常数k，使$k\sum\limits_{i=1}^{n}|X_i-\overline{X}|$为$\sigma$的无偏估计量.

5.设从均值为μ、方差为$\sigma^2(\sigma>0)$的总体中，分别抽取容量为n_1，n_2的两独立样本，

$\overline{X}_1$ 和 $\overline{X}_2$ 分别是两样本的均值. 试证：对于任意常数 $a,b(a+b=1)$，$Y=a\overline{X}_1+b\overline{X}_2$ 都是 μ 的无偏估计，并请确定常数 a,b，使 $D(Y)$ 达到最小.

6. 设有一批产品，为估计其废品率 p，随机取一样本 $X_1,X_2,\cdots,X_n$，其中

$$X_i=\begin{cases}1, & \text{取得废品},\\ 0, & \text{取得合格品}\end{cases}(i=1,2,\cdots,n).$$

证明：$\hat{p}=\overline{X}$ 是 p 的一致无偏估计量.

7. 在测量反应时间中，一心理学家估计的标准差是 0.05 s，为了以 0.95 的置信度使他对平均反应时间的估计的误差不超过 0.01 s，问应取多大的样本容量？

8. 设总体 $X\sim N(\mu,\sigma^2)$，已知 $\sigma=\sigma_0$，要使 μ 的置信度为 $1-\alpha$ 的置信区间长度不大于 l，问：应抽取多大容量的样本？

9. 某种布匹的重量服从正态分布，现从产品中抽得容量为 16 的样本，测得重量如下：

4.8　4.7　5.0　5.2　4.7　4.9　5.0　5.0

4.6　4.7　5.0　5.1　4.7　4.5　4.9　4.9

在置信度 0.95 下，作出布匹平均重量的区间估计.

10. 常用投资的回收利润来衡量投资的风险，随机地调查了 26 项年回收利润率（%），得样本标准差 $s=15(\%)$. 设回收利润服从正态分布，试求方差 σ^2 的置信度为 0.95 的置信区间.

11. 设超大牵伸纺机所纺纱的断裂强度 $X\sim N(\mu_1,2.18^2)$，普通纺机所纺纱的断裂强度 $Y\sim N(\mu_2,1.76^2)$. 现对前者抽取一容量 $n_1=200$ 的样本，对后者抽取一容量 $n_2=100$ 的样本，算得 $\bar{x}=5.32$，$\bar{y}=5.76$. 求 $\mu_1-\mu_2$ 的置信度为 0.95 的置信区间.

12. 生产厂家与使用厂家分别对某种染料的有效含量作了 13 次和 10 次测定，测定值的方差分别为 0.724 1 和 0.687 2. 设两厂的测定值都是正态总体，且总体方差分别是 σ_1^2 和 σ_2^2，试求方差比 σ_1^2/σ_2^2 的置信度为 0.90 的置信区间.

13. 已知某种型号导线的电阻测量值 $X\sim N(\mu,\sigma^2)$，现测量了 10 次，得到 $\bar{x}=10.48\ \Omega$，$s=1.36\ \Omega$. 试求 μ 的置信度为 0.90 的置信区间和 σ 的置信度为 0.95 的置信区间.

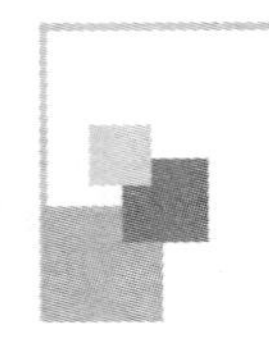

第8章　假设检验

我相信总有一天,生物学家作为非数学家会在需要数学分析时毫不迟疑地使用它.

——皮尔逊

假设检验是统计推断的另一个基本问题,在数理统计的理论研究和实际应用中都占有重要地位.所谓**假设检验**,就是对总体的分布或分布的参数提出某种假设,并利用样本对假设的正确性作出检验.如果总体分布的形式已知,仅对未知参数进行假设和检验,称为**参数假设检验**.如果对总体分布形式进行假设和检验,则称为**非参数假设检验**.本章主要介绍正态总体参数的假设检验问题.

8.1　假设检验的基本问题

8.1.1　假设检验的基本思想

例1　设某粮食加工厂有一台袋装大米包装机,包装重量(单位:kg)$X \sim N(\mu, \sigma^2)$,规定标准包装重量为 $\mu_0 = 25$ kg,标准差 $\sigma = 0.5$ kg.某日开工后随机抽取9包袋装大米,称得重量分别为:

25.1　24.1　24.8　24.7　24.5　24.9　24.7　24.3　25.2

问包装机该日工作是否正常?

解　从抽样结果看,该日9包大米的平均重量 $\bar{x} = 24.7$ kg,比规定的平均标准包装重量25 kg少了0.3 kg,但不能据此就认为该包装机工作不正常,因为这个差异可能是由包装机工作不正常造成的,也可能是由抽样的随机性造成的.根据经验,如果样本的平均包装重量与规定的标准包装重量差异较小,就认为包装机工作正常,否则,认为包装机工作不正常,所以问题的关键在于判断0.3 kg的差异是较小还是较大.

为此,采取"反证法"的思想,不妨假设包装机工作正常,即 $\mu = \mu_0 = 25$ kg 成立.在这个假设下,统计量 $U=\dfrac{\overline{X}-\mu_0}{\sigma/\sqrt{n}}\sim N(0,1)$.

给定一个很小的概率 α,如 $\alpha=0.05$,查标准正态分布表得分位数 $u_{\alpha/2}$,如图 8-1 所示,则 $U=\dfrac{\overline{X}-\mu_0}{\sigma/\sqrt{n}}$落在区间$(-u_{\alpha/2},u_{\alpha/2})$之外的概率为 α,即"$\overline{X}$ 与 μ_0 差异过大"是一个小概率事件.

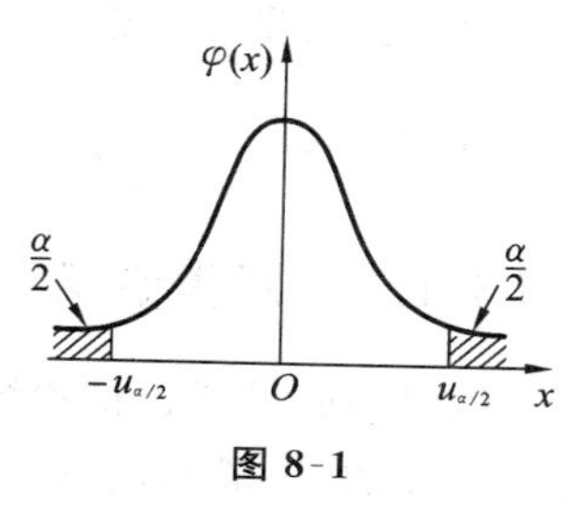

图 8-1

根据小概率原理,小概率事件在一次试验中几乎不可能发生.那么在一次抽样中,如果 U 的样本观测值 u 满足 $|u|=\left|\dfrac{\bar{x}-\mu_0}{\sigma/\sqrt{n}}\right|>u_{\alpha/2}$,即小概率事件在一次抽样中发生,与小概率原理矛盾,则认为假设 $\mu=\mu_0=25$ 不成立,反之,认为该假设成立.

对于本题而言,$\bar{x}=24.7$,$|u|=\left|\dfrac{\bar{x}-\mu_0}{\sigma/\sqrt{n}}\right|=|6(\bar{x}-25)|=1.8<u_{0.025}=1.96$,小概率事件没有发生,则认为该假设成立,即包装机工作正常.

上面这种处理问题的方法称为**假设检验**,其理论依据是小概率原理.

8.1.2 假设检验的步骤与术语

假设检验的基本步骤包括四步.

(1)提出原假设与备择假设.

例 1 中,$\mu=25$ 称为**原假设**,通常用 H_0 表示,即 $H_0:\mu=25$.与之对立的结论 $\mu\neq25$称为**备择假设**,通常用 H_1 表示,即 $H_1:\mu\neq25$.

在实际应用中,常见的原假设和备择假设还有两种情况:$H_0:\mu\geqslant25$,$H_1:\mu<25$ 和 $H_0:\mu\leqslant25$,$H_1:\mu>25$.关于这两种情况的讨论详见 8.2.2 节.

(2)选择适当的检验统计量,并在原假设成立的条件下确定其分布.

例 1 中,$U=\dfrac{\overline{X}-\mu_0}{\sigma/\sqrt{n}}$为检验统计量,且 $H_0:\mu=\mu_0=25$ 成立时,$U=6(\overline{X}-25)\sim N(0,1)$.

(3)确定显著性水平与拒绝域.

例 1 中,α 是事先给定的一个较小的数值,用来作为规定小概率事件的标准,称为**显著性水平**,一般取为 0.1,0.05 或 0.01.

在显著性水平 α 下,根据原假设确定检验统计量的分位数,分位数将检验统计量的观测值分为两个不相交的区域,其中一个由接受原假设的观测值全体组成,称为**接受域**,另一个由拒绝原假设的观测值全体组成,称为**拒绝域**.

图 8-1 中,阴影区域是显著性水平 α 下的拒绝域.

(4)作出统计决策.

计算检验统计量的观测值,如果其值落在拒绝域内,则拒绝原假设,接受备择假设;反之,接受原假设.

例 1 中,$|u|=\left|\frac{\bar{x}-\mu_0}{\sigma/\sqrt{n}}\right|=|6(\bar{x}-25)|=1.8<u_{0.025}=1.96$,故接受原假设.

8.1.3 两类错误

假设检验是通过检验统计量的样本观测值进行决策的,因而决策结果并不是万无一失的.一般地,决策结果有四种情形,如表 8-1 所示,其中有两种决策是错误的,这就是两类错误.

表 8-1

决　策	接受 H_0	拒绝 H_0
H_0 为真	正确	弃真错误(α)
H_0 不真	取伪错误(β)	正确

第一类错误　原假设 H_0 为真,但小概率事件发生,决策是拒绝 H_0,犯了**弃真错误**.显然,犯第一类错误的概率等于显著性水平 α,即 P(拒绝 $H_0 \mid H_0$ 为真)$=\alpha$.

第二类错误　原假设 H_0 不真,但样本观测值没有异常,决策是接受 H_0,犯了**取伪错误**.犯第二类错误的概率记为 β,即 P(接受 $H_0 \mid H_0$ 不真)$=\beta$,β 的值在一般情况下并不容易计算.

人们自然希望犯这两类错误的概率 α 和 β 越小越好,但在样本容量 n 一定的条件下,两者是此消彼长的关系,即 α 变小,则 β 增大,反之 α 变大,则 β 减小,因此一般不能同时做到 α 和 β 都很小.

要使 α 和 β 同时减小,只有增加样本容量 n,使之充分大,但这在实际工作中一般做不到,所以在实际应用中,通常只控制犯第一类错误的概率 α,其大小视具体情况而定,一般取 0.1,0.05 或 0.01.这种仅控制犯第一类错误的概率,而不考虑犯第二类错误的检验称为**显著性检验**.

习题 8.1

1. 假设检验和参数估计有什么相同点和不同点?
2. 什么是假设检验中的显著性水平?
3. 什么是假设检验中的两类错误?两类错误之间存在什么数量关系?
4. 假设检验的基本原理是什么?

8.2 正态总体均值的假设检验

8.2.1 单个正态总体均值的双侧检验

对于单个正态总体均值的假设检验，如果假设是 $H_0:\mu=\mu_0$，$H_1:\mu\neq\mu_0$ 的形式，则对应的拒绝域位于接受域的两侧，此时称相应的检验为**双侧检验**. 下面主要介绍单个正态总体均值的双侧检验问题.

设总体 $X\sim N(\mu,\sigma^2)$，$X_1,X_2,\cdots,X_n$ 是来自总体 X 的简单随机样本，$x_1,x_2,\cdots,x_n$ 为样本观测值.

1. 方差 σ^2 已知—U 检验

基本步骤：

(1)提出假设 $H_0:\mu=\mu_0$，$H_1:\mu\neq\mu_0$.

(2)构造检验统计量

$$U=\frac{\overline{X}-\mu_0}{\sigma/\sqrt{n}}, \tag{8.2.1}$$

当 $\mu=\mu_0$ 时， $U=\dfrac{\overline{X}-\mu_0}{\sigma/\sqrt{n}}\sim N(0,1)$.

(3)对给定显著性水平 α，查正态分布表确定分位数 $u_{\alpha/2}$，使

$$P\{|U|\geqslant u_{\alpha/2}\}=\alpha,$$

可得拒绝域为 $|u|>u_{\alpha/2}$，如 8.1 节中图 8-1.

(4)计算检验统计量 U 的观测值 $u=\dfrac{\bar{x}-\mu_0}{\sigma/\sqrt{n}}$，并作出决策. 如果 $|u|<u_{\alpha/2}$，则接受 H_0；反之，则拒绝 H_0，接受 H_1.

这种利用服从正态分布的 U 统计量的检验方法称为 **U 检验法**，如 8.1 节例 1 所用的检验就是 U 检验.

例 1 某种元件的寿命 X(单位：h)服从正态分布 $N(\mu,100^2)$. 原来平均寿命为 $\mu_0=1\ 000$ h，经过技术改造后希望平均寿命有所提高. 现在从技术改造后生产的元件中随机抽取 25 件，测得其平均寿命 $\bar{x}=1\ 040$ h，且知道标准差没有发生改变.

(1)在显著性水平 $\alpha=0.1$ 下检验技术改造后此元件的平均寿命有没有显著变化.

(2)在显著性水平 $\alpha=0.01$ 下检验技术改造后此元件的平均寿命有没有显著变化.

解 (1)提出假设 $H_0:\mu=\mu_0=1\ 000, H_1:\mu\neq\mu_0=1\ 000$.

元件寿命方差 $\sigma^2=100^2$ 已知,因此采用 U 检验.选取检验统计量 $U=\dfrac{\overline{X}-\mu_0}{\sigma/\sqrt{n}}$,

当 H_0 成立时, $U=\dfrac{\overline{X}-\mu_0}{\sigma/\sqrt{n}}\sim N(0,1)$.

对显著性水平 $\alpha=0.1$,查标准正态分布表得分位数 $u_{0.05}=1.64$,而 $|u|=\left|\dfrac{\overline{x}-\mu_0}{\sigma/\sqrt{n}}\right|=\left|\dfrac{1\ 040-1\ 000}{100/\sqrt{25}}\right|=2>1.64$,故拒绝 H_0,即认为技术改造后此元件的平均寿命有显著变化.

(2)对显著性水平 $\alpha=0.01$,查标准正态分布表得分位数 $u_{0.005}=2.57$,而 $|u|=2<2.57$,故接受 H_0,即认为技术改造后此元件的平均寿命没有显著变化.

例 1 中(1)和(2)所要检验的原假设是相同的,但是(2)中更小的显著性水平却得到与(1)不同的决策结果.为了谨慎起见,可以再进行一次抽样,然后再做结论.实际上,这是扩大样本容量,以减少犯第二类错误的概率.

2. 方差 σ^2 未知—T 检验

基本步骤:

(1)提出假设 $H_0:\mu=\mu_0, H_1:\mu\neq\mu_0$.

(2)构造统计量

$$T=\frac{\overline{X}-\mu_0}{S/\sqrt{n}}, \tag{8.2.2}$$

当 $\mu=\mu_0$ 时, $T=\dfrac{\overline{X}-\mu_0}{S/\sqrt{n}}\sim t(n-1)$.

(3)对给定显著性水平 α,查 t 分布的 α 分位数表确定 $t_{\alpha/2}(n-1)$,使

$$P\{|T|>t_{\alpha/2}(n-1)\}=\alpha,$$

可得拒绝域为 $|t|>t_{\alpha/2}(n-1)$,如图 8-2 所示.

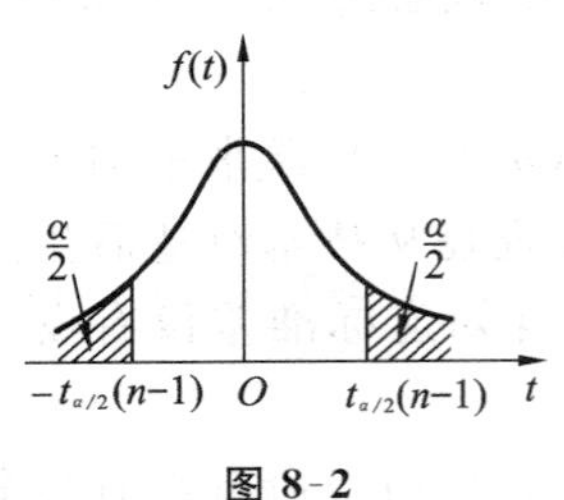

图 8-2

(4)计算统计量 T 的观测值 $t=\dfrac{\overline{x}-\mu_0}{s/\sqrt{n}}$,并作出决策.如果 $|t|<t_{\alpha/2}(n-1)$,则接受 H_0;反之,则拒绝 H_0,接受 H_1.

这种利用服从 t 分布的 T 统计量的检验方法称为 **T 检验法**.

例 2 用精确方法测得温度为 1 277 ℃,这个值可看做温度的真值.现用另一仪器间接测量温度,重复测量 5 次,所得数据(单位:℃)为:

1250　1265　1245　1260　1275

假设测量的温度服从正态分布，问此仪器间接测量有无系统误差？($\alpha=0.05$)

解　由题意，5 次测量结果的均值为 $\bar{x}=1\ 259$，样本方差 $s^2=142.5$. 此仪器间接测量值服从正态分布，但其方差未知，因此采用 T 检验.

提出假设 $H_0:\mu=\mu_0=1\ 277$，$H_1:\mu\neq\mu_0=1\ 277$.

对显著性水平 $\alpha=0.05$，查 t 分布的 α 分位数表得 $t_{0.025}(4)=2.776\ 4$，而 $|t|=\left|\dfrac{\bar{x}-\mu_0}{s/\sqrt{n}}\right|=\left|\dfrac{1\ 259-1\ 277}{\sqrt{142.5/5}}\right|=3.37>2.776\ 4$，故拒绝 H_0，即认为此仪器间接测量有系统误差.

8.2.2　单个正态总体均值的单侧检验

例 1 中，在显著性水平 $\alpha=0.1$ 下，可以认为技术改造后此元件的平均寿命发生了显著变化，但是人们更关心的是新技术生产的元件寿命均值 μ 是否有所提高，即需要检验 μ 是否大于1 000 h，所以不妨提出假设：$H_0:\mu\leqslant 1\ 000$，$H_1:\mu>1\ 000$.

元件寿命方差 σ^2 已知，因此用 U 检验，取检验统计量 $U=\dfrac{\overline{X}-\mu_0}{\sigma/\sqrt{n}}$，当 $\mu=\mu_0=1\ 000$时，$U=\dfrac{\overline{X}-\mu_0}{\sigma/\sqrt{n}}\sim N(0,1)$.

注意到只有当 $\overline{X}$ 的取值比 $\mu_0=1\ 000$ 大较多，即 U 的观测值 u 比 0 大较多时，才会拒绝 H_0，接受 H_1，所以对显著性水平 α，拒绝域为 $u>u_\alpha$，如图 8-3 所示.

对于显著性水平 $\alpha=0.1$，查标准正态分布表得 $u_{0.1}=1.28$，而 $u=\dfrac{\bar{x}-\mu_0}{\sigma/\sqrt{n}}=\dfrac{1\ 040-1\ 000}{100/\sqrt{25}}=2>1.28$，故拒绝 H_0，即认为技术改造后生产的元件平均寿命显著提高.

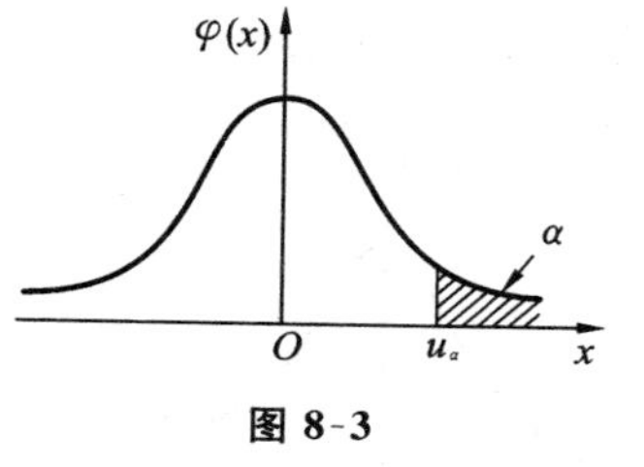

图 8-3

与双侧检验的拒绝域不同，如果假设是 $H_0:\mu\leqslant\mu_0$，$H_1:\mu>\mu_0$ 的形式，拒绝域仅处于接受域的右侧，则称对应的检验为**右侧检验**. 如果假设是 $H_0:\mu\geqslant\mu_0$，$H_1:\mu<\mu_0$ 的形式，拒绝域仅位于接受域的左侧，则称对应的检验为**左侧检验**. 左、右侧检验统称为**单侧检验**.

类似地，可以讨论单个正态总体均值单侧检验的各种情形，如表 8-2 所示.

表 8-2

条　件	H_0	H_1	统计量	拒绝域
σ^2 已知	$\mu \leqslant \mu_0$	$\mu > \mu_0$	$U=\dfrac{\overline{X}-\mu_0}{\sigma/\sqrt{n}}$	$u > u_\alpha$
	$\mu \geqslant \mu_0$	$\mu < \mu_0$		$u < -u_\alpha$
σ^2 未知	$\mu \leqslant \mu_0$	$\mu > \mu_0$	$T=\dfrac{\overline{X}-\mu_0}{S/\sqrt{n}}$	$t > t_\alpha(n-1)$
	$\mu \geqslant \mu_0$	$\mu < \mu_0$		$t < -t_\alpha(n-1)$

在实际应用中，很多问题需要用单侧检验来解决.

例 3　某种灯泡的质量标准是平均燃烧寿命不得低于 1 000 h. 已知灯泡的燃烧寿命服从正态分布 $N(\mu,\sigma^2)$，μ 和 σ^2 未知. 商店欲从工厂进货，随机抽取 16 个灯泡检查，测得 $\bar{x}=990$ h，$s=100$ h，问商店能否购进这批灯泡？（$\alpha=0.05$）

解　这里可以作两种检验.

第一种是左侧检验. 如果根据以往的记录，厂家的灯泡质量一贯很好，商店认为其燃烧寿命均值不会低于规定的标准，且稍差的样本并不成为整批产品非优的有力证据，则提出假设 $H_0:\mu \geqslant 1\ 000$，$H_1:\mu < 1\ 000$. 这样做对厂家是有利的，因为这使得达到质量标准的灯泡只以小概率 α 被拒收.

由于 σ^2 未知，故采用 T 检验，当 $\mu=\mu_0=1\ 000$ h，$T=\dfrac{\overline{X}-\mu_0}{S/\sqrt{n}} \sim t(n-1)$，其观测值 $t=\dfrac{990-1\ 000}{100/\sqrt{16}}=-0.4$.

对于显著性水平 $\alpha=0.05$，查 t 分布的 α 分位数表得 $t_{0.05}(15)=1.753\ 1$，拒绝域如图 8-4 所示.

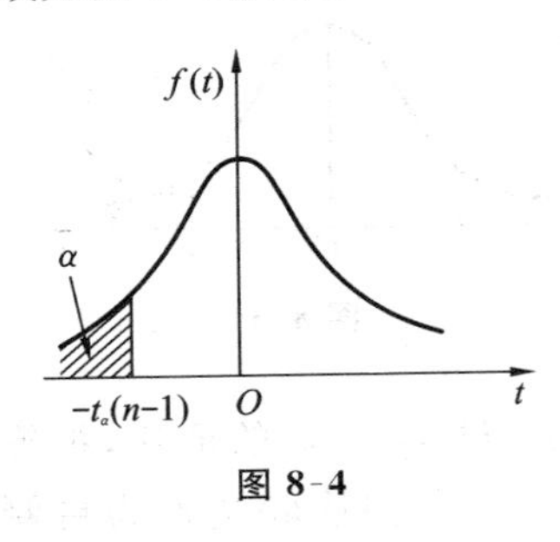

图 8-4

$t=-0.4 > -t_{0.05}(15)=-1.753\ 1$，故接受原假设，即认为该厂的灯泡达到了规定的质量标准.

第二种是右侧检验. 如果根据以往的记录，厂家的灯泡质量并不很好，商店认为其燃烧寿命均值可能会低于规定的标准，且合格的样本也不成为整批产品为优的有力证据，则提出假设 $H_0:\mu \leqslant 1\ 000$，$H_1:\mu > 1\ 000$. 这样做对商店是有利的，因为不合格灯泡至少以 $1-\alpha$ 的概率被拒之门外.

由于 $t=-0.4 < t_{0.05}(15)=1.753\ 1$，故接受原假设，即认为该厂的灯泡未达到规定的质量标准.

例 3 中的左侧检验和右侧检验所得的推断结果似乎相互矛盾，这是由商店对待灯泡质量的不同态度造成的. 其实，假设检验并不是简单的“非此即彼”的逻辑，出发点不同，所得结论也不同，因而例 3 中看似矛盾的结论并不矛盾.

在实际问题的检验中,如何提出假设,特别是如何确定单侧检验的方向,并没有固定的统一标准.假设的确定通常与所要检验问题的性质、检验者所要达到的目的及检验员的经验知识水平有一定关系.一般地,假设检验中将希望证明的命题作为备择假设,而把"原有的、传统的"的观点或结论作为原假设,正如例3中所做的那样.

8.2.3 两个正态总体均值的检验

这里仅介绍关于两个正态总体均值比较的双侧检验,其单侧检验的讨论和单个正态总体的情形类似.

设总体 $X\sim N(\mu_1,\sigma_1^2)$,$Y\sim N(\mu_2,\sigma_2^2)$,且 X 与 Y 相互独立,$X_1,X_2,\cdots,X_{n_1}$ 和 $Y_1,Y_2,\cdots,Y_{n_2}$ 分别是来自总体 X 与 Y 的简单随机样本,其样本均值及样本方差分别为

$$\bar{X}=\frac{1}{n_1}\sum_{i=1}^{n_1}X_i,\quad S_1^2=\frac{1}{n_1-1}\sum_{i=1}^{n_1}(X_i-\bar{X})^2,$$

$$\bar{Y}=\frac{1}{n_2}\sum_{j=1}^{n_2}Y_j,\quad S_2^2=\frac{1}{n_2-1}\sum_{j=1}^{n_2}(Y_j-\bar{Y})^2.$$

1. 方差 σ_1^2 和 σ_2^2 已知—U 检验

基本步骤:

(1)提出假设 $H_0:\mu_1=\mu_2$,$H_1:\mu_1\neq\mu_2$.

(2)选取检验统计量

$$U=\frac{\bar{X}-\bar{Y}}{\sqrt{\frac{\sigma_1^2}{n_1}+\frac{\sigma_2^2}{n_2}}},\tag{8.2.3}$$

当 H_0 成立时,$U\sim N(0,1)$.

(3)对给定显著性水平 α,拒绝域为 $|u|>u_{\alpha/2}$.

(4)计算检验统计量 U 的观测值 $u=\dfrac{\bar{x}-\bar{y}}{\sqrt{\frac{\sigma_1^2}{n_1}+\frac{\sigma_2^2}{n_2}}}$,并作出决策.如果 $|u|<u_{\alpha/2}$,则接受 H_0;反之,则拒绝 H_0,接受 H_1.

例4 设甲、乙两煤矿的含碳率分别为 $X\sim N(\mu_1,7.5)$ 和 $Y\sim N(\mu_2,2.6)$,现从两矿中抽取样本分析其含碳率(%)如下:

甲矿 24.3 20.8 23.7 21.3 17.4;乙矿 18.2 16.9 20.2 19.7

问甲、乙两矿采煤含碳率的期望值 μ_1 和 μ_2 有无显著差异?($\alpha=0.05$)

解 由题意,$n_1=5$,$n_2=4$,$\sigma_1^2=7.5$,$\sigma_2^2=2.6$,$\bar{x}=21.5$,$\bar{y}=18.75$.

提出假设 $H_0:\mu_1=\mu_2, H_1:\mu_1\neq\mu_2$.

选取 U 统计量,并计算其观测值 $u=\dfrac{\bar{x}-\bar{y}}{\sqrt{\dfrac{\sigma_1^2}{n_1}+\dfrac{\sigma_2^2}{n_2}}}=\dfrac{21.5-18.75}{\sqrt{\dfrac{7.5}{5}+\dfrac{2.6}{4}}}=1.875$.

因为 $|u|=1.875<u_{0.025}=1.96$,所以接受 H_0,认为甲、乙两矿采煤含碳率的期望值 μ_1 和 μ_2 无显著差异.

2. 方差 σ_1^2 和 σ_2^2 未知,但 $\sigma_1^2=\sigma_2^2$—T 检验

基本步骤:

(1)提出假设 $H_0:\mu_1=\mu_2, H_1:\mu_1\neq\mu_2$.

(2)选取检验统计量

$$T=\frac{\overline{X}-\overline{Y}}{\sqrt{\dfrac{(n_1-1)S_1^2+(n_2-1)S_2^2}{n_1+n_2-2}}\sqrt{\dfrac{1}{n_1}+\dfrac{1}{n_2}}}, \tag{8.2.4}$$

当 H_0 成立时,$T\sim t(n_1+n_2-2)$.

(3)对给定显著性水平 α,查 t 分布的 α 分位数表确定 $t_{\alpha/2}(n_1+n_2-2)$,得拒绝域为 $|t|>t_{\alpha/2}(n_1+n_2-2)$.

(4)计算统计量 T 的观测值 $t=\dfrac{\bar{x}-\bar{y}}{\sqrt{\dfrac{(n_1-1)s_1^2+(n_2-1)s_2^2}{n_1+n_2-2}}\sqrt{\dfrac{1}{n_1}+\dfrac{1}{n_2}}}$,并作出决策. 如果 $|t|<t_{\alpha/2}(n_1+n_2-2)$,则接受 H_0;反之,则拒绝 H_0,接受 H_1.

例 5 假设有甲、乙两种药品,试验者要比较它们在病人服用 2 h 后,血液中药的含量是否相同,为此分两组进行试验. 药品甲对应甲组,药品乙对应乙组. 现从甲组随机抽取 8 位病人,从乙组随机抽取 6 位病人. 测得他们服药 2 h 后血液中药的浓度分别为

甲组:1.23 1.42 1.41 1.62 1.55 1.51 1.60 1.76

乙组:1.76 1.41 1.87 1.49 1.67 1.81

设服用 2 h 后,病人血液中甲、乙两种药品的浓度分别为 $X\sim N(\mu_1,\sigma^2)$ 和 $Y\sim N(\mu_2,\sigma^2)$. 问病人血液中甲、乙两种药品的浓度是否有显著差异?($\alpha=0.01$)

解 由题意 $n_1=8, n_2=6, \bar{x}=1.51, s_1^2=0.025\,82, \bar{y}=1.67, s_2^2=0.033\,54$.

提出假设 $H_0:\mu_1=\mu_2, H_1:\mu_1\neq\mu_2$.

$\sigma_1^2=\sigma_2^2=\sigma^2$ 未知,故选取 T 统计量,并计算其观测值

$$t=\frac{1.51-1.67}{\sqrt{\dfrac{(8-1)\times 0.025\,82+(6-1)\times 0.033\,54}{8+6-2}}\sqrt{\dfrac{1}{8}+\dfrac{1}{6}}}=-1.738\,6.$$

对显著性水平 $\alpha=0.01$,查 t 分布的 α 分位数表得 $t_{0.005}(12)=3.054\,5$,而

$|t|=1.7386<3.0545$，所以接受 H_0，即认为病人血液中甲、乙两种药品的浓度无显著差异.

8.2.4　非正态总体均值的检验

对于非正态总体(包括单个和两个)，在大样本(大于等于30)的条件下，对其均值作检验时仍可以选择 U 统计量，如果总体方差未知，则用样本方差替代.

例 6　某大学为了解学生每天上网时间，在全校 7 500 名学生中随机抽取 36 人，调查他们每天上网的时间，得到下面的数据(单位：h)：

3.3	2.3	3.2	2.6	5.7	1.2	3.6	1.4	2.4
3.1	4.1	4.4	6.4	2.3	5.1	0.8	1.2	0.5
6.2	5.4	2.0	1.8	2.1	4.3	1.5	2.9	3.6
5.8	4.5	5.4	3.5	1.9	4.2	4.7	3.5	2.5

在显著性水平 $\alpha=0.05$ 下，能否认为该校大学生平均上网时间为 3 h?

解　由题意 $\bar{x}=3.32, s=1.61$. 总体分布与方差未知，但样本较大，因此可以采用 U 检验，选取检验统计量式(8.2.1)，且用样本方差替代总体方差.

提出假设 $H_0: \mu=3, H_1: \mu\neq 3$.

计算检验统计量的观测值 $|u|=\left|\dfrac{\bar{x}-\mu_0}{s/\sqrt{n}}\right|=\left|\dfrac{3.32-3}{1.61/\sqrt{36}}\right|=1.193<u_{0.025}=1.96$，故接受 H_0，即可以认为该校大学生平均上网时间为 3 h.

例 7　两个渔场在初春放养相同的鳜鱼苗，但采用不同的方法喂养. 入冬时，从第一渔场打捞出 59 条鳜鱼，从第二渔场打捞出 41 条鳜鱼，分别称出它们的平均重量和样本标准差(单位：kg)：$\bar{x}=0.59, s_1=0.2, \bar{y}=0.62, s_2=0.21$. 在显著性水平 $\alpha=0.1$ 下，就鳜鱼的平均重量来讲，两种喂养方法养殖的结果有无显著差异?

解　由题意 $n_1=59, n_2=41, \bar{x}=0.59, s_1=0.2, \bar{y}=0.62, s_2=0.21$.

提出假设 $H_0: \mu_1=\mu_2, H_1: \mu_1\neq\mu_2$.

总体分布和方差未知，但样本较大，因此可以采用 U 检验，选取检验统计量式(8.2.3)，且用样本方差替换总体方差.

计算检验统计量的观测值 $u=\dfrac{\bar{x}-\bar{y}}{\sqrt{\dfrac{s_1^2}{n_1}+\dfrac{s_2^2}{n_2}}}=\dfrac{0.59-0.62}{\sqrt{\dfrac{0.2^2}{59}+\dfrac{0.21^2}{41}}}=-0.716$.

因为 $|u|=0.716<u_{0.05}=1.64$，所以接受 H_0，即认为两种喂养方法养殖的鳜鱼的平均重量无显著差异.

习题 8.2

1. 已知某炼铁厂铁水含碳量 $X \sim N(4.55, 0.108^2)$. 现在测定了 9 炉铁水，其平均含碳量为 4.484. 如果方差没有变化，可否认为现在生产的铁水平均含碳量仍为 4.55？（$\alpha=0.05$）

2. 一个会场内的 800 只节能灯的平均使用寿命为 18 640 h，标准差是 1 000 h. 假设节能灯的寿命服从正态分布 $N(\mu, \sigma^2)$.

   (1)在显著性水平 $\alpha=0.05$ 下，能否认为同批次的节能灯的平均使用寿命 $\mu=$ 18 700 h？

   (2)在显著性水平 $\alpha=0.1$ 下，能否认为同批次的节能灯的平均使用寿命 $\mu=$ 18 700 h？

   (3)你从(1)和(2)的检验结果中能得到什么启发？

3. 按规定，玻璃的标准厚度为 5 mm. 从一批玻璃中随机抽取 9 个样本，测其厚度得如下数据：

   4.8　4.1　4.4　4.4　4.0　4.5　4.1　4.9　4.2

   假定玻璃厚度服从正态分布，在 $\alpha=0.1$ 的显著性水平下：

   (1)能否认为这批玻璃总体厚度 μ 达标？

   (2)能否认为 $\mu \geqslant 4.8$？

4. 某厂家在广告中声称，该厂生产的汽车轮胎在正常行驶条件下超过目前的平均水平 25 000 km. 随机抽取 16 个轮胎，试验得样本均值和标准差分别为 27 000 km 和 5 000 km. 假定轮胎寿命服从正态分布，问该厂家的广告是否真实？（$\alpha=0.05$）

5. 甲、乙两公司都生产 700 MB(兆字节)的光盘，从甲的产品中抽查 7 张光盘，从乙的产品中抽查 9 张，分别测得它们的储量如下：

   X(甲)：683.7　682.5　683.5　678.7　681.1　680.8　677.9

   Y(乙)：681.5　682.7　674.2　674.6　680.7　677.8　681.0　681.4　681.1

   已知甲的光盘储量 $X \sim N(\mu_1, 2)$，乙的光盘储量 $Y \sim N(\mu_2, 3)$，在显著性水平 $\alpha=0.05$ 下，甲、乙两公司的光盘平均储量有无显著差异？

6. 概率统计课程分 A、B 两个班上课，A 班 98 人，B 班 90 人. A 班期末的考试平均成绩是 78 分，标准差是 16 分. B 班期末的考试平均成绩是 75 分，标准差是 19 分. 根据试卷的难度，校方认为期末考试的平均分应当为 76 分. 在显著性水平 $\alpha=0.05$ 下：

   (1)能否认为这两个班的实际水平与校方估计的水平一致？

   (2)能否认为 A 班的实际水平高于 76 分？

   (3)能否认为 B 班的实际水平高于 76 分？

(4)能否认为 A 班的实际水平高于 B 班的实际水平?

8.3 正态总体方差的假设检验

8.3.1 单个正态总体方差的检验

设总体 $X\sim N(\mu,\sigma^2)$,μ,σ^2 未知,$X_1,X_2,\cdots,X_n$ 是来自总体 X 的简单随机样本,$x_1,x_2,\cdots,x_n$ 为样本观测值.

单个正态总体方差 σ^2 双侧检验的基本步骤如下.

(1)提出假设 $H_0:\sigma^2=\sigma_0^2, H_1:\sigma^2\neq\sigma_0^2$.

(2)选取检验统计量

$$\chi^2=\frac{(n-1)S^2}{\sigma_0^2} \tag{8.3.1}$$

当 H_0 成立时,$\chi^2\sim\chi^2(n-1)$.

(3)对给定显著性水平 α,查 χ^2 分布的 α 分位数表确定 $\chi^2_{1-\alpha/2}(n-1)$ 和 $\chi^2_{\alpha/2}(n-1)$,使

$$P\{\chi^2<\chi^2_{1-\alpha/2}(n-1)\}=P\{\chi^2>\chi^2_{\alpha/2}(n-1)\}=\frac{\alpha}{2},$$

得拒绝域为 $\chi^2<\chi^2_{1-\alpha/2}(n-1)$ 或 $\chi^2>\chi^2_{\alpha/2}(n-1)$,如图 8-5 所示.

(4)计算检验统计量的观测值 $\chi^2=\frac{(n-1)s^2}{\sigma_0^2}$,并作出决策.如果 $\chi^2_{1-\alpha/2}(n-1)<\chi^2<\chi^2_{\alpha/2}(n-1)$,则接受 H_0;反之,则拒绝 H_0,接受 H_1.

这种利用服从 χ^2 分布的统计量的检验法称为 χ^2 **检验**.

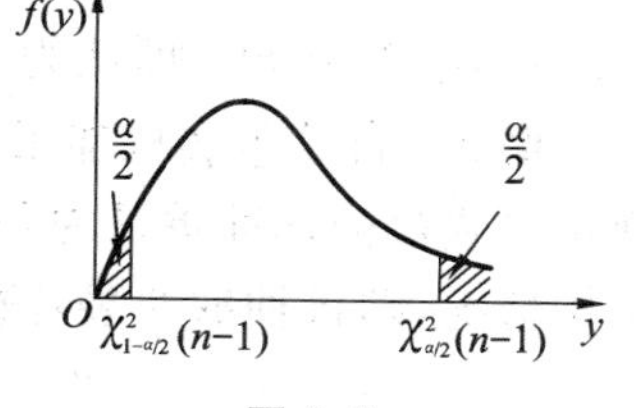

图 8-5

单个正态总体方差 σ^2 右侧检验的假设为 $H_0:\sigma^2\leqslant\sigma_0^2, H_1:\sigma^2>\sigma_0^2$,拒绝域为 $\chi^2>\chi^2_\alpha(n-1)$,如图 8-6(a)所示;左侧检验的假设为 $H_0:\sigma^2\geqslant\sigma_0^2, H_1:\sigma^2<\sigma_0^2$,拒绝域为 $\chi^2<\chi^2_{1-\alpha}(n-1)$,如图 8-6(b)所示.

例 1 某种导线的电阻 $X\sim N(\mu,0.005^2)$.从新生产的一批导线中随机抽取 9 根,测其电阻得样本标准差 $s=0.008\ \Omega$.对显著性水平 $\alpha=0.05$,能否认为这批导线电阻的标准差仍为 $0.005\ \Omega$?

解 根据题意,提出假设 $H_0:\sigma^2=\sigma_0^2=0.005^2, H_1:\sigma^2\neq\sigma_0^2=0.005^2$.

计算检验统计量的观测值 $\chi^2=\frac{(n-1)s^2}{\sigma_0^2}=\frac{(9-1)\times0.008^2}{0.005^2}=20.48$.

对 $\alpha=0.05$,查 χ^2 分布的 α 分位数表得 $\chi^2_{1-\alpha/2}(n-1)=\chi^2_{0.975}(8)=2.18$,

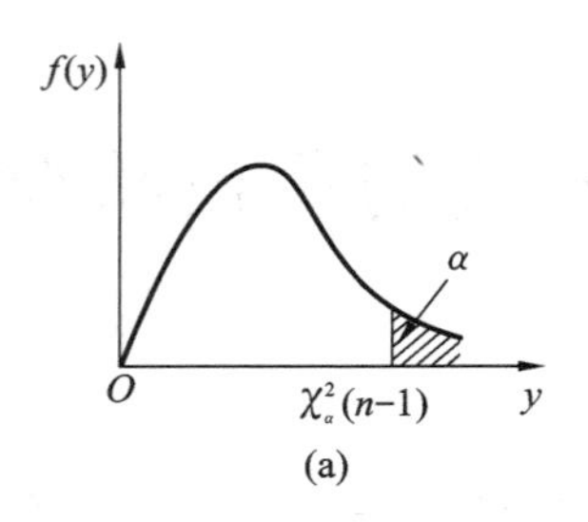

(a)

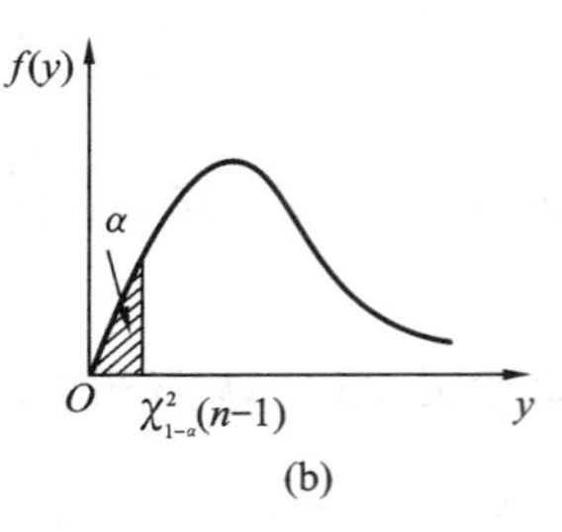

(b)

图 8-6

$\chi^2_{\alpha/2}(n-1)=\chi^2_{0.025}(8)=17.535$.

因为 $\chi^2=20.48>\chi^2_{0.025}(8)=17.535$，故拒绝 H_0，即认为这批新生产的导线电阻的标准差不是 0.005 Ω.

例 2 已知某零件直径服从正态分布，且方差 $\sigma_0^2=0.0012$. 今进行某项工艺革新，从革新后的产品中抽取 25 个零件，测量其直径，计算得样本方差为 $s^2=0.00066$. 问革新后生产的零件直径的方差是否显著减小？($\alpha=0.05$)

解 提出假设 $H_0:\sigma^2\geqslant 0.0012$，$H_1:\sigma^2<0.0012$.

选取检验统计量 $\chi^2=\dfrac{(n-1)S^2}{\sigma_0^2}$，当 $\sigma^2=0.0012$ 时，$\chi^2\sim\chi^2(n-1)$.

对 $\alpha=0.05$，查 χ^2 分布的 α 分位数表得 $\chi^2_{1-\alpha}(n-1)=\chi^2_{0.95}(24)=13.848$.

计算检验统计量的观测值 $\chi^2=\dfrac{(n-1)s^2}{\sigma_0^2}=\dfrac{(25-1)\times 0.00066}{0.0012}=13.2<13.848$，故拒绝 H_0，即认为革新后生产的零件直径的方差显著减小.

例 3 自动包装机加工袋装食盐，每袋盐的净重 $X\sim N(\mu,\sigma^2)$(μ,σ^2 未知). 按规定每袋盐的标准重量为 500 g，标准差不能超过 10 g. 某天开工后，为检查机器的工作情况，随机抽取 9 袋，测其重量(单位：g)为

497　507　510　475　484　488　524　491　515

问包装机该天工作是否正常？($\alpha=0.05$)

解 $n=9$，$\bar{x}=499$ g，$s=16.03$ g.

(1)提出假设 $H_0:\mu=500$，$H_1:\mu\neq 500$.

σ^2 未知，选取检验统计量式(8.2.2)，并计算其观测值 $t=\dfrac{\bar{x}-500}{s/\sqrt{n}}=\dfrac{499-500}{16.03/\sqrt{9}}=-0.187$.

对 $\alpha=0.05$，查 t 分布的 α 分位数表得 $t_{\alpha/2}(n-1)=t_{0.025}(8)=2.306$.

由于 $|t|=0.187<2.306$，故接受 H_0，即认为该天包装机没有产生系统误差.

(2)提出假设 $H_0:\sigma^2\leqslant 10^2$，$H_1:\sigma^2>10^2$.

选取检验统计量式(8.3.1),并计算其观测值

$$\chi^2=\frac{(n-1)s^2}{\sigma_0^2}=\frac{(9-1)\times16.03^2}{10^2}=20.56.$$

对 $\alpha=0.05$,查 χ^2 分布的 α 分位数表得 $\chi_\alpha^2(n-1)=\chi_{0.05}^2(8)=15.507$.

由于 $\chi^2=20.56>15.507$,故拒绝 H_0,即认为标准差超过 10 g.

综上可以看出,包装机工作没有产生系统误差,但是不够稳定,因此认为该天包装机工作不正常.

8.3.2 两个正态总体方差的检验

设总体 $X\sim N(\mu_1,\sigma_1^2)$,$Y\sim N(\mu_2,\sigma_2^2)$,且 X 与 Y 相互独立,$X_1,X_2,\cdots,X_{n_1}$ 和 $Y_1,Y_2,\cdots,Y_{n_2}$ 分别是来自总体 X 与 Y 的样本,其样本均值分别为

$$S_1^2=\frac{1}{n_1-1}\sum_{i=1}^{n_1}(X_i-\overline{X})^2,\quad S_2^2=\frac{1}{n_2-1}\sum_{j=1}^{n_2}(Y_j-\overline{Y})^2.$$

两个正态总体方差比较的双侧检验的基本步骤如下.

(1)提出假设 $H_0:\sigma_1^2=\sigma_2^2$,$H_1:\sigma_1^2\neq\sigma_2^2$.

(2)选取检验统计量

$$F=\frac{S_1^2}{S_2^2},\tag{8.3.2}$$

当 H_0 成立时,有 $F\sim F(n_1-1,n_2-1)$.

(3)对给定显著性水平 α,查 F 分布的 α 分位数表确定 $F_{1-\alpha/2}(n_1-1,n_2-1)$ 和 $F_{\alpha/2}(n_1-1,n_2-1)$,使

$$P\{F<F_{1-\alpha/2}(n_1-1,n_2-1)\}=P\{F>F_{\alpha/2}(n_1-1,n_2-1)\}=\frac{\alpha}{2},$$

则拒绝域为 $f<F_{1-\alpha/2}(n_1-1,n_2-1)$ 或 $f>F_{\alpha/2}(n_1-1,n_2-1)$,如图 8-7 所示.

(4)计算检验统计量的观测值 $f=\frac{s_1^2}{s_2^2}$,并作出决策.

如果 $F_{1-\alpha/2}(n_1-1,n_2-1)<f<F_{\alpha/2}(n_1-1,n_2-1)$,则接受 H_0;反之,则拒绝 H_0,接受 H_1.

这种利用服从 F 分布的统计量的检验法称为 F **检验**.

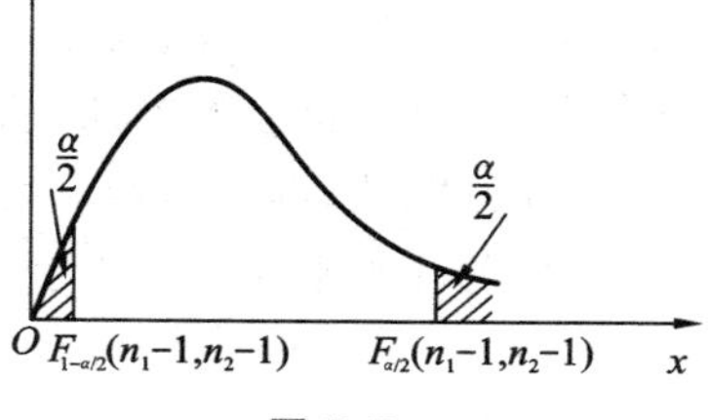

图 8-7

两个正态总体方差比较的右侧检验的假设为 $H_0:\sigma_1^2\leqslant\sigma_2^2$,$H_1:\sigma_1^2>\sigma_2^2$,拒绝域为 $f>F_\alpha(n_1-1,n_2-1)$,如图 8-8(a)所示;左侧检验的假设为 $H_0:\sigma_1^2\geqslant\sigma_2^2$,$H_1:\sigma_1^2<$

σ_2^2，拒绝域为 $f<F_{1-\alpha}(n_1-1,n_2-1)$，如图 8-8(b)所示.

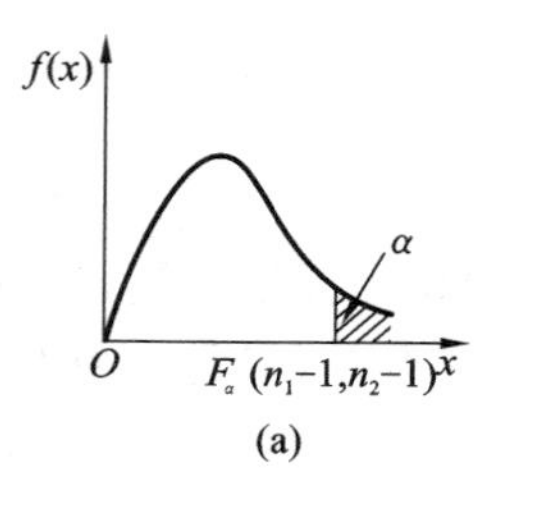

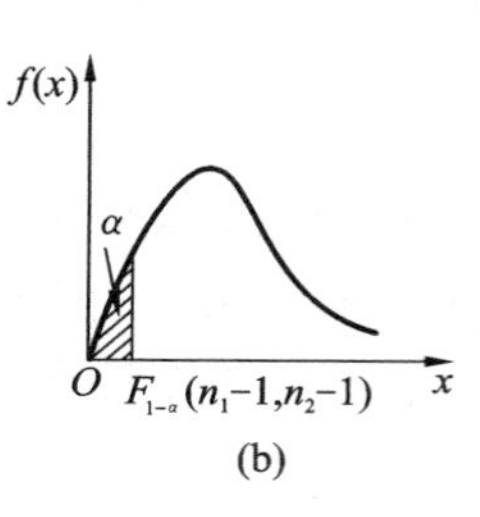

图 8-8

例 4 设两台机器生产金属部件重量分别为 $X\sim N(\mu_1,\sigma_1^2)$ 和 $Y\sim N(\mu_2,\sigma_2^2)$. 从两台机器所生产的部件中分别抽取 21 件和 31 件，测得部件重量的样本方差分别为 $s_1^2=15.64$，$s_2^2=9.66$. 试在显著性水平 $\alpha=0.05$ 下检验两台机器生产的金属部件重量的方差有无显著差异.

解 由题意 $n_1=21$，$n_2=31$，$s_1^2=15.64$，$s_2^2=9.66$.

提出假设 $H_0:\sigma_1^2=\sigma_2^2$，$H_1:\sigma_1^2\neq\sigma_2^2$.

当 H_0 成立时，检验统计量 $F=\dfrac{S_1^2}{S_2^2}\sim F(20,30)$.

对显著性水平 $\alpha=0.05$，查 F 分布的 α 分位数表得

$$F_{\alpha/2}(n_1-1,n_2-1)=F_{0.025}(20,30)=2.20,$$

$$F_{1-\alpha/2}(n_1-1,n_2-1)=F_{0.975}(20,30)=\frac{1}{F_{0.025}(30,20)}=\frac{1}{2.35}\approx 0.43.$$

计算检验统计量的观测值 $f=\dfrac{s_1^2}{s_2^2}=\dfrac{15.64}{9.66}\approx 1.62$，则 $0.43<f=1.62<2.20$，所以接受 H_0，即认为两台机器所生产部件重量的方差无显著差异.

习题 8.3

1. 某厂生产的某种型号的电池，其寿命(单位:h)长期以来服从方差 $\sigma^2=5\ 000$的正态分布，现有一批这种电池，从其生产情况来看，寿命的波动性有所改变，现随机抽取 26 只电池，测得其寿命的样本方差 $s^2=9\ 200$.

   (1)在显著性水平 $\alpha=0.01$ 下，能否认为这批电池的寿命的波动性较以往有显著的变化?

   (2)在显著性水平 $\alpha=0.05$ 下，能否认为这批电池的寿命的波动性较以往有显著的变化?

2. 现有两箱灯泡，从第一箱中抽取 9 只灯泡进行测试，测得平均寿命是 1 532 h，标准差是 423 h;从第二箱中抽取 18 只灯泡进行测试，测得平均寿命是1 412 h，标

准差是 380 h.假设灯泡寿命服从正态分布,在显著性水平 $\alpha=0.05$下,检验这两箱灯泡是否是同一批生产的.

3. 某种羊毛在处理前后各抽取一个样本,测得含脂率(%)如下:

处理前:19　18　21　30　66　42　8　12　30　27

处理后:15　13　7　24　19　4　8　20

羊毛含脂率按正态分布,问处理后含脂率的标准差有无显著变化?($\alpha=0.05$)

4. 甲、乙两个铸造厂生产同一种铸件,假设两厂铸件的重量都服从正态分布.从两厂各抽取一个样本,测得重量(单位:kg)如下:

甲厂:93.3　92.1　94.7　90.1　95.6　90.0　94.7

乙厂:95.6　94.9　96.2　95.1　95.8　96.3

问乙厂铸件重量的标准差是否比甲厂的小?($\alpha=0.05$)

数学家皮尔逊简介

皮尔逊

皮尔逊(Karl Pearson)于 1857 年 3 月 27 日生于伦敦,1936 年 4 月 27 日卒于萨里,是 19 世纪和 20 世纪之交罕见的百科全书式的学者,是英国著名的统计学家、生物统计学家、应用数学家,又是名副其实的历史学家、科学哲学家、伦理学家、民俗学家、人类学家、宗教学家、优生学家、弹性和工程问题专家、头骨测量学家,也是精力充沛的社会活动家、律师、自由思想者、教育改革家、社会主义者、妇女解放的鼓吹者、婚姻和性问题的研究者,亦是受欢迎的教师、编辑、文学作品和人物传记的作者,还是一位身体力行的社会改革家.

皮尔逊1875年获剑桥大学皇家学院奖学金,进入剑桥大学学习,1879年毕业,并获优等生称号,在校期间,他除主修数学外,还学习法律,于1881年取得律师资格.随后又到德国海得堡大学、柏林大学继续深造,1882年获硕士学位,不久又获博士学位.1884年任伦敦大学学院戈德斯米德应用数学与力学教授.1890—1900年间,在高尔顿的指点下,研讨生物进化、返祖、遗传、自然选择、随机交配等问题.1911年皮尔逊应高尔顿的要求,辞去应用数学与力学教授的职位,应聘为优生学教授,并任生物统计系主任.

皮尔逊把数学运用于遗传和进化的随机过程,首创次数分布表与次数分布图,提出一系列次数曲线;推导出卡方分布,提出卡方检验,用以检验观测值与期望值之间的差异显著性;发展了回归和相关理论;为大样本理论奠定了基础.皮尔逊的科学道路,从数学研究开始,继之以哲学和法律学,进而研究生物学与遗传学,集大成于统计学.

1914年第一次世界大战开始后,皮尔逊的研究转向用统计来处理和完成大量与战争有关的特殊计算工作,为反法西斯战争服务.在这期间,他编辑发行了一些计算用表,以便利统计人员.战争结束后,他又立即回到各种统计理论方面的研究.1921年到1933年,他在伦敦大学学院应用统计系讲授17世纪和18世纪的统计学史.1936年4月27日在英格兰萨里郡的科尔德哈伯去世.

皮尔逊的成就和贡献受到了统计学家们的推崇,使整个一代的西方统计学家在他的影响下成长起来.皮尔逊于1896年被选为皇家学会会员,他还被选为"高尔登优生学教授",是爱丁堡皇家学会的名誉会员、巴黎人类学会和苏联人类学会的会员.

皮尔逊1900年主持创办了著名的《生物统计学》杂志,他还担任过《优生学记事》的编辑.他的主要著作有《科学的基本原理》、《对进化论的数学贡献》、《统计学家和生物统计学家用表》、《死的可能性和进化论的其他研究》、《F.高尔顿的生活、书信和工作》等.皮尔逊建立了世界上第一个数理统计实验室,吸引了大批训练有素的数理学家到这个实验室去做研究工作,培养了许多杰出数理统计学家,推动了这个学科的发展.

第8章总习题

1. 设 $X_1, X_2, \cdots, X_n$ 是来自正态总体 $N(\mu, \sigma^2)$ 的简单随机样本,μ 和 σ^2 未知.$\overline{X} = \frac{1}{n}\sum_{i=1}^{n} X_i$,$Q^2 = \sum_{i=1}^{n}(X_i - \overline{X})^2$,提出假设 $H_0: \mu = 0$,$H_1: \mu \neq 0$,问 T 检验使用的统计量是什么?

2. 已知总体 $X \sim N(\mu,\sigma^2)$，$\sigma^2=16$，X_1,X_2,X_3,X_4 为总体 X 的一个简单随机样本. 提出假设 $H_0:\mu=5$，$H_1:\mu\neq5$，取显著性水平 $\alpha=0.05$.

(1)给出此检验的接受域；

(2)如果 $H_1:\mu=6$，计算第二类错误 β.

3. 在产品检验时，原假设 H_0：产品合格. 为了使“次品混入正品”的可能性小，在样本容量 n 固定的条件下，显著性水平应取大些还是小些？

4. 设一批零件的直径服从正态分布 $N(\mu,\sigma^2)$，随机抽取 16 个测其直径(单位：mm)：

23.3　21.1　20.2　24.0　22.1　25.1　21.2　24.1

25.0　23.1　25.0　21.2　24.0　23.1　25.0　22.2

当 $\mu=22.4$ mm 时为合格品，分别就显著性水平 $\alpha=0.1$ 与 $\alpha=0.05$ 检验这批零件是否合格.

(1)σ 已知为 1.5 mm；

(2)σ 未知；

(3)由不同显著性水平下检验的结果得到什么启示？

5. 等离子电视机的使用寿命服从正态分布 $N(\mu,\sigma^2)$，其中 σ^2 未知. 在试制阶段，产品的平均寿命未达到规定的标准 μ_0. 采用新技术后，厂方声称产品已达到标准，即 $\mu\geqslant\mu_0$. 为确认产品已达标准，验收人员采用保守方法进行检验. 问：该负责人应该采用下面哪种检验方案，并说明理由.

(1)$H_0:\mu\leqslant\mu_0$，$H_1:\mu>\mu_0$；

(2)$H_0:\mu\geqslant\mu_0$，$H_1:\mu<\mu_0$.

6. 对某块金属的密度测量了 12 次，得样本均值 $\bar{x}=19.28\ \mathrm{g/cm^3}$，样本标准差 $s=0.05\ \mathrm{g/cm^3}$. 在显著性水平 $\alpha=0.05$ 下：

(1)能否认为这块金属的密度等于 19.3？

(2)如果测量的标准差是 0.03，能否认为这块金属的密度小于 19.3？

(3)如果测量的标准差是 0.04，能否认为这块金属的密度小于 19.3？

7. 以 $46°$ 的仰角发射 9 颗库存了 1 个月的同型号炮弹，射程(单位：km)分别为：

30.89　31.74　33.82　32.79　31.87　31.85　31.79　31.70　32.23.

又以相同的仰角发射 8 颗库存了 2 年的同型号炮弹，射程(单位：km)分别为：

32.84　31.46　32.31　31.75　30.15　31.51　31.43　31.74.

如果射程服从正态分布，在显著性水平 $\alpha=0.05$ 下：

(1)能否认为这两批炮弹射程的标准差有显著差异？

(2)在(1)的基础上，能否认为这两批炮弹的平均射程有显著差异？

8. 某公司的工会对职工参加体育活动的情况进行了抽样调查. 情况如下：

	A 每天锻炼	B 每周锻炼	C 很少锻炼
人数	9	16	28
平均体重/kg	71	74	73.2

如果已知这三类人体重都服从正态分布，且方差都是 32，在显著性水平 $\alpha=0.05$ 下，问：

(1)这三类人的体重有无明显差异？

(2)能否认为 A 类的体重小于 B 类的体重？

(3)能否认为 B 类的体重大于 C 类的体重？

(4)能否认为 A 类的体重小于 C 类的体重？

第 9 章　方差分析与回归分析

我不希望自己的文章因为登在有名的杂志上而出名，我希望杂志因为登了我的文章而出名.

——许宝騄

方差分析和回归分析是数理统计中应用广泛的统计方法，本章将介绍它们最基本的原理和应用.

9.1　方 差 分 析

在科学实验、生产过程和社会生活中，影响一个事件的因素往往有很多. 例如：在农业实验中，农作物的产量与该地区的作物品种、肥料的种类和数量、外界自然条件等因素有关；化工生产中，产品的质量往往受到原材料、设备、技术及工人素质等因素的影响. 又如，在工作中，决定个人收入的因素也是多方面的，如学历、专业、工作时间、性别、个人能力、经历及机遇等. 一般地，众多因素对事件的影响程度是不同的. 在实际问题中，往往需要找出对事件的结果有显著影响的因素，方差分析正是用来解决这类问题的一种有效的方法.

方差分析的本质是利用试验数据对多个具有相同方差的正态总体的均值作显著性检验，这一方法首先是由英国统计学家费希尔在 20 世纪 20 年代在农业试验中创立的，后来被应用于工业、生物学和医学等许多领域的数据分析工作中，并取得了巨大的成功.

9.1.1　基本概念

在方差分析中，把科学实验和生产实践中要考察对象的某种特征称为**试验指标**，如农作物的产量、产品的质量和个人收入等.

影响试验指标的条件称为**因素**，如影响农作物产量的因素有农作物品种、肥料的种类及数量等，常用大写英文字母 A，B，C 等表示. 因素可分为两类：一类是可控制的，如农作物品种、肥料种类、施肥量；另一类是无法控制的，如外界土壤、天气等自然条件. 本书所讨论的因素都是指可控制因素.

因素在试验中所处的不同状态称为**水平**，如农作物栽培试验中，施氮肥量分别为 30 斤，50 斤，70 斤，考虑对产量的影响时，施氮肥量是因素，而 30 斤，50 斤，70 斤是其三个不同水平. 一般地，如果因素 A 有 r 个水平，则可用 $A_1, A_2, \cdots, A_r$ 表示.

只有一个因素在变化(其他试验条件可以控制不变)的试验称为**单因素试验**，多于一个因素在变化的试验称为**多因素试验**. 本书只讨论单因素试验的方差分析.

9.1.2 单因素方差分析模型

在一项试验中，设因素 A 有 r 个水平 $A_1, A_2, \cdots, A_r$，在水平 A_i 下的试验指标 X_i 服从正态分布 $N(\mu_i, \sigma^2)(i=1,2,\cdots,r)$，且 $X_1, X_2, \cdots, X_r$ 相互独立. 在水平 A_i 下重复进行 n_i 次试验，得到一组试验结果 $X_{i1}, X_{i2}, \cdots, X_{in_i}$ (见表 9-1)，它是取自总体 X_i 的一组样本. 记

$$\overline{X}_{i\cdot} = \frac{1}{n_i}\sum_{j=1}^{n_i} X_{ij} \quad (i = 1,2,\cdots,r),$$

$$\overline{X} = \frac{1}{n}\sum_{i=1}^{r}\sum_{j=1}^{n_i} X_{ij},$$

则 $\overline{X}_{i\cdot}$ 是样本 $X_{i1}, X_{i2}, \cdots, X_{in_i}$ 的均值，称为**组内平均**，$\overline{X}$ 是所有试验数据的均值，称为**总平均**，其中 $n=n_1+n_2+\cdots+n_r$.

表 9-1

因素 / 试验批号	A_1	A_2	$\cdots$	A_r
1	X_{11}	X_{21}	$\cdots$	X_{r1}
2	X_{12}	X_{22}	$\cdots$	X_{r2}
$\vdots$	$\vdots$	$\vdots$		$\vdots$
n_i	X_{1n_1}	X_{2n_2}	$\cdots$	X_{rn_r}
样本均值	$\overline{X}_{1\cdot}$	$\overline{X}_{2\cdot}$	$\cdots$	$\overline{X}_{r\cdot}$
总体均值	μ_1	μ_2	$\cdots$	μ_r

如果因素 A 对试验指标无显著影响，则不同水平下的总体均值应无显著差异，即试验的全部结果 $X_{ij}(i=1,2,\cdots,r; j=1,2,\cdots,n_i)$ 应来自相同的正态总体，因此为了检验因素 A 对试验指标是否有显著影响，提出假设

$$H_0: \mu_1=\mu_2=\cdots=\mu_r, \quad H_1: \mu_1, \mu_2, \cdots, \mu_r \text{ 不全相等}. \tag{9.1.1}$$

单因素方差分析的基本任务就是对假设(9.1.1)进行检验.

9.1.3 平方和分解

为寻找合适的检验统计量,需从平方和的分解着手.

总偏差平方和 称

$$S_{\mathrm{T}} = \sum_{i=1}^{r}\sum_{j=1}^{n_i}(X_{ij}-\overline{X})^2$$

为**总偏差平方和**,S_{T} 反映了全部试验数据之间的差异.

组内偏差平方和 称

$$S_{\mathrm{E}} = \sum_{i=1}^{r}\sum_{j=1}^{n_i}(X_{ij}-\overline{X}_{i\cdot})^2$$

为**组内偏差平方和**,S_{E} 反映了各水平内部观测值的差异,这是由重复试验所带来的随机误差引起的.

组间偏差平方和 称

$$S_{\mathrm{A}} = \sum_{i=1}^{r}n_i(\overline{X}_{i\cdot}-\overline{X})^2$$

为**组间偏差平方和**,S_{A} 反映了因素 A 的不同水平所引起的样本之间的差异.

注意到

$$\begin{aligned}\sum_{i=1}^{r}\sum_{j=1}^{n_i}(X_{ij}-\overline{X})^2 &= \sum_{i=1}^{r}\sum_{j=1}^{n_i}(X_{ij}-\overline{X}_{i\cdot}+\overline{X}_{i\cdot}-\overline{X})^2 \\ &= \sum_{i=1}^{r}\sum_{j=1}^{n_i}(X_{ij}-\overline{X}_{i\cdot})^2+\sum_{i=1}^{r}\sum_{j=1}^{n_i}(\overline{X}_{i\cdot}-\overline{X})^2 \\ &\quad +2\sum_{i=1}^{r}\sum_{j=1}^{n_i}(X_{ij}-\overline{X}_{i\cdot})(\overline{X}_{i\cdot}-\overline{X}),\end{aligned}$$

而交叉项

$$\sum_{i=1}^{r}\sum_{j=1}^{n_i}(X_{ij}-\overline{X}_{i\cdot})(\overline{X}_{i\cdot}-\overline{X}) = \sum_{i=1}^{r}(\overline{X}_{i\cdot}-\overline{X})\sum_{j=1}^{n_i}(X_{ij}-\overline{X}_{i\cdot}) = 0,$$

所以得到总偏差**平方和分解公式**

$$S_{\mathrm{T}}=S_{\mathrm{E}}+S_{\mathrm{A}}.$$

一般地,如果因素 A 各水平对试验指标的影响有显著差异,则 S_{A} 比 S_{E} 显著地大,因此可以根据 $S_{\mathrm{A}}/S_{\mathrm{E}}$ 构造检验统计量,这也是方差分析名称的由来.

9.1.4 检验方法

选取统计量

$$F=\frac{S_A/(r-1)}{S_E/(n-r)}\ ,\tag{9.1.2}$$

可以证明,当假设(9.1.1)中原假设 H_0 成立时,有 $F \sim F(r-1,n-r)$.

对给定的显著性水平 α,查 F 分布的 α 分位数表得 $F_\alpha(r-1,n-r)$,使其满足

$$P\{F>F_\alpha(r-1,n-r)\}=\alpha.$$

计算统计量 F 的观测值 f,如果 $f<F_\alpha(r-1,n-r)$,则接受 H_0,认为因素 A 对试验指标无显著影响;反之,如果 $f>F_\alpha(r-1,n-r)$,则拒绝 H_0,认为因素 A 对试验指标有显著影响.

为计算清晰方便,常将方差分析过程列在一张表内,其一般形式如表 9-2 所示,称为**方差分析表**.

表 9-2

方差来源	偏差平方和	自由度	平均偏差平方和	F 值	临界值
组间	S_A	$r-1$	$S_A/(r-1)$	$F=\frac{S_A/(r-1)}{S_E/(n-r)}$	$F_\alpha(r-1,n-r)$
组内	S_E	$n-r$	$S_E/(n-r)$		
总和	S_T	$n-1$			

一般情况下,方差分析相关计算比较复杂,需要借助计算机来完成,目前的软件 R,SPSS,Excel 等都有现成的方差分析程序可以利用.

例 1 由同一种原料织成的一批布,用不同的印染工艺处理,然后进行缩水率试验.采用五种不同的工艺,每种工艺处理 4 块布样,测得缩水率的百分比如表9-3所示.试在显著性水平 $\alpha=0.05$ 下检验印染工艺对布的缩水率有无显著影响.

表 9-3

试验批号 \ 水平	A_1	A_2	A_3	A_4	A_5
1	4.3	6.1	4.3	6.5	9.5
2	7.8	7.3	8.7	8.3	8.8
3	3.2	4.2	7.2	8.6	11.4
4	6.5	4.1	10.1	8.2	7.8

解 这是单因素方差分析问题,提出假设

$$H_0:\mu_1=\mu_2=\mu_3=\mu_4=\mu_5,\quad H_1:\mu_1,\mu_2,\cdots,\mu_5\ \text{不全相等}.$$

由题意,$r=5,n=20,n_i=4(i=1,2,\cdots,5)$,则根据表 9-3 中数据计算得方差分析表 9-4.

表 9-4

方差来源	偏差平方和	自由度	平均偏差平方和	F 值	临界值
组间	46.24	4	11.56	3.58	3.06
组内	48.37	15	3.22		
总和	94.61	19			

由表 9-4 可知，$f=3.58>F_{0.05}(4,15)=3.06$，则拒绝 H_0，认为印染工艺这一因素对布的缩水率有显著影响.

但是可以看出，检验统计量的观测值 $f=3.58$ 超过临界值 $F_{0.05}(4,15)=3.06$ 不多，实际应用中可以再进行一次抽样，然后再做结论. 实际上，这是增大了样本容量，以减少犯第二类错误的概率.

习题 9.1

1. 某农业科学试验站进行一项农作物施肥对比试验，用 5 种不同的施肥方案分别得到农作物产量(见表 9-5). 问：施肥方案对农作物产量是否有显著影响？($\alpha=0.01$)

表 9-5

试验批号 \ 施肥方案	A_1	A_2	A_3	A_4	A_5
1	67	98	60	79	90
2	67	96	69	64	70
3	55	91	50	81	79
4	42	66	35	70	88

2. 设 3 台机器甲、乙、丙制造同一种产品，对每台机器的日产量(单位：个)观察 5 天，得数据表 9-6. 问 3 台机器的日产量之间是否存在显著差别？($\alpha=0.05$)

表 9-6

试验批号 \ 机器	A_1	A_2	A_3
1	41	65	45
2	48	57	51
3	41	54	56
4	49	72	48
5	57	64	48

3. 消费者与产品生产者、销售者或服务的提供者之间经常发生纠纷，当发生纠纷

后，消费者常常会向消费者协会投诉. 为了对几个行业的服务质量进行评价，消费者协会在零售业、旅游业、航空业、家电制造业分别抽取不同的企业作为样本，其中，零售业 7 家、旅游业 6 家、航空业 5 家、家电制造业 5 家，统计出最近一年中消费者对这 23 家企业的投诉次数，结果如表 9-7 所示.

表 9-7

企业序号 \ 行业	零售业	旅游业	航空业	家电制造业
1	57	68	31	44
2	66	39	49	51
3	49	29	21	65
4	40	45	34	77
5	34	56	40	58
6	53	51		
7	44			

假定这 23 家企业在服务对象和企业规模等方面基本上是相同的，分别在显著性水平 $\alpha=0.05$ 和 $\alpha=0.01$ 下检验这四个行业之间的服务质量是否存在显著差异. 如果检验结果不同，请说明原因.

9.2 回归分析

"回归"一词源于 19 世纪英国生物学家高尔登对人体遗传特征的实验研究. 高尔登发现，相对于一定身高的父母，子女的平均身高有朝着人类平均身高移动的趋势，他把这种现象称为回归.

9.2.1 基本概念

在客观世界中，变量间普遍存在着相互联系、相互依存、相互制约的关系，这些关系一般可以分为确定性的和非确定性的两类. 确定性的关系可以用确定的函数来表示，比如理论上圆的面积 S 与半径 R 之间的关系为 $S=\pi R^2$；而非确定性的关系则不然，比如人的血压与年龄有关，家庭的消费支出由可支配收入决定，施肥量不同的农作物的产量也有所不同，这类关系不能用确定的函数来表示，称为**相关关系**. **回归分析**是研究两个或两个以上变量之间相关关系的统计方法.

在回归分析中，需要区分因变量和自变量. 被预测或被解释的变量称为因变量；用来预测或解释因变量的一个或多个变量称为自变量. 例如：在分析人的血压

与年龄之间的关系时，血压是因变量，年龄是自变量；而在分析施肥量与农作物的产量之间的关系时，农作物产量是因变量，施肥量是自变量.

在实际中，相关关系最简单的情形是两个变量之间的线性相关，其最直观的描述是散点图.

例 1 为研究每月家庭消费支出 Y 与每月家庭可支配收入 x 之间的关系，随机抽取 10 个家庭进行观测，得到一组样本数据(单位:元)，如表 9-8 所示，其中 x_i，Y_i 分别表示第 i 个家庭的每月可支配收入和每月消费支出.

表 9-8

i	1	2	3	4	5	6	7	8	9	10
x_i	1 000	1 500	2 000	2 500	3 000	3 500	4 000	4 500	5 000	5 500
Y_i	888	1 121	1 340	1 650	2 179	2 210	2 398	2 650	3 021	3 288

将点(x_i,Y_i)标在平面直角坐标系中，并根据图形说明每月家庭可支配收入 x 与家庭消费支出 Y 之间存在何种关系.

解 每月家庭可支配收入 x 是自变量，家庭消费支出 Y 是因变量，在平面直角坐标系中将点(x_i,Y_i)标出，$i=1,2,\cdots,10$，得图 9-1.

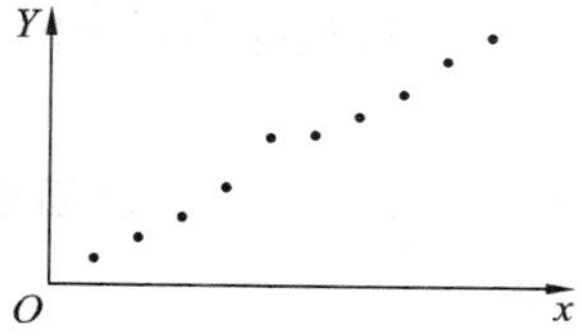

由图 9-1 可见，家庭可支配收入越高，其消费支出也越高，并且可支配收入每提高 500 元，消费支出提高的幅度大致相等，也就是说 x 与 Y 之间存在相关关系，并且这种关系可以近似地用一个线性函数来表示.

图 9-1

一般地，设 x 和 Y 为两个变量，对总体(x,Y)观测 n 次，得到一组容量为 n 的样本(x_1,Y_1)，(x_2,Y_2)，$\cdots$，(x_n,Y_n)，每对观测值(x_i,Y_i)在平面直角坐标系中对应一个点，把它们都标在平面直角坐标系中，形成的图称为**散点图**.

如果这 n 个点大体上散布在一条斜率为正的直线附近，如图 9-2(a)所示，则称 x 和 Y **正线性相关**；同样，如果散点图如图 9-2(b)所示，则称 x 和 Y **负线性相关**. 正线性相关和负线性相关统称为**线性相关**.

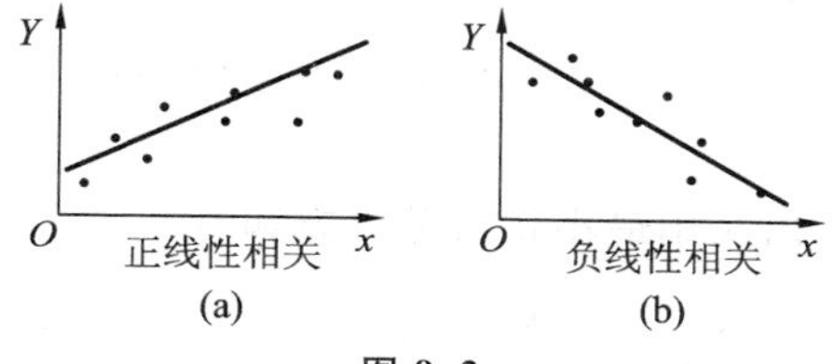

图 9-2

对于线性相关的两个变量，人们首先关心的是如何确定一个直线方程去近似描述它们之间的关系，这正是一元线性回归的基本任务.

9.2.2 一元线性回归模型

如果因变量 Y 与自变量 x 线性相关，则设

$$Y=\beta_0+\beta_1 x+\varepsilon, \tag{9.2.1}$$

其中 β_0,β_1 为**回归系数**，ε 是除 x 之外其他随机因素影响的总和，通常假定 $\varepsilon\sim N(0,\sigma^2)$，称式(9.2.1)为 Y 关于 x 的**一元线性回归模型**.

类似地，如果因变量 Y 与 $k(k\geqslant2)$ 个自变量 $x_1,x_2,\cdots,x_k$ 之间有关系

$$Y=\beta_0+\beta_1 x_1+\beta_2 x_2+\cdots+\beta_k x_k+\varepsilon, \tag{9.2.2}$$

其中 $\beta_0,\beta_1,\cdots,\beta_k$ 为回归系数，ε 是除 $x_1,x_2,\cdots,x_k$ 之外其他随机因素影响的总和，$\varepsilon\sim N(0,\sigma^2)$，则称式(9.2.2)为**多元线性回归模型**.

本书只讨论一元线性回归模型的相关问题.

由式(9.2.1)知

$$E(Y)=\beta_0+\beta_1 x, \tag{9.2.3}$$

称式(9.2.3)为**总体回归函数**(或**总体回归线**)，其中 β_1 表示当自变量 x 每变动一个单位时因变量 Y 的平均变动.

如果通过样本观测值求得 β_0,β_1 的估计值 $\hat\beta_0,\hat\beta_1$，记

$$\hat Y=\hat\beta_0+\hat\beta_1 x, \tag{9.2.4}$$

则称式(9.2.4)为**样本回归函数**(或**样本回归线**)，它是对总体回归函数(9.2.3)的估计.

9.2.3 参数的最小二乘估计

设 $(x_1,Y_1),(x_2,Y_2),\cdots,(x_n,Y_n)$ 为 (x,Y) 的一组观测值，由式(9.2.1)和式(9.2.4)有

$$\begin{cases}Y_i=\beta_0+\beta_1 x_i+\varepsilon_i,\\ \hat Y_i=\hat\beta_0+\hat\beta_1 x_i,\end{cases}$$

$i=1,2,\cdots,n$，其中 $\varepsilon_1,\varepsilon_2,\cdots,\varepsilon_n$ 相互独立. 称

$$e_i=Y_i-\hat Y_i \quad (i=1,2,\cdots,n)$$

为**残差**.

德国数学家高斯提出采用最小化**残差平方和**

$$Q=Q(\hat\beta_0,\hat\beta_1)=\sum_{i=1}^{n}e_i^2=\sum_{i=1}^{n}(Y_i-\hat Y_i)^2=\sum_{i=1}^{n}(Y_i-\hat\beta_0-\hat\beta_1 x_i)^2$$

的方法来求 $\hat\beta_0$ 和 $\hat\beta_1$，这一方法称为**最小二乘法**.

为使 $Q=Q(\hat\beta_0,\hat\beta_1)$ 达到最小，根据二元函数极值原理，令

$$\begin{cases}\dfrac{\partial Q}{\partial \hat{\beta}_0}=-2\sum\limits_{i=1}^{n}(Y_i-\hat{\beta}_0-\hat{\beta}_1x_i)=0,\\ \dfrac{\partial Q}{\partial \hat{\beta}_1}=-2\sum\limits_{i=1}^{n}x_i(Y_i-\hat{\beta}_0-\hat{\beta}_1x_i)=0,\end{cases}$$

即

$$\begin{cases}n\hat{\beta}_0+(\sum\limits_{i=1}^{n}x_i)\hat{\beta}_1=\sum\limits_{i=1}^{n}Y_i,\\ (\sum\limits_{i=1}^{n}x_i)\hat{\beta}_0+(\sum\limits_{i=1}^{n}x_i^2)\hat{\beta}_1=\sum\limits_{i=1}^{n}x_iY_i,\end{cases}\tag{9.2.5}$$

称式(9.2.5)为**正规方程组**.

正规方程组(9.2.5)有唯一解

$$\begin{cases}\hat{\beta}_1=\dfrac{\sum\limits_{i=1}^{n}x_iY_i-n\bar{x}\bar{Y}}{\sum\limits_{i=1}^{n}x_i^2-n\bar{x}^2}=\dfrac{\sum\limits_{i=1}^{n}(x_i-\bar{x})(Y_i-\bar{Y})}{\sum\limits_{i=1}^{n}(x_i-\bar{x})^2},\\ \hat{\beta}_0=\bar{Y}-\hat{\beta}_1\cdot\bar{x}.\end{cases}\tag{9.2.6}$$

可证明式(9.2.6)必然使 $Q=Q(\hat{\beta}_0,\hat{\beta}_1)$ 达到最小,因此称之为 β_0,β_1 的最小二乘估计,从而得到样本回归函数 $\hat{Y}=\hat{\beta}_0+\hat{\beta}_1x$.

定理 9.2.1 设 $\hat{\beta}_0,\hat{\beta}_1$ 是式(9.2.1)中未知参数 β_0,β_1 的最小二乘估计,$e_i=Y_i-\hat{Y}_i$ 为残差,$i=1,2,\cdots,n$,则:

(1) $\hat{\beta}_0\sim N\left(\beta_0,\sigma^2\dfrac{\sum\limits_{i=1}^{n}x_i^2}{n\sum\limits_{i=1}^{n}(x_i-\bar{x})^2}\right)$;

(2) $\hat{\beta}_1\sim N\left(\beta_1,\dfrac{\sigma^2}{\sum\limits_{i=1}^{n}(x_i-\bar{x})^2}\right)$;

(3) $\dfrac{(n-2)\hat{\sigma}^2}{\sigma^2}\sim\chi^2(n-2)$,其中 $\hat{\sigma}^2=\dfrac{1}{n-2}\sum\limits_{i=1}^{n}e_i^2=\dfrac{1}{n-2}\sum\limits_{i=1}^{n}(Y_i-\hat{Y}_i)^2$ 是 σ^2 的无偏估计,且分别与 $\hat{\beta}_0,\hat{\beta}_1$ 独立.

例 2 求出例 1 中 Y 关于 x 的样本回归函数.

解 为求样本回归函数,将有关计算列于表 9-9 中,其中

$$x_i^*=x_i-\bar{x},\quad y_i^*=Y_i-\bar{Y},\quad e_i=Y_i-\hat{Y}_i.$$

将有关数据代入式(9.2.6)得

$$\hat{\beta}_1=\frac{\sum\limits_{i=1}^{n}(x_i-\bar{x})(Y_i-\bar{Y})}{\sum\limits_{i=1}^{n}(x_i-\bar{x})^2}=\frac{\sum\limits_{i=1}^{n}x_i^*y_i^*}{\sum\limits_{i=1}^{n}x_i^{*2}}=\frac{10\ 931\ 250}{20\ 625\ 000}=0.53,$$

$$\hat{\beta}_0=\overline{Y}-\hat{\beta}_1\cdot\overline{x}=2\ 074.5-0.53\times3\ 250=352,$$

即样本回归函数为 $\hat{Y}=352+0.53x$.

表 9-9

i	x_i	Y_i	x_i^*	y_i^*	$x_i^* y_i^*$	x_i^{*2}	y_i^{*2}	$\hat{Y}_i$	e_i^2
1	1 000	888	−2 250	−1 186.5	2 669 625	5 062 500	1 407 782.25	882	36
2	1 500	1 121	−1 750	−953.5	1 668 625	3 062 500	909 162.25	1 147	676
3	2 000	1 340	−1 250	−734.5	918 125	1 562 500	539 490.25	1 412	5 184
4	2 500	1 650	−750	−424.5	318 375	562 500	180 200.25	1 677	729
5	3 000	2 179	−250	104.5	−26 125	62 500	10 920.25	1 942	56 169
6	3 500	2 210	250	135.5	33 875	62 500	18 360.25	2 207	9
7	4 000	2 398	750	323.5	242 625	562 500	104 652.25	2 472	5 476
8	4 500	2 650	1 250	575.5	719 375	1 562 500	331 200.25	2 737	7 569
9	5 000	3 021	1 750	946.5	1 656 375	3 062 500	895 862.25	3 002	361
10	5 500	3 288	2 250	1 213.5	2 730 375	5 062 500	1 472 582.25	3 267	441
合计	32 500	20 745			10 931 250	20 625 000	5 870 212.5		76 650
平均	3 250	2 074.5							

9.2.4 拟合优度

样本回归线对样本观测点拟合的优劣程度称为样本回归线的**拟合优度**. 为了评价样本回归线的拟合优度,需要计算判定系数. 注意到

$$\sum_{i=1}^{n}(Y_i-\overline{Y})^2=\sum_{i=1}^{n}(Y_i-\hat{Y}_i+\hat{Y}_i-\overline{Y})^2$$

$$=\sum_{i=1}^{n}(Y_i-\hat{Y}_i)^2+\sum_{i=1}^{n}(\hat{Y}_i-\overline{Y})^2+2\sum_{i=1}^{n}(Y_i-\hat{Y}_i)(\hat{Y}_i-\overline{Y}),$$

且 $\sum_{i=1}^{n}(Y_i-\hat{Y}_i)(\hat{Y}_i-\overline{Y})=0$, 所以有

$$\sum_{i=1}^{n}(Y_i-\overline{Y})^2=\sum_{i=1}^{n}(Y_i-\hat{Y}_i)^2+\sum_{i=1}^{n}(\hat{Y}_i-\overline{Y})^2. \tag{9.2.7}$$

称

$$\mathrm{SST}=\sum_{i=1}^{n}(Y_i-\overline{Y})^2$$

为**总偏差平方和**,它反映了因变量 Y 的 n 次观测值之间的总差异. 称

$$\mathrm{SSR}=\sum_{i=1}^{n}(\hat{Y}_i-\overline{Y})^2$$

为**回归平方和**，它反映了 Y 的 n 次回归值之间的差异，这是由自变量 x 的变化对因变量 Y 的线性影响引起的. 称

$$\mathrm{SSE}=\sum_{i=1}^{n}(Y_i-\hat{Y}_i)^2$$

为**残差平方和**，它反映了观测值偏离样本回归线的程度，这种偏离是由 x 以外的其他因素引起的. 于是式(9.2.7)可以写成

$$\mathrm{SST}=\mathrm{SSE}+\mathrm{SSR}. \tag{9.2.8}$$

样本回归线与样本观测点靠得越近，即拟合程度越高，则在式(9.2.8)中回归平方和 SSR 在总偏差平方和 SST 中所占的比例就越大；反之，比例就越小. 从而可以将回归平方和占总偏差平方和的比例作为对拟合优度的度量，并称之为**判定系数**，记为 R^2，即

$$\mathrm{R}^2=\frac{\mathrm{SSR}}{\mathrm{SST}}. \tag{9.2.9}$$

易见，$0\leqslant \mathrm{R}^2\leqslant 1$，且 R^2 越大，样本回归线的拟合程度越高.

例 3 根据例 1 中数据求出 Y 对 x 回归的判定系数，并解释其意义.

解 根据式(9.2.9)和表 9-9 中有关计算结果，可计算判定系数为

$$\mathrm{R}^2=\frac{\mathrm{SSR}}{\mathrm{SST}}=1-\frac{\mathrm{SSE}}{\mathrm{SST}}=1-\frac{\sum_{i=1}^{n}(Y_i-\hat{Y}_i)^2}{\sum_{i=1}^{n}(Y_i-\overline{Y})^2}=1-\frac{76\ 650}{5\ 870\ 212.5}=0.986\ 9.$$

这说明，消费支出 Y 的观测值的总偏差平方和中，98.69%是由可支配收入的变化引起的，可见，样本回归线的拟合程度是非常高的.

9.2.5 显著性检验

为保证样本回归函数能用于预测或控制，需要对 x 与 Y 是否线性相关做显著性检验. 因为当且仅当 $\beta_1\neq 0$ 时，Y 与 x 之间存在线性相关关系，所以提出假设：

$$H_0:\beta_1=0,\quad H_1:\beta_1\neq 0. \tag{9.2.10}$$

若拒绝 H_0，则认为 Y 与 x 线性相关，所得样本回归函数有意义；若接受 H_0，则认为 Y 与 x 不存在线性相关关系，所建模型与所得样本回归函数均无意义.

对于假设(9.2.10)，下面介绍两种常用的检验方法.

1. F 检验法

当 H_0 成立时，由定理 9.2.1 可以证明统计量

$$F=\frac{\mathrm{SSR}}{\mathrm{SSE}/(n-2)}\sim F(1,n-2).$$

给定显著性水平 α，若 F 的观测值 $f>F_\alpha$，则拒绝 H_0；反之，则接受 H_0.

2. T 检验法

当 H_0 为真时，由定理 9.2.1 可以证明统计量

$$T=\frac{\hat{\beta}_1}{\sqrt{\hat{\sigma}^2\Big/\sum_{i=1}^{n}(x_i-\overline{x})^2}}\sim t(n-2).$$

给定显著性水平 α，若 T 观测值 $|t|>t_{\alpha/2}(n-2)$，则拒绝 H_0；反之，则接受 H_0.

在回归分析中，F 检验法主要用于检验整个总体回归函数是否有效，T 检验法主要用于检验回归系数的显著性.

例 4 分别采用 F 检验法和 T 检验法判断例 1 中家庭可支配收入是否对消费支出有显著影响.

解 在例 2 中已估计出 $\hat{\beta}_1=0.53$，且根据表 9-9 中有关计算结果得

$$\mathrm{SST}=\sum_{i=1}^{n}(Y_i-\overline{Y})^2=5\ 870\ 212.5,$$

$$\mathrm{SSE}=\sum_{i=1}^{n}(Y_i-\hat{Y}_i)^2=76\ 650,$$

$$\hat{\sigma}^2=\frac{1}{n-2}\sum_{i=1}^{n}e_i^2=\frac{1}{n-2}\sum_{i=1}^{n}(Y_i-\hat{Y}_i)^2=\frac{76\ 650}{10-2}=9\ 581.25,$$

$$\sum_{i=1}^{n}(x_i-\overline{x})^2=20\ 625\ 000.$$

对于假设(9.2.10)，分别计算 F 统计量和 T 统计量的观测值

$$f=\frac{\mathrm{SSR}}{\mathrm{SSE}/(n-2)}=\frac{5\ 870\ 212.5-76\ 650}{76\ 650/(10-2)}=604.68,$$

$$t=\frac{\hat{\beta}_1}{\sqrt{\hat{\sigma}^2\Big/\sum_{i=1}^{n}(x_i-\overline{x})^2}}=\frac{0.53}{\sqrt{9581.25/20\ 625\ 000}}=\frac{0.53}{0.215\ 5}=24.590\ 2.$$

对于显著性水平 $\alpha=0.05$，查 F 分布的 α 分位数表得 $F_{0.025}(1,8)=7.57$，查 t 分布的 α 分位数表得 $t_{0.025}(8)=2.306$.

由于 $f=604.68>7.57$，$|t|=24.590\ 2>2.306$，故无论采用 F 检验法还是 T 检验法，决策结果都是拒绝 H_0，即认为家庭可支配收入对消费支出有显著影响.

由此可见，对于一元线性回归，F 检验法和 T 检验法的结果是一致的.

9.2.6 预测

当一元线性回归模型通过显著性检验后，可以利用样本回归函数对因变量进行点预测或区间预测.

对于给定的 x_0，由式(9.2.1)知对应的变量 $Y_0=\beta_0+\beta_1x_0+\varepsilon_0$ 是一个随机变

量，但是由样本回归函数(9.2.4)可得

$$\hat{Y}_0=\hat{\beta}_0+\hat{\beta}_1 x_0,$$

则称 $\hat{Y}_0$ 为 Y_0 的**预测值**. 在预测值的基础上，可以对 Y_0 作区间预测.

在给定的显著性水平 α 下，Y_0 的**预测区间**为

$$\hat{Y}_0 \pm t_{\alpha/2}(n-2)\hat{\sigma}\sqrt{1+\frac{1}{n}+\frac{(x_0-\bar{x})^2}{\sum\limits_{i=1}^{n}(x_i-\bar{x})^2}}; \tag{9.2.11}$$

在给定的显著性水平 α 下，**均值 $E(Y_0)$ 的预测区间**为

$$\hat{Y}_0 \pm t_{\alpha/2}(n-2)\hat{\sigma}\sqrt{\frac{1}{n}+\frac{(x_0-\bar{x})^2}{\sum\limits_{i=1}^{n}(x_i-\bar{x})^2}}. \tag{9.2.12}$$

Y_0 和 $E(Y_0)$的预测区间如图 9-3 所示，由式(9.2.11)及式(9.2.12)知，在进行预测时，x_0 不能距离 $\bar{x}$ 太远，否则预测的精度会大大降低.

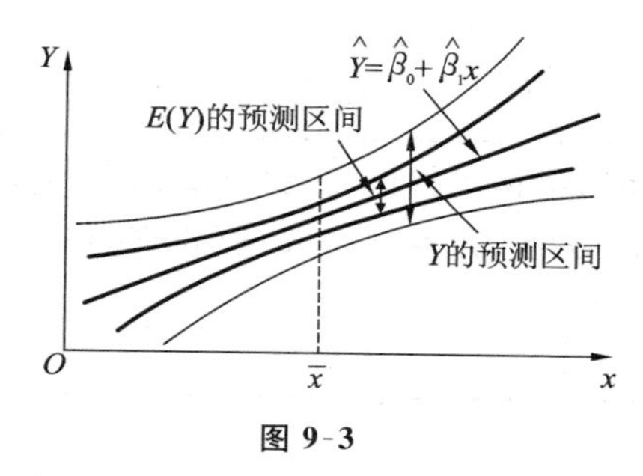

图 9-3

例 5 对于例 1，预测当家庭可支配收入达到 6 000 元时的消费支出水平.

解 当家庭可支配收入 $x_0=6\ 000$ 时，由例 2 得消费支出水平 Y_0 的预测值为

$$\hat{Y}_0=352+0.35x_0=352+0.35\times 6\ 000=3\ 532.$$

根据表 9-9 得

$$\hat{\sigma}=\sqrt{\frac{1}{n-2}\sum_{i=1}^{n}e_i^2}=\sqrt{\frac{1}{n-2}\sum_{i=1}^{n}(Y_i-\hat{Y}_i)^2}=\sqrt{\frac{76\ 650}{10-2}}=\sqrt{9\ 581.25}=97.883\ 9,$$

$$\bar{x}=3\ 250,\quad \sum_{i=1}^{n}(x_i-\bar{x})^2=20\ 625\ 000.$$

对于显著性水平 $\alpha=0.05$，查 t 分布的 α 分位数表得 $t_{0.025}(8)=2.306$.

于是，根据式(9.2.11)得 Y_0 的预测区间为(3 258.64，3 805.36)，根据式(9.2.12)得 Y_0 的均值 $E(Y_0)$的预测区间为(3 377.81，3 686.19).

*9.2.7 可化为一元线性回归的情形

在实际应用中，两个变量之间的相关关系并不常常是线性的，也可能是非线性

的,在这样的情形下,可通过适当的变量替换将非线性的回归问题转化为线性回归,下面列出在经济领域常用的**非线性回归模型(曲线回归模型)**及相应的变量替换,如表 9-10 所示.

表 9-10

曲线回归模型	变量替换	变换后的模型
$Y=\beta_0+\beta_1\dfrac{1}{x}+\varepsilon$ $\varepsilon\sim N(0,\sigma^2)$	$x'=\dfrac{1}{x}$ $Y'=Y$	$Y'=\beta_0+\beta_1x'+\varepsilon$ $\varepsilon\sim N(0,\sigma^2)$
$Y=\alpha e^{\beta x}\cdot\varepsilon$ $\ln\varepsilon\sim N(0,\sigma^2)$	$x'=x,Y'=\ln Y$, $\beta_0=\ln\alpha,\beta_1=\beta$, $\varepsilon'=\ln\varepsilon$,	$Y'=\beta_0+\beta_1x'+\varepsilon'$ $\varepsilon'\sim N(0,\sigma^2)$
$Y=\alpha x^{\beta}\cdot\varepsilon$ $\ln\varepsilon\sim N(0,\sigma^2)$	$x'=\ln x,Y'=\ln Y$, $\beta_0=\ln\alpha,\beta_1=\beta$, $\varepsilon'=\ln\varepsilon$,	$Y'=\beta_0+\beta_1x'+\varepsilon'$ $\varepsilon'\sim N(0,\sigma^2)$

例 6 炼钢过程中用来盛钢水的钢包,由于受钢水的侵蚀作用,容积会不断扩大.表 9-11 给出了使用次数(x)和容积增大量(Y)的 14 对试验数据.求 Y 关于 x 的样本回归函数.

表 9-11

i	1	2	3	4	5	6	7	8	9	10	11	12	13	14
x_i	2	3	4	5	6	7	8	9	10	11	12	13	14	15
Y_i	6.42	8.2	9.58	9.5	9.7	10	9.93	9.99	10.49	10.59	10.6	10.8	10.6	10.9

解 利用表 9-11 中数据作散点图,如图 9-4 所示.

由图 9-4,增大容积量开始变化较快,然后逐渐减缓,变化趋势呈双曲线状,因此设

$$Y=\beta_0+\beta_1\frac{1}{x}+\varepsilon, \tag{9.2.13}$$

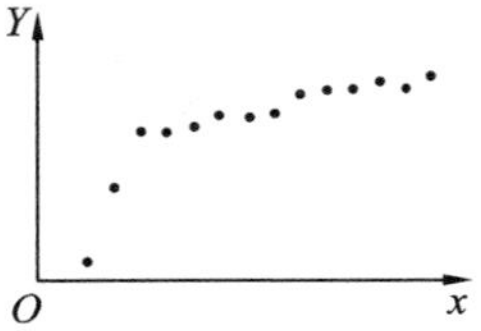

图 9-4

其中 $\varepsilon\sim N(0,\sigma^2)$.令 $x'=\dfrac{1}{x}$,$Y'=Y$,则式(9.2.13)变成

$$Y'=\beta_0+\beta_1x'+\varepsilon. \tag{9.2.14}$$

对表 9-11 中的 x_i 求倒数,可得新数据(见表 9-12),并作其散点图,如图 9-5 所示.

表 9-12

i	1	2	3	4	5	6	7
$x'_i=1/x_i$	0.500 0	0.333 3	0.250 0	0.200 0	0.166 7	0.142 9	0.125 0
$Y'_i=Y_i$	6.42	8.2	9.58	9.5	9.7	10	9.93
i	8	9	10	11	12	13	14
$x'_i=1/x_i$	0.111 1	0.100 0	0.090 9	0.083 3	0.076 9	0.071 4	0.066 7
$Y'_i=Y_i$	9.99	10.49	10.59	10.6	10.8	10.6	10.9

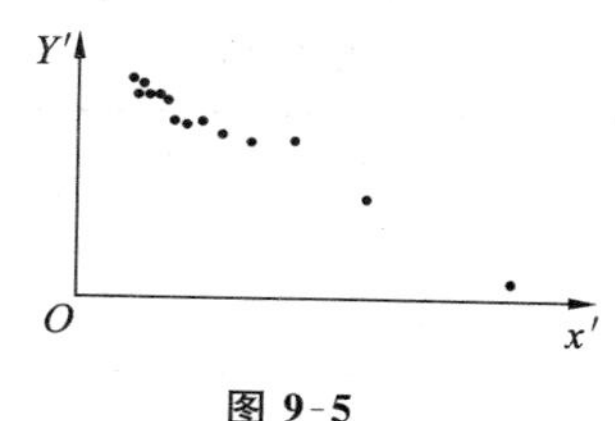

图 9-5

利用表 9-12 中的数据求得式(9.2.14)中参数的最小二乘估计为

$$\hat{\beta}_0=11.399\ 9,\quad \hat{\beta}_1=-9.618\ 7,$$

从而式(9.2.14)对应的样本回归函数为

$$\hat{Y}'=11.399\ 9-9.618\ 7x',$$

代回原变量得 Y 关于 x 的样本回归函数为

$$\hat{Y}=11.399\ 9-9.618\ 7\,\frac{1}{x}.$$

对于例 6,模型(9.2.13)并不一定是最佳的. 在实际应用中,往往是选用几种不同的曲线回归模型,然后分别计算相应的残差平方和 Q(或标准误差 $\hat{\sigma}=\sqrt{\hat{\sigma}^2}$)进行比较,$Q$ (或 $\hat{\sigma}$)最小者为最优拟合.

习题 9.2

1. 从某公司分布在 12 个地区的销售点的销售量(Y)和销售价格(x)观测值得出以下结果:

$$\overline{x}=519.8,\overline{Y}=217.82,\sum x_i^2=3\ 534\ 543,$$

$$\sum x_iY_i=1\ 296\ 836,\sum Y_i^2=583\ 512.$$

(1)做销售量对销售价格的回归分析,并解释其结果;

(2)样本回归线未解释的销售量的偏差部分是多少?

2. 某企业研究与发展经费和利润(单位:万元)的数据如表 9-13 所示.

表 9-13

年　份	2002	2003	2004	2005	2006	2007	2008	2009	2010	2011
研究与发展经费	10	10	8	8	8	12	12	12	11	11
利润	100	150	200	180	250	300	280	310	320	300

根据表 9-13 中数据：

(1)做散点图，并对企业研究与发展经费和利润两个变量做回归分析；

(2)计算判定系数，并解释其意义；

(3)对总体回归函数整体的显著性进行检验.

3. 我国 1991—2010 年国内生产总值和财政收入(单位：亿元)资料如表 9-14 所示.

表 9-14

年份	国内生产总值	财政收入
1991	21 781.5	3 149.48
1992	26 923.5	3 483.37
1993	35 333.9	4 348.95
1994	48 197.9	5 218.10
1995	60 793.7	6 242.20
1996	71 176.6	7 407.99
1997	78 973.0	8 651.14
1998	84 402.3	9 875.95
1999	89 677.1	11 444.08
2000	99 214.6	13 395.23
2001	109 655.2	16 386.04
2002	120 332.7	18 903.64
2003	135 822.8	21 715.25
2004	159 878.3	26 396.47
2005	184 937.4	31 649.29
2006	216 314.4	38 760.20
2007	265 810.3	51 321.78
2008	314 045.4	61 330.35
2009	340 902.8	68 518.30
2010	401 202.0	83 101.51

资料来源：《2011 年中国统计年鉴》.

根据表 9-14 中数据：

(1)画散点图；

(2)建立一元线性回归模型，并解释斜率系数的经济意义；

(3)估计所建立模型的参数，并对回归系数的显著性进行检验；

(4)若 2011 年的国内生产总值为 451 202.8 亿元，确定 2011 年财政收入的预测值和预测区间.($\alpha=0.05$)

数学家许宝騄简介

许宝騄

许宝騄，字闲若，原籍浙江杭州，1910 年 9 月生于北京，1970 年 12 月逝世.其祖父曾任苏州知府，父亲曾任两浙盐运使，系名门世家.兄弟姊妹共 7 人，他最幼，其兄许宝驹、许宝骙均为专家，姊夫俞平伯是著名的文学家.许宝騄是中国现代数学家、统计学家，在中国开创了概率论、数理统计的教学与研究工作，在黎曼-皮尔逊理论、参数估计理论、多元分析、极限理论等方面取得卓越成就，是多元统计分析学科的开拓者之一.

许宝騄幼年随父赴任，大部分时间都由父亲聘请家庭教师传授，攻读《四书》、《五经》、历史及古典文学，10 岁后学作文言文，因此他的文学修养很深.14 岁时，他考入北京汇文中学.1928 年汇文中学毕业后考入燕京大学理学院.中学期间他对数学颇有兴趣，入大学后了解到清华大学数学系最好，决心转学念数学.1929 年入清华大学数学系，当时的老师有熊庆来、孙光远、杨武之等，一起学习的有华罗庚、柯召等人.1933年毕业获理学士学位,欲赴英留学,体检时发现体重太轻不合格,未能成行,于是休养一年.1934—1935年在北京大学担任助教.1936年许宝騄再次赴英留学,派往伦敦大学学院,在统计系学习数理统计,攻读博士学位.1938年,许宝騄因成绩优异、研究工作突出,第一个被破格用统计实习的口试来代替学校要求的新统计量的临界值表,而获得哲学博士学位.同年,系主任黎曼受聘去美国加州大学伯克利分校,他推荐将许宝騄提升为讲师,接替他在伦敦大学讲课.1939—1940年,许宝騄在多元统计分析和黎曼-皮尔逊理论中做出了奠基性的工作.

抗日战争爆发后,他决定回国效劳,终于在1940年到昆明,在西南联合大学任教,钟开莱、王寿仁、徐利治均是他的学生.1945年秋,应邀去美国加州大学伯克利分校和哥伦比亚大学任访问教授,各讲一个学期,学生中有安德森、莱曼等人.1946年到北卡罗来纳大学任教.一年后,他谢绝了一些大学的聘任,回到北京大学任教授.1948年,当选为中央研究院院士.1955年,再度当选为中国科学院学部委员.许宝騄回国后不久就发现已患肺结核,终身未婚.他长期带病工作,教学科研从未间断,直至逝世.

许宝騄在矩阵论、概率论和数理统计方面均有建树.他发展了矩阵变换的技巧,推导样本协方差矩阵的分布与某些行列式方程的根的分布,推进了矩阵论在数理统计学中的应用.

他对高斯-马尔可夫模型中方差的最优估计的研究是后来关于方差分量和方差的最佳二次估计的众多研究的起点.他揭示了线性假设的似然比检验的第一个优良性质,推动了人们对所有相似检验进行研究.1940年以来,他也在概率论方面进行工作,得到了样本方差分布的渐近展开以及中心极限定理中误差大小的阶的精确估计.他对特征函数也进行了深入的研究.1947年与H.罗宾斯合作提出的"完全收敛"则是强大数律的有趣加强,成为后来一系列有关强收敛速度的研究起点.

为了纪念他,1983年,德国施普林格出版社刊印了《许宝騄全集》,全集是由钟开莱主编,共收集了已发表的、未被发表的论文40篇.1980年与1990年秋,北京大学两次举办纪念会,并出版了《许宝騄文集》.

第9章总习题

1. 某灯泡厂用4种不同材料的灯丝生产了四批灯泡,在每批灯泡中随机抽取若干只观测其使用寿命(单位:h).观测数据如下:

   甲灯丝:1 600　1 610　1 650　1 680　1 700　1 720　1 800

   乙灯丝:1 580　1 640　1 640　1 700　1 750

丙灯丝：1 540　1 550　1 600　1 620　1 640　1 660　1 740　1 820

丁灯丝：1 510　1 520　1 530　1 570　1 600　1 680

问这四种灯丝生产的灯泡的使用寿命有无显著差异？（$\alpha=0.05$）

2. 某校高二年级共有 4 个班，采用 4 种不同的教学方法进行数学教学，为了比较这 4 种教学方法的效果是否存在明显的差异，期末统考后，从这 4 个班中各抽取 5 名考生，记录其成绩为：

一班：75　77　70　88　72　二班：83　80　85　90　84

三班：65　67　77　68　65　四班：72　70　71　65　82

问这 4 种教学方法的效果是否存在显著性差异？（$\alpha=0.05$）

3. 表 9-15 中是 2017 年 16 支公益股票的每股账面价值和当年红利(单位：元).

表 9-15

公司序号	账面价值/元	红利/元	公司序号	账面价值/元	红利/元
1	22.44	2.4	9	12.14	0.80
2	20.89	2.98	10	23.31	1.94
3	22.09	2.06	11	16.23	3.00
4	14.48	1.09	12	0.56	0.28
5	20.73	1.96	13	0.84	0.84
6	19.25	1.55	14	18.05	1.80
7	20.37	2.16	15	12.45	1.21
8	26.43	1.60	16	11.33	1.07

根据表 9-15 资料：

(1)建立每股账面价值和当年红利的回归模型，并求样本回归函数，同时解释回归系数的经济意义；

(2)对回归系数的显著性进行检验；

(3)若序号为 6 的公司的股票每股账面价值增加 1 元，估计当年红利可能为多少？

4. 美国各航空公司业绩的统计数据公布在《华尔街日报 1999 年年鉴》上. 航班正点到达率和每 10 万名乘客投诉的次数的数据如表 9-16 所示.

表 9-16

航空公司名称	航班正点到达率/(%)	投诉率/(次/10 万名乘客)
西南(Southwest)航空公司	81.8	0.21
大陆(Continental)航空公司	76.6	0.58
西北(Northwest)航空公司	76.6	0.85
美国(US Airways)航空公司	75.7	0.68
联合(United)航空公司	73.8	0.74
美洲(American)航空公司	72.2	0.93
德尔塔(Delta)航空公司	71.2	0.72
美国西部(Western)航空公司	70.8	1.22
环球(TWA)航空公司	68.5	1.25

资料来源:[美]David R. Anderson 等. 商务与经济统计. 机械工业出版社,405.

根据表 9-16 的资料:

(1)画出数据的散点图;

(2)根据散点图,判断两变量之间存在什么关系;

(3)求出投诉率对航班正点到达率的样本回归函数,并对样本回归函数中的斜率作出解释;

(4)对总体回归函数的显著性进行检验;

(5)如果航班正点到达率为 80%,估计每 10 万名乘客投诉的次数是多少?

*第 10 章　统计软件 R 的应用

如果你还觉得某个东西很难、很繁、很难记住，说明你还沉迷于细节，没有抓住实质，抓住了实质，一切都是简单的.

——柯尔莫哥洛夫

10.1　R 软件简介与安装

10.1.1　R 软件的介绍

R 软件是一种为统计计算和图形显示而设计的语言环境，是由贝尔实验室(Bell Laboratories)的 Rick Becker、John Chambers 和 Allan Wilks 开发的，提供了一系列统计和图形显示工具.

R 软件是一套完整的数据处理、计算和制图软件. 其功能包括：数据存储和处理；数组运算；完整连贯的统计分析；优秀的统计制图；简便而强大的编程语言(可操纵数据的输入和输出，可实现分支、循环，用户可自定义功能). 目前国外绝大多数的统计和计量经济学研究人员以及实业界人士都选择 R 软件!

10.1.2　R 软件的下载与安装

R 软件的官方网站是 http://www.r-project.org/，在这个网站上可以免费下载 R 软件的 Windows 版本，当前的版本是 R-2.14 版(2011 年 10 月 31 日发布).

R 软件安装非常容易，运行下载的安装程序，如 R-2.14.0-win32.exe，按照 Windows 提示安装即可. 当开始安装后，选择安装提示的语言(中文或英文)，接受安装协议，选择安装目录，并选择安装组件.

R 软件的界面与 Windows 的其他编程软件类似，由一些菜单和快捷按钮组成. 快捷按钮下面的窗口便是命令输入窗口，它也是部分运算结果的输出窗口，有些运算结果(如图形)则会在新建的窗口中输出.

如图 10-1 所示，主窗口上方的一些文字(如果是中文操作系统，则显示中文)是运行 R 软件时出现的一些说明和指引. 文字下方的“>”符号便是 R 软件的命令提示符，在其后可以输入命令. R 软件一般采用交互式工作方式，在命令提示符后输入命令，回车后便会输出计算结果. 也可以将所有命令建立成一个文件，运行这个文件的全部或部分来执行相应的命令，从而得到相应的结果.

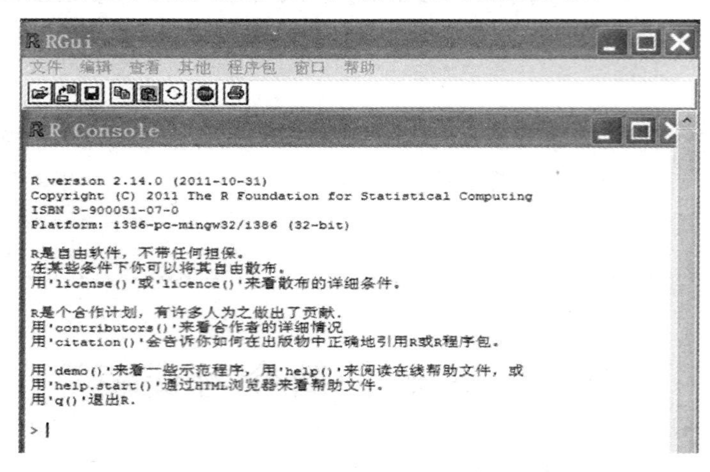

图 10-1

10.2 向量、数组与矩阵

10.2.1 向量

1. 向量的赋值

R 软件中最简单的运算是向量赋值. 如果要建立名为 x 的向量，相应分量为 1.2，2.6，3.5 和 54.2，使用 R 命令

```
> x<-c(1.2, 2.6, 3.5, 54.2)
```

其中 x 是向量名，<-为赋值符号，c( )为向量建立函数. 上述命令就是将函数c( )中数据赋值给向量 x.

除了直接赋值以外，对于特殊数列，还有一些更为简单的赋值方法. 下面介绍几种特殊数列的赋值方式.

(1) 等差数列.

a:b 表示从 a 开始，逐项加 1(或减 1)，直到 b 为止. 如 x<- 1:20 表示向量 x = (1,2,…,20)，x<- 20:1 表示向量 x= (20,19,…,1). 当 a 为实数、b 为整数时，向量 a:b 是实数，其间隔差为 1. 而当 a 为整数、b 为实数时，a:b 表示间隔差 1 的整数向量. 如

```
> 1.214:7
[1] 1.214 2.214 3.214 4.214 5.214 6.214
> 2:6.8
[1] 2 3 4 5 6
```

(2) 等间隔函数.

seq()函数是更一般的函数,它产生等距间隔的数列,其基本形式为

```
seq(from= value1, to= value2, by= value3)
```

即从 value1 开始,到 value2 结束,中间间隔为 value3. 如

```
> seq(- 3,5,0.4)
[1] -3.0 -2.6 -2.2 -1.8 -1.4 -1.0 -0.6 -0.2 0.2 0.6 1.0 1.4 1.8 2.2
[15] 2.6 3.0 3.4 3.8 4.2 4.6 5.0
```

从上述定义来看,seq(2,7)等价于 2:7. 在不作特别声明的情况下,其间隔为 1.

(3) 重复函数.

rep()是重复函数,它可以将某一向量重复若干次再放入新的变量中,如

```
> x<-c(1,3,6)
> x
[1] 1 3 6
> rep(x,3)
[1] 1 3 6 1 3 6 1 3 6
```

2. 向量的运算

向量可以作加(+)、减(—)、乘(*)、除(/)和乘方(^)运算,其含义是对向量的每一个元素进行运算. 其中加、减和数乘运算与通常的向量运算基本相同,如在主窗口中输入

```
> x<-c(- 1,2,6); y<-c(2,5,1);
> v<-3* x- y+ 1; v
[1] - 4 2 18
```

第一行输入向量 x 和 y,第二行将向量的计算结果赋值给 v,其中 3* x- y 是作通常的向量运算,+1 表示向量的每个分量均加 1.

注 分号表示不显示该命令的运算结果.

对于向量的乘法、除法、乘方运算,其意义是对相应向量的每个分量作乘法、除法、乘方运算,如

```
> x* y
[1]  - 2     10    6
> x/y
[1]  - 0.5    0.4   6.0
> x^3
[1]  - 1      8    216
```

x<- 2* 1:15 并不是表示 2 到 15，而是表示向量 x= (2,4,…,30)，即 x<- 2* (1:15)，也就是等差运算优先于乘法运算. 同理，1:n- 1 并不是表示 1 到 n- 1，而是表示向量 1:n 减去 1. 如

```
> n< - 10
> 1:n- 1
[1] 0 1 2 3 4 5 6 7 8 9
> 1:(n- 1)
[1] 1 2 3 4 5 6 7 8 9
```

R 软件还可以作函数运算，如基本初等函数 log()，exp()，cos()，sqrt()等. 当自变量为向量时，函数的返回值也是向量，即每个分量取相应的函数值. 如

```
> exp(x)
[1]0.3678794    7.3890561    403.4287935
> sqrt(y)
[1] 1.414214    2.236068    1.000000
```

但 sqrt(—1)会给出 NAN 的警告信息，因为负数不能开方.

3. 与向量运算有关的函数

(1)求向量的最小值与最大值.

min(x)，max(x)分别表示求向量 x 的最小分量和最大分量. 如

```
> x<-c(- 7, 2, - 41, 3, 64)
> min(x)
[1] - 41
> max(x)
[1] 64
```

与 min( )和 max( )有关的函数 which. min( ) 和 which. max( )分别表示在第几个分量取得最小值和最大值. 如

```
> which.min(x)
[1] 3
> which.max(x)
[1] 5
```

(2)求和函数与乘积函数.

sum(x)表示求向量 x 的分量之和,即 $\sum_{i=1}^{n} x_i$,prod(x)表示求向量 x 的分量之积,即 $\prod_{i=1}^{n} x_i$,还有 length(x)表示求向量 x 的分量的个数,即 n. 如

```
> x<-c(- 2,3 ,4,- 7, 20)
> prod(x)
[1] 3360
> sum(x)
[1] 18
> length(x)
[1] 5
```

10.2.2 多维数组和矩阵

数组有一个特征属性，叫做**维数向量**，维数向量是一个元素取正数数值的向量,其分量的个性是数组的维数，比如维数向量有两个元素时数组为二维数组(矩阵). 维数向量的每一个元素指定了该下标的上界，下标的下界总为 1.

1. 将向量定义为数组

向量只有定义了维数向量后才能被看做是数组，在 R 中采用函数 dim()来确定维数. 如

```
> x<-c(1:15)
> x
[1] 1 2 3 4 5 6 7 8 9 10 11 12 13 14 15
> dim(x)<-c(3,5)
> x
     [,1] [,2] [,3] [,4] [,5]
[1,]   1    4    7   10   13
[2,]   2    5    8   11   14
[3,]   3    6    9   12   15
```

注 矩阵的元素按列存放.

2. 用 array()函数构造多维数组

R 软件可以用 array()函数直接构造数组，其构造形式为

```
array(data, dim, dimnames)
```

其中：data 是一个向量数据；dim 是数组各维数的长度，默认值为原向量的长度；dimnames 是数组维的名字，默认为空. 如

```
> Z<-array(1:20, dim= c(5,4))
> Z
     [,1] [,2] [,3] [,4]
[1,]   1    6   11   16
[2,]   2    7   12   17
[3,]   3    8   13   18
[4,]   4    9   14   19
[5,]   5   10   15   20
```

另一种方式为

```
> Y<-array(0,dim= c(3,4,2))
> Y
, , 1
     [,1] [,2] [,3] [,4]
[1,]   0    0    0    0
[2,]   0    0    0    0
[3,]   0    0    0    0
, , 2
     [,1] [,2] [,3] [,4]
[1,]   0    0    0    0
[2,]   0    0    0    0
[3,]   0    0    0    0
```

它定义了一个 $3\times4\times2$ 的三维数组，其元素均为 0. 这种方法常用来对数组作初始化.

3. 用 matrix()函数构造矩阵

函数 matrix()是构造矩阵(二维数组)的函数，其构造形式为

```
matrix(data= NA, nrow= 1, ncol= 1,byrow= FALSE, dimnames= NULL)
```

其中：data 是向量数据；nrow 是矩阵的行数；ncol 是矩阵的列数；当 byrow＝TRUE 时，生成数据按行放置，默认为 byrow＝FALSE，数据按列放置.

构造一个 3×4 阶的矩阵

```
> A< - matrix(1:12,nrow= 3,ncol= 4,byrow= TRUE)
> A
     [,1] [,2] [,3] [,4]
[1,]    1    2    3    4
[2,]    5    6    7    8
[3,]    9   10   11   12
```

4.矩阵的运算

对于矩阵 $\boldsymbol{A}$，函数 t($\boldsymbol{A}$)表示 $\boldsymbol{A}$ 的转置,即 $\boldsymbol{A}^{\mathrm{T}}$. 如

```
> t(A)
     [,1] [,2] [,3]
[1,]    1    5    9
[2,]    2    6   10
[3,]    3    7   11
[4,]    4    8   12
```

函数 det()表示求方阵行列式的值. 如

```
> B= matrix(1:9,nrow= 3,ncol= 3)
> B
     [,1] [,2] [,3]
[1,]    1    4    7
[2,]    2    5    8
[3,]    3    6    9
> det(B)
[1] 0
```

如果矩阵 $\boldsymbol{A}$ 和 $\boldsymbol{B}$ 具有相同的维数，则 $\boldsymbol{A}*\boldsymbol{B}$ 表示矩阵中对应元素的乘积，$\boldsymbol{A}$%*%$\boldsymbol{B}$表示通常意义下的两个矩阵的乘积(要求 $\boldsymbol{A}$ 的列数和 $\boldsymbol{B}$ 的行数相等). 如

```
> C= matrix(9:1, nrow= 3,ncol= 3)
> C
     [,1] [,2] [,3]
[1,]    9    6    3
[2,]    8    5    2
[3,]    7    4    1
> B* C
```

```
      [,1] [,2] [,3]
[1,]    9   24   21
[2,]   16   25   16
[3,]   21   24    9
> B % * % C
      [,1] [,2] [,3]
[1,]   90   54   18
[2,]  114   69   24
[3,]  138   84   30
```

10.3 数据特征分析

已知一组实验(或观测)数据为

$$x_1,\cdots,x_n,$$

它们是从所要研究的对象的全体——总体中抽取的,这 n 个观测值就构成一个样本. 数据分析的任务就是要对这全部数据进行分析,提取数据中包含的有用信息.

数据作为信息的载体,当然要分析数据中包含的主要信息,即要分析数据的主要特征,也即数据的数字特征,包含集中位置、分散程度和数据分布等.

10.3.1 位置的度量

数据位置的度量常常采用均值、中位数来计算,它们的函数命令如表 10-1 所示.

表 10-1

名称	函数命令	调用格式	说明
均值	mean()	mean(x, trim=0, na.rm=FALSE)	x 是对象(如向量);trim 是在计算前去掉 x 两端观测值的比例,默认为 0,即包含全部数据;当 na.rm=TRUE 时,允许数据中有缺失数据
中位数	median()	median(x, trim=0, na.rm=FALSE)	

例 1 已知 12 位学生的体重(单位:kg)如下:

75.0 64.0 47.3 63.5 70.3 45.3 63.5 50.0 69.0 57.6 64.0 66.0

求学生体重的平均值和中位数.

解 利用 mean()函数和 median()函数计算:

```
> x= c(75.0, 64.0, 47.3, 63.5, 70.3, 45.3, 63.5,
       50.0, 69.0, 57.6, 64.0, 66.0)
> x
[1] 75.0 64.0 47.3 63.5 70.3 45.3 63.5 50.0 69.0 57.6 64.0 66.0
> mean(x)
[1] 61.29167
> median(x)
[1] 63.75
```

即学生体重的平均值为61.291 67，中位数为63.75.

10.3.2 分散程度的度量

表示数据分散程度的特征量有方差、标准差、极差等，它们的函数命令如表10-2所示.

表 10-2

名称	函数命令	调用格式	说明
方差	var()	var(x, trim=0, na.rm=FALSE)	x是对象(如向量)；trim是在计算前去掉x两端观测值的比例，默认为0，即包含全部数据；当na.rm=TRUE时，允许数据中有缺失数据
标准差	sd()	sd(x, trim=0, na.rm=FALSE)	
极差	range()	range(x, trim=0, na.rm=FALSE)	

除此之外，还可以计算样本的顺序统计量，采用函数sort()实现，相应的下标由order(x)或sort.list(x)列出.

例 2 按例1的数据，计算方差、标准差、极差和顺序统计量：

```
> x= c(75.0, 64.0, 47.3, 63.5, 70.3, 45.3, 63.5, 50.0,
       69.0, 57.6, 64.0, 66.0)
> var(x)
[1] 87.97356
> sd(x)
[1] 9.379422
> sort(x)
[1] 45.3 47.3 50.0 57.6 63.5 63.5 64.0 64.0 66.0 69.0 70.3 75.0
> order(x)
[1] 6  3  8  10  4  7  2  11  12  9  5  1
> range(x)
[1] 45.3  75.0
```

10.3.3 数据的分布

R 软件提供了计算常用分布的分布函数、分布律或密度函数，以及分布函数的反函数等各种函数的计算命令.

例如，考虑 $X\sim N(\mu,\sigma^2)$，对于任意的 X，计算其分布函数的函数调用格式为

pnorm(x, mu, sigma),

其中 pnorm()是计算正态分布的分布函数的函数命令，mu 是均值，sigma 是标准差. 相应的密度函数的计算函数调用格式为

dnorm(x, mu, sigma),

其中 dnorm()是计算正态分布密度函数的函数命令.

例如，计算标准正态分布的 $\alpha/2(\alpha=0.05)$分位点，其计算函数调用格式为

$z_{\alpha/2}$qnorm(1- 0.025, 0,1),

其中函数 qnorm()是计算标准正态分布的分位数的函数命令.

又如，产生 20 个标准正态分布的随机数，即

```
> X< - rnorm(20,0,1)
> X
```

结果显示：

```
[1]   -0.2260611  0.7050371  -0.2613115  0.3493617
[5]   -0.3126734  -0.3926192  -2.0420380  2.6297815
[9]   1.4898835  -2.0457490  0.7251750  -0.7247529
[13]  0.4032449  2.2829751  -0.1400404  1.1970784
[17]  0.7606957  -0.7231654  0.7491000  0.8375281
```

其中 rnorm()是生成正态分布随机数的函数命令，参数 0,1 可以默认.

正态分布的函数命令 dnorm()，pnorm()，qnorm()和 rnorm()的使用方法：

```
dnorm(x, mean= 0, sd= 1,log= FALSE)
pnorm(q, mean= 0, sd= 1,lower.tail= TRUE,log.p= FALSE)
qnorm(p, mean= 0, sd= 1,lower.tail= TRUE,log.p= FALSE)
rnorm(n, mean= 0, sd= 1)
```

其中：x,q 是由数值型变量构成的向量；p 是由概率构成的向量；n 是产生随机数的个数；mean 是要计算的正态分布的均值，默认为 0；sd 是要计算的正态分布的标准差，默认为 1；函数 dnorm()的返回值是正态分布的密度函数；函数 pnorm()的返回值是正态分布的分布函数；函数 qnorm()的返回值是给定概率 p 后的分位点；函数 rnorm()的返回值是由 n 个正态分布的随机数构成的向量.

这里 log 和 log. p 是逻辑变量，当它为真(TRUE)时，函数的返回值不再是正态分布，而是对数正态分布；lower. tail 也是逻辑变量. 当 lower. tail＝TRUE 时，分

布函数的计算公式为

$$F(x)=P\{X\leqslant x\};$$

当 lower. tail=FALSE 时，分布函数的计算公式为

$$F(x)=P\{X>x\}.$$

再看一个离散型随机变量的例子，如泊松分布. 泊松分布的使用格式为：

```
dpois(x, lamda, log= FALSE)
ppois(q, lamda, lower.tail= TRUE, log.p= FALSE)
qpois(p, lamda, lower.tail= TRUE, log.p= FALSE)
rnorm(n, lamda)
```

其中 lamda 是泊松分布的参数 λ.

注意，由于泊松分布是离散分布，当 x 是整数 k 时，其意义为

$$P\{X=x\}=\frac{\lambda^k e^{-\lambda}}{k!}= \text{dpois(x, lamda)};$$

当 x 不是整数时，dpois(x, lamda)=0. 对于 ppois()，无论 x 是否是整数，其意义为

$$F(x) = \sum_{k=0}^{[x]} \frac{\lambda^k e^{-\lambda}}{k!} = \text{ppois(x, lamda)}.$$

给定概率 p，qpois(p, lamda)的返回值是 $P\{X=k\}\geqslant p$ 的最小整数 k.

其他类型的分布也有类似的函数命令. 表 10-3 列出来几种常用的分布函数在 R 软件中的调用函数名称及参数.

表 10-3

概率分布	R 对应的名字	附加参数
二项式分布	binom	size, prob
卡方分布	chisq	df, ncp
指数分布	exp	rate
F 分布	f	df1, df1, ncp
几何分布	geom	prob
超几何分布	hyper	m, n, k
正态分布	norm	mean, sd
泊松分布	pois	lamda
t 分布	t	df, ncp
均匀分布	unif	min, max

其中不同的名字前缀表示不同的含义，d 表示密度函数，p 表示分布函数，q 表示分位数，以及 r 表示随机模拟或者随机数发生器.

例 3 一电话交换台每分钟接到的呼叫次数 $X\sim P(4)$. 求:(1)每分钟恰有 8 次呼叫的概率;(2)每分钟呼叫的次数多于 10 次的概率.

解 由于 $X\sim P(4)$,则

(1) $P\{X=8\}=$ dpois(8, 4)= 0.029 770 18;

(2) $P\{X>10\}=1-P\{X\leqslant 10\}=1-$ ppois(10, 4)= 0.002 839 766.

例 4 设顾客在银行的窗口等待服务的时间 X(以分钟计)服从指数分布,其密度函数为

$$f(x)=\begin{cases}\frac{1}{5}e^{-\frac{x}{5}}, & x>0,\\ 0, & x\leqslant 0.\end{cases}$$

某顾客在窗口等待服务,若超过 10 分钟,他就离开,他一个月要到银行 5 次. 以 Y 表示一个月内他未等到服务而离开窗口的次数,试求 $P\{Y\geqslant 1\}$.

解 顾客在窗口等待服务,一次不超过 10 分钟的概率为

$$P\{X\leqslant 10\}=\text{pexp}(10,0.2)=0.865,$$

故顾客在去银行一次未等到服务而离开的概率为 $P\{X>10\}=1-P\{X\leqslant 10\}\approx 0.135$,从而 $Y\sim B(5,0.135)$, 所以

$$P\{Y\geqslant 1\}=1-P\{Y=0\}=1-\text{dbinom}(0, 5,0.135)\approx 0.516\ 7.$$

10.4 利用 R 进行假设检验

10.4.1 正态总体均值的假设检验

在 8.2 节介绍了正态总体均值的假设检验,当方差已知时采用 U 检验,当方差未知时采用 T 检验. 在实际问题中,正态总体的方差通常是未知的,所以常用 T 检验法来检验关于正态总体均值的检验问题.

在 R 软件中,函数 t.test()提供了 T 检验和相应的区间估计的功能,其使用格式如下:

```
t.test(x, y= NULL,
    alternative= c("two.sided", "less", "greater"),
    mu= 0, paired= FALSE, var.equal= FALSE,
    conf.level= 0.95,...)
```

其中 x,y 是由数据构成的向量(如果只有 x,则作单个正态总体的均值检验;否则作两个总体的均值检验);alternative 表示备择假设;two. sided(默认)表示双侧检验($H_1:\mu\neq\mu_0$);less 表示左侧检验($H_1:\mu<\mu_0$);greater 表示右侧检验($H_1:\mu>\mu_0$);mu 表示原假设 μ_0;conf. level 是置信水平,即 $1-\alpha$,通常是 0.95.

例 1 某种元件的寿命 X(小时)服从正态分布 $N(\mu,\sigma^2)$,其中 μ,σ^2 均未知. 现测得 16 只元件的寿命如下:

159 280 101 212 224 379 179 264
222 362 168 250 149 260 485 170

问是否有理由认为该元件的平均寿命大于 225 小时?

解 按题意,需检验:

$$H_0:\mu\leqslant\mu_0=225,\quad H_1:\mu>\mu_0=225.$$

此问题是总体方差未知的单侧检验问题. 输入数据,调用函数 t.test().

输入:
```
X<-c(159, 280, 101, 212, 224, 379, 179, 264, 222, 362, 168, 250,
  149, 260, 485, 170)
  t.test(X, alternative="greater", mu=225)
```

输出:
```
One Sample t-test
 data: X
 t=0.6685, df=15, p-value=0.257
 alternative hypothesis: true mean is greater than 225
 95 percent confidence interval:
 198.2321        Inf
 sample estimates:
 mean of x
 241.5
```

结果显示,P 值为 0.257(>0.05),不能拒绝原假设,接受 H_0,即认为该元件的平均寿命不大于 225 小时.

注 P 值(p-value)就是当原假设为真时所得到的样本观察结果或更极端结果出现的概率. 如果 P 值很小,说明这种情况发生的概率很小,而如果出现了,根据小概率原理,就有理由拒绝原假设,P 值越小,拒绝原假设的理由越充分. 总之,P 值越小,表明结果越显著.

例 2 在平炉上进行一项实验以确定改变操作方法的建议是否会增加钢的得率,试验是在同一个平炉上进行的. 每次用新方法炼一炉,以后交替进行,各炼 10 炉,其得率分别为:

标准方法:78.1 72.4 76.2 74.3 77.4 78.4 76.0 75.5 76.7 77.3

新型方法:79.1 81.0 77.3 79.1 80.0 79.1 79.1 77.3 80.2 82.1

设这两样本相互独立,且分别来自正态总体 $N(\mu_1,\sigma^2)$ 和 $N(\mu_2,\sigma^2)$,其中 μ_1,μ_2 和 σ^2 未知. 问新的操作能否提高出炉率?

解 设 X 为旧炼钢炉出炉率,Y 为新炼钢炉出炉率. 依题意,需要假设:

$$H_0: \mu_1 \geqslant \mu_2, \quad H_1: \mu_1 < \mu_2.$$

这里假定 $\sigma_1^2=\sigma_2^2=\sigma^2$，因此选择 T 检验，方差相同的情况.

输入：
```
X<-c(78.1,72.4,76.2,74.3,77.4,78.4,76.0,75.5,76.7,77.3)
Y<-c(79.1,81.0,77.3,79.1,80.0,79.1,79.1,77.3,80.2,82.1)
t.test(X, Y, var.equal=TRUE, alternative="less")
```

输出：
```
Two Sample t-test
data: X and Y
t=-4.2957, df=18, p-value=0.0002176
alternative hypothesis: true difference in means is less than 0
95 percent confidence interval:
    -Inf   -1.908255
sample estimates:
mean of x mean of y
    76.23      79.43
```

结果显示，P 值为 0.000 217 6(<0.05)，故认为新的操作方法能够提高出炉率.

例 3 假设有甲、乙两种药品，试验者要比较它们在病人服用 2 小时后血液中药的含量是否相同，为此分两组进行试验. 药品甲对应甲组，药品乙对应乙组. 现从甲组随机抽取 8 位病人，从乙组抽取 6 位病人. 测得他们服药 2 小时后血液中药的浓度分别为

甲组：1.23　1.42　1.41　1.62　1.55　1.51　1.60　1.76

乙组：1.76　1.41　1.87　1.49　1.67　1.81

设服用 2 小时后病人血液中甲、乙两种药品的浓度分别为 $X\sim N(\mu_1,\sigma^2)$ 和 $Y\sim N(\mu_2,\sigma^2)$. 问：病人血液中甲、乙两种药品的浓度是否有显著差异？($\alpha=0.1$)

解 提出假设 $H_0:\mu_1=\mu_2, H_1:\mu_1\neq\mu_2$.

由于 $\sigma_1^2=\sigma_2^2=\sigma^2$ 未知，故选取 T 检验，方差相同的情况.

输入：
```
X<-c(1.23,1.42,1.41,1.62,1.55,1.51,1.60,1.76)
Y<-c(1.76,1.41,1.87,1.49,1.67,1.81)
t.test (X, Y, var.equal=TRUE, alternative="two.sided", mu=0,
      conf.level=0.9)
```

输出：
```
Two Sample t-test
data: X and Y
t=-1.6934, df=12, p-value=0.1162
alternative hypothesis: true difference in means is not equal to 0
90 percent confidence interval:
```

```
    -0.319850913   0.008184246
sample estimates:
mean of x    mean of y
  1.512500   1.668333
```

结果显示，P 值为 0.116 2 (>0.1)，故接受 H_0，即认为病人血液中甲、乙两种药品的浓度无显著差异.

10.4.2 正态总体方差的假设检验

1. 单个总体的情况

考虑单个总体的方差检验时，R 的包中没有现存的函数可以利用，因而自己可以编写程序来完成这个检验. 在检验之前，我们给出 P 值的 R 程序，函数为P_value. r.

```
P_value< - function(cdf, x, paramet= numeric(0), side= 0)
      { n< - length(paramet)
  P< - switch(n+ 1,
    cdf(x),
    cdf(x, paramet),
    cdf(x, paramet[1], paramet[2]),
    cdf(x, paramet[1], paramet[2], paramet[3])
    )
if(side< 0)     P
else if(side> 0) 1- P
else
   if(P< 1/2) 2* P
   else     2* (1- P)
     }
```

例 4 从小学 5 年级男生中抽取 20 名，测量其身高(单位:cm)如下:

136 144 143 157 137 159 135 158 147 165
158 142 159 150 156 152 140 149 148 155

在 0.05 的显著性水平下检验:(1)平均值 μ 是否等于 149? (2)方差 σ^2 是否等于 75?

解 (1)考虑均值的双侧 T 检验.

输入:X<-c(136,144,143,157,137,159,135,158,147,165,158,142,159,150,
156,152,140,149,148,155)

```
> t. test(X, mu =149)
```

输出:

```
One Sample t-test
data: X
t=0.2536, df=19, p-value=0.8025
alternative hypothesis: true mean is not equal to 149
95 percent confidence interval:
145.3736   153.6264
sample estimates:
mean of x
149.5
```

结果显示,P 值为 0.802 5(>0.05),即认为平均值 μ 等于 149 是合理的.

(2)只考虑总体均值未知时的方差检验.

输入:

```
source("P_value.")
sigma2=75;n<-length(X); S2<-var(X); df=n-1;
chi2<-df * S2/sigma2;
P<- P_value(pchisq, chi2, paramet=df, side=0)
data.frame(var=S2,df=df, chisq2=chi2, P_value=P)
```

输出:

```
  var         df      chisq2      P_value
1 77.73684    19      19.69333    0.8264785
```

结果显示,P 值为 0.826 478 5(>0.05),即认为方差 σ^2 等于 75 是合理的.

2. 两个总体的情况

比较两个总体的方差采用的是 F 检验,其函数命令为 var. test(),调用格式为

```
var.test(x, y, ratio= 1,
         alternative= c("two.sided", "less", "greater"),
         conf.level= 0.95, ...)
```

其中:x,y 是来自两个总体的数据向量;mu 是均值,当均值已知时,采用自由度为 (n_1,n_2) 的 F 分布计算 F 值,否则采用自由度为 (n_1-1,n_2-1) 的 F 分布计算 F 值;side 是指双侧检验还是单侧检验,当 side=0 时作双侧检验($H_1:\sigma_1^2\neq\sigma_2^2$),当 side<0 时作左侧检验($H_1:\sigma_1^2<\sigma_2^2$),当 side>0 时作右侧检验($H_1:\sigma_1^2>\sigma_2^2$).

例如,输入:

```
x <- rnorm(50, mean=0, sd=2)
y <- rnorm(30, mean=1, sd=1)
var. test(x, y)
```

输出:

```
F test to compare two variances
data: x and y
```

F＝2.4528，num df＝49，denom df＝29，p－value＝0.01148
alternative hypothesis：true ratio of variances is not equal to 1
95 percent confidence interval：
1.232332 4.614696
sample estimates：
ratio of variances
2.452777

结果显示，P 值为 0.011 48(<0.05)，即拒绝零假设，即 x 和 y 的方差不等.

例 5 对例 2 中炼钢炉的数据的方差进行分析.

解 输入：X<－c(78.1,72.4,76.2,74.3,77.4,78.4,76.0,75.5,76.7,77.3)
Y<－c(79.1,81.0,77.3,79.1,80.0,79.1,79.1,77.3,80.2,82.1)
var.test(X,Y)

输出：F test to compare two variances
data：X and Y
F＝1.4945,num df＝9,denom df＝9,p－value＝0.559
alternative hypothesis：true ratio of variances is not equal to 1
95 percent confidence interval：
0.3712079 6.0167710
sample estimates：
ratio of variances
1.494481

结果显示，P 值为 0.559(>0.05)，没有理由拒绝零假设，即认为 X 和 Y 的方差无差别.

10.5 利用 R 进行统计模型分析

R 软件已经很好地定义了统计模型拟合中的一些前提条件，因此能构建出一些通用的方法以用于各种问题. R 软件提供了一系列紧密联系的统计模型拟合的工具，使得拟合工作变得简单.

10.5.1 线性模型

在 R 软件中线性模型的计算函数为 lm()，其调用格式为

```
lm(formula, data, subset, weights, na.action,
  method= "qr", model= TRUE, x= FALSE, y= FALSE, qr= TRUE,
```

```
    singular.ok= TRUE, contrasts= NULL, offset, ...)
```

其中 formula 为线性模型的公式，data 为数据框，weights 为权重，method 为模型拟合计算方法.

例 1 表 10-4 中给出了 12 对父亲的身高 x 与长子的身高 Y（单位：英寸）的观测值.

表 10-4

父亲	65	63	67	64	68	62	70	66	68	67	69	71
儿子	68	66	68	65	69	66	68	65	71	67	68	70

试考虑父子之间的身高关系.

解 由父子身高的散点图（见图 10-2）可见，父亲的身高 x 与长子的身高 Y 在排除随机因素的影响下，还可能存在线性关系.

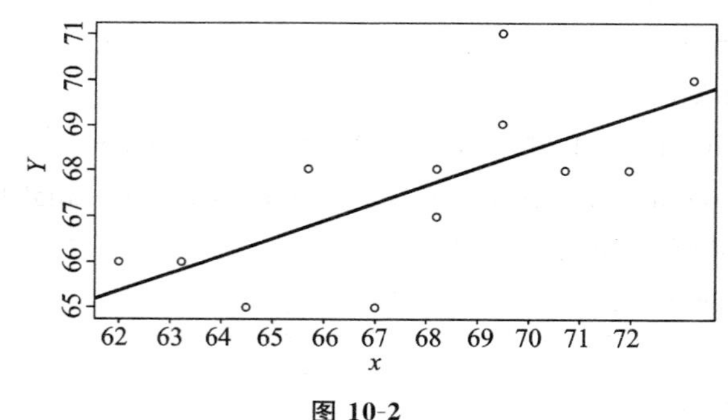

图 10-2

其计算过程如下：

输入：x<－c(65,63,67,64,68,62,70,66,68,67,69,71)

Y<－c(68,66,68,65,69,66,68,65,71,67,68,70)

lm(Y～x)

plot(x,Y)

输出：Call：

lm(formula＝Y ～ x)

Coefficients：

(Intercept)　　　　x

35.8248　　　　0.4764

即父亲的身高 x 与长子的身高 Y 之间存在线性关系：

$$\hat{Y}=0.48x+35.82.$$

例 2 为了研究某一化学反应过程中温度 x（摄氏度）对产品得率 Y（%）的影响，测得数据如表 10-5 所示：

表 10-5

温度	100	110	120	130	140	150	160	170	180	190
得率	45	51	54	61	66	70	74	78	85	89

试考察这一化学反应过程中温度 x 和产品得率 Y 之间是否存在线性关系.

解 先看看温度 x 和产品得率 Y 的散点图，如图 10-3 所示.

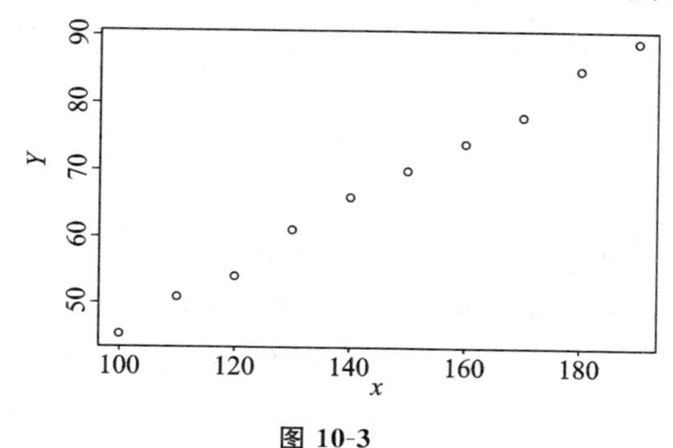

图 10-3

由散点图易见，虽然这些点是散乱的，但是大体上散布在某条直线附近，即该化学反应过程中温度与产品得率之间大致呈线性关系，这些点与直线的偏离是测试过程中随机因素影响的结果，故化学反应过程中产品得率与温度的数据之间可假设有线性模型的形式，样本量为 $n=10$.

在 R 软件中的计算如下：

输入：
```
x<-c(100,110,120,130,140,150,160,170,180,190)
Y<-c(45,51,54,61,66,70,74,78,85,89)
lm(Y~x)
```

输出：
```
Call:
lm(formula=Y ~ x)
Coefficients:
(Intercept)          x
     -2.739      0.483
```

结果显示该化学反应过程中温度与产品得率之间的线性关系为

$$\hat{Y}=-2.739+0.483x.$$

其拟合直线如图 10-4 所示.

10.5.2 方差分析

在 R 软件中 aov()函数提供了方差分析的计算，其调用格式为

```
aov(formula, data= NULL, projections= FALSE, qr= TRUE,
```

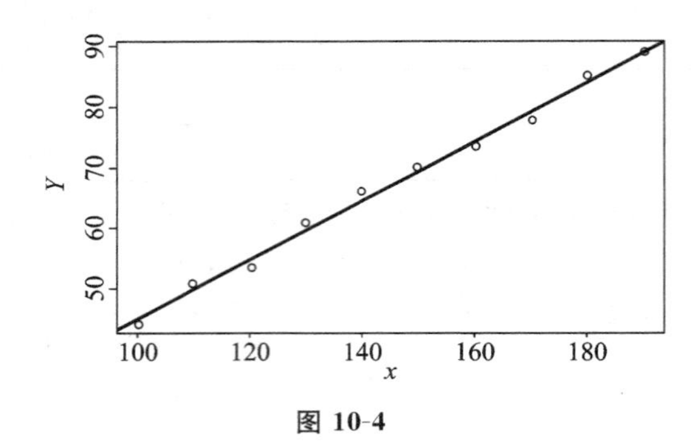

图 10-4

```
contrasts= NULL, ...)
```

其中 formula 为方差分析的公式，data 是数据框.

另外，可用 summary()列出方差分析表的详细信息.

例 3 小白鼠在接种了 3 种不同菌型的伤寒杆菌后的存活天数如表 10-6 所示. 判断小白鼠被注射 3 种菌型后平均存活天数有无显著差异.

表 10-6

菌型	存活天数										
1	2	4	3	2	4	7	7	2	2	5	4	
2	5	6	8	5	10	7	12	12	6	6		
3	7	11	6	6	7	9	5	5	10	6	3	10

解 小白鼠被注射的伤寒杆菌为因素，3 种不同的杆菌为 3 个水平，接种后的存活天数视作来自 3 个正态分布总体 $N(\mu_i,\sigma^2)(i=1,2,3)$的样本观测值.

问题归结为检验：$H_0:\mu_1=\mu_2=\mu_3$，$H_1:\mu_1,\mu_2,\mu_3$ 不全相等.

R 软件计算过程如下：

输入：

```
>mouse<-data.frame(
    X=c(2,4,3,2,4,7,7,2,2,5,4,5,6,8,5,10,7,12,12,6,6,7,11,6,
      6,7,9,5,5,10,6,3,10),A=factor(c(rep(1,11),rep(2,10),
      rep(3,12)))
      )
> Mouse.aov <-aov(X~A,data=mouse)
> summary(Mouse.aov)
```

输出：

```
            Df   Sum Sq    Mean Sq   F value      Pr(>F)
   A         2   94.26     47.13     8.484        0.0012 * *
 Residuals   30 166.65      5.56
 Signif. codes:  0 ‘* * *’ 0.001 ‘* *’ 0.01 ‘*’ 0.05 ‘.’ 0.1
```

结果显示:P 值为 0.001 2(<0.01),则应拒绝原假设,即认为小白鼠在接种 3 种不同菌型的伤寒杆菌后的存活天数有显著的差异.

数学家柯尔莫哥洛夫简介

柯尔莫哥洛夫

柯尔莫哥洛夫于 1903 年 4 月生于俄国顿巴夫,1987 年 10 月卒于苏联莫斯科,是苏联科学家.

柯尔莫哥洛夫 1920 年入莫斯科大学学习,1931 年任莫斯科大学教授,后任该校数学所所长,1939 年任苏联科学院院士. 他对开创现代数学的一系列重要分支作出了重大贡献.

柯尔莫哥洛夫建立了在测度论基础上的概率论公理系统,奠定了近代概率论的基础,他也是随机过程论的奠基人之一,其工作包括:20 世纪 20 年代关于强大数律、重对数律的基本工作;1933 年在《概率论的基本概念》一文中提出的概率论公理系统;30 年代建立的马尔可夫过程的两个基本方程;用希尔伯特空间的几何理论建立弱平稳序列的线性理论;40 年代完成独立和的弱极限理论;经验分布的柯尔莫哥洛夫统计量等.

柯尔莫哥洛夫在动力系统中开创了关于哈密顿系统的微扰理论与 K(柯尔莫哥洛夫)系统遍历理论. 他把经典力学与信息论结合起来,在 50 年代解决了非对称重刚体高速旋转的稳定性和磁力线曲面的稳定性. 在他的工作的基础上,阿诺尔德和 J. K. 莫泽完成了以他们三人名字的字首命名的 KAM 理论. 他在动力系统与遍历理论中引进的 K 熵,对具有强随机性动力系统的内部不稳定性问题的分析起了重要作用.

20 世纪 50 年代中期,他开创了研究函数特性的信息论方法,他对距离空间的集合引进了熵,他的工作及随后阿诺尔德的工作解决并深化了希尔伯特第 13 问题,用较少变量的函数表示较多变量的函数. 60 年代以后他又创立了信息算法理论.

此外,他在信息论、数理逻辑算法论、解析集合论、湍流力学、测度论、拓扑学等领域都有重大贡献. 他的工作在数学的一系列领域中,提供了新方法,开创了新方向,揭示了不同数学领域间的联系,并广泛深入地提供了它们在物理、化学、生物、工程、控制理论、计算机等各学科的应用前景.

柯尔莫哥洛夫是 20 世纪最有影响的苏联数学家之一,还是美、法、意、荷、英、德等国的院士或皇家学会会员,是三次列宁勋章的获得者.

附录A　2007—2018年硕士研究生入学考试(数学三)试题

一、选择题

1.(2007年)某人向同一目标独立重复射击,每次射击命中目标的概率为p,则此人第4次射击恰好第2次命中目标的概率为(　　).

A. $3p(1-p)^2$　　B. $6p(1-p)^2$　　C. $3p^2(1-p)^2$　　D. $6p^2(1-p)^2$

2.(2007年)设随机变量(X,Y)服从二维正态分布,且X与Y不相关,$f_x(x)$,$f_y(y)$分别表示X,Y的概率密度,则在$Y=y$条件下,X的条件概率密度$f_{X|Y}(x|y)$为(　　).

A. $f_X(x)$　　B. $f_Y(y)$　　C. $f_X(x)f_Y(y)$　　D. $\dfrac{f_X(x)}{f_Y(y)}$

3.(2008年)随机变量X,Y独立同分布,且X的分布函数为$F(x)$,则$Z=\max\{X,Y\}$的分布函数为(　　).

A. $F^2(x)$　　B. $F(x)F(y)$

C. $1-[1-F(x)]^2$　　D. $[1-F(x)][1-F(y)]$

4.(2008年)随机变量$X\sim N(0,1)$,$Y\sim N(1,4)$且相关系数$\rho_{XY}=1$,则(　　).

A. $P\{Y=-2X-1\}=1$　　B. $P\{Y=2X-1\}=1$

C. $P\{Y=-2X+1\}=1$　　D. $P\{Y=2X+1\}=1$

5.(2009年) 设事件A与事件B互不相容,则(　　).

A. $P(\overline{A}\overline{B})=0$　　B. $P(AB)=P(A)P(B)$

C. $P(A)=1-P(B)$　　D. $P(\overline{A}\cup\overline{B})=1$

6.(2009年)设随机变量X与Y相互独立,且X服从标准正态分布$N(0,1)$,Y的概率分布为$P\{Y=0\}=P\{Y=1\}=\dfrac{1}{2}$,记$F_z(Z)$为随机变量$Z=XY$的分布函数,则函数$F_Z(z)$的间断点个数为(　　).

A. 0　　B. 1　　C. 2　　D. 3

7.(2010年)设随机变量的分布函数$F(x)=\begin{cases}0, & x<0,\\ \dfrac{1}{2}, & 0\leqslant x<1,\\ 1-e^{-x}, & x\geqslant 1,\end{cases}$ 则$P\{X=1\}=$

(　　).

A. 0　　B. $\frac{1}{2}$　　C. $\frac{1}{2}-e^{-1}$　　D. $1-e^{-1}$

8. (2010年)设 $f_1(x)$ 为标准正态分布的概率密度, $f_2(x)$ 为 $[-1,3]$ 上的均匀分布的概率密度,若 $f(x)=\begin{cases} af_1(x), x\leqslant 0, \\ bf_2(x), x>0 \end{cases}$ $(a>0,b>0)$ 为概率密度,则 a,b 应满足(　　).

A. $2a+3b=4$　　B. $3a+2b=4$　　C. $a+b=1$　　D. $a+b=2$

9. (2011年)设 $F_1(x),F_2(x)$ 为两个分布函数,其相应的概率密度 $f_1(x),f_2(x)$ 是连续函数,则必为概率密度的是(　　).

A. $f_1(x)f_2(x)$　　B. $2f_2(x)F_1(x)$

C. $f_1(x)F_2(x)$　　D. $f_1(x)F_2(x)+f_2(x)F_1(x)$

10. (2011年)设总体 X 服从参数 $\lambda(\lambda>0)$ 的泊松分布, $X_1,X_1,\cdots,X_n(n\geqslant 2)$ 为来自总体的简单随机样本,则对应的统计量 $T_1=\frac{1}{n}\sum_{i=1}^{n}X_i$, $T_2=\frac{1}{n-1}\sum_{i=1}^{n-1}X_i+\frac{1}{n}X_n$ 有(　　).

A. $E(T_1)>E(T_2),D(T_1)>D(T_2)$

B. $E(T_1)>E(T_2),D(T_1)<D(T_2)$

C. $E(T_1)<E(T_2),D(T_1)>D(T_2)$

D. $E(T_1)<E(T_2),D(T_1)<D(T_2)$

11. (2012年)设随机变量 X 与 Y 相互独立,且都服从区间 $(0,1)$ 上的均匀分布,则 $P\{X^2+Y^2\leqslant 1\}=$(　　).

A. $\frac{1}{4}$　　B. $\frac{1}{2}$　　C. $\frac{\pi}{8}$　　D. $\frac{\pi}{4}$

12. (2013年)设 X_1,X_2,X_3 是随机变量,且 $X_1\sim N(0,1)$, $X_2\sim N(0,2^2)$, $X_3\sim N(5,3^2)$, $P_j=P\{-2\leqslant X_j\leqslant 2\}(j=1,2,3)$,则(　　).

A. $P_1>P_2>P_3$　　B. $P_2>P_1>P_3$

C. $P_3>P_1>P_2$　　D. $P_1>P_3>P_2$

13. (2013年)设随机变量 X 和 Y 相互独立,则 X 和 Y 的概率分布分别为:

X	0	1	2	3
P	$\frac{1}{2}$	$\frac{1}{4}$	$\frac{1}{8}$	$\frac{1}{8}$

X	-1	0	1
P	$\frac{1}{3}$	$\frac{1}{3}$	$\frac{1}{3}$

则 $P\{X+Y=2\}=$(　　).

A. $\frac{1}{12}$　　B. $\frac{1}{8}$　　C. $\frac{1}{6}$　　D. $\frac{1}{2}$

14.(2014 年)设随机事件 A 与 B 相互独立,且 $P(B)=0.5,P(A-B)=0.3$,则 $P(B-A)=$(　　).

A. 0.1　　B. 0.2　　C. 0.3　　D. 0.4

15.(2014 年)设 X_1,X_2,X_3 为来自正态总体 $N(0,\sigma^2)$ 的简单随机样本,则统计量 $\dfrac{X_1-X_2}{\sqrt{2}|X_3|}$ 服从的分布为(　　).

A. $F(1,1)$　　B. $F(2,1)$　　C. $t(1)$　　D. $t(2)$

16.(2015 年)若 A,B 为任意两个随机事件,则(　　).

A. $P(AB)\leqslant P(A)P(B)$　　B. $P(AB)\geqslant P(A)P(B)$

C. $P(AB)\leqslant\dfrac{P(A)+P(B)}{2}$　　D. $P(AB)\geqslant\dfrac{P(A)+P(B)}{2}$

17.(2015 年)设总体 $X\sim B(m,\theta)$,$X_1,X_2,\cdots,X_n$ 为来自该总体的简单随机样本,$\overline{X}$为样本均值,则 $E\left[\sum\limits_{i=1}^{n}(X_i-\overline{X})^2\right]=$(　　).

A. $(m-1)n\theta(1-\theta)$　　B. $m(n-1)\theta(1-\theta)$

C. $(m-1)(n-1)\theta(1-\theta)$　　D. $mn\theta(1-\theta)$

18.(2016 年)设 A,B 为两个随机变量,且 $0<P(A)<1,0<P(B)<1$,如果 $P(A|B)=1$,则(　　).

A. $P(\overline{B}|\overline{A})=1$　　B. $P(A|\overline{B})=0$

C. $P(A\cup B)=1$　　D. $P(B|A)=1$

19.(2016 年)设随机变量 X 与 Y 相互独立,且 $X\sim N(1,2)$,$Y\sim N(1,4)$,则 $D(XY)=$(　　).

A. 6　　B. 8　　C. 14　　D. 15

20.(2017 年)设 A,B,C 为三个随机事件,且 A 与 C 相互独立,B 与 C 相互独立,则 $A\cup B$ 与 C 相互独立的充分必要条件是(　　).

A. A 与 B 相互独立　　B. A 与 B 互不相容

C. AB 与 C 相互独立　　D. AB 与 C 互不相容

21.(2017 年)设 $X_1,X_2,\cdots,X_n(n\geqslant 2)$ 为来自总体 $N(\mu,1)$ 的简单随机样本,记 $\overline{X}=\dfrac{1}{n}\sum\limits_{i=1}^{n}X_i$,则下列结论正确的是(　　).

A. $\sum\limits_{i=1}^{n}(X_i-\mu)^2$ 服从 χ^2 分布　　B. $2(X_n-X_1)^2$ 服从 χ^2 分布

C. $\sum\limits_{i=1}^{n}(X_i-\overline{X})^2$ 服从 χ^2 分布　　D. $n(\overline{X}-\mu)^2$ 服从 χ^2 分布

22.(2018 年)设 $f(x)$ 为某分布的概率密度函数,$f(1+x)=f(1-x)$,$\int_0^2 f(x)\mathrm{d}x=$

0.6,则$P\{X<0\}=$(　　).

A.0.2　　B.0.3　　C.0.4　　D.0.6

23.(2018年)已知$X_1,X_2,\cdots,X_n$为来自总体$N(\mu,\sigma^2)$的简单随机样本,$\overline{X}=\frac{1}{n}\sum_{i=1}^{n}X_i,S=\sqrt{\frac{1}{n-1}\sum_{i=1}^{n}(X_i-\overline{X})^2},S^*=\sqrt{\frac{1}{n-1}\sum_{i=1}^{n}(X_i-\mu)^2}$,则(　　).

A.$\frac{\sqrt{n}(\overline{X}-\mu)}{S}\sim t(n)$　　B.$\frac{\sqrt{n}(\overline{X}-\mu)}{S}\sim t(n-1)$

C.$\frac{\sqrt{n}(\overline{X}-\mu)}{S^*}\sim t(n)$　　D.$\frac{\sqrt{n}(\overline{X}-\mu)}{S^*}\sim t(n-1)$

二、填空题

1.(2007年)在区间(0,1)中随机地取两个数,这两个数之差的绝对值小于$\frac{1}{2}$的概率为________.

2.(2008年)设随机变量X服从参数为1的泊松分布,则$P\{X=E(X^2)\}=$______.

3.(2009年)设$X_1,X_2,\cdots,X_m$为来自二项分布总体$B(n,p)$的简单随机样本,$\overline{X}$和S^2分别为样本均值和样本方差,记统计量$T=\overline{X}-S^2$,则$E(T)=$________.

4.(2010年)设$x_1,x_2,\cdots,x_n$为来自总体$N(\mu,\sigma^2)(\sigma>0)$的简单随机样本,记统计量$T=\frac{1}{n}\sum_{i=1}^{n}X_i^2$,则$E(T)=$________.

5.(2011年)设二维随机变量(X,Y)服从$N(\mu,\mu;\sigma^2,\sigma^2;0)$,则$E(XY^2)=$________.

6.(2012年)设A,B,C是随机事件,A,C互不相容,$P(AB)=\frac{1}{2},P(C)=\frac{1}{3}$,则$P(AB|\overline{C})=$________.

7.(2013年)设随机变量X服从标准正态分布$X\sim N(0,1)$,则$E(Xe^{2X})=$______.

8.(2014年)设总体X的概率密度为$f(x;\theta)=\begin{cases}\frac{2x}{3\theta^2},\theta<x<2\theta,\\0,\quad 其他,\end{cases}$其中$\theta$是未知参数,$X_1,X_2,\cdots,X_n$为来自总体$X$的简单样本,若$c\sum_{i=1}^{n}x_i^2$是$\theta^2$的无偏估计,则$c=$________.

9.(2015年)设二维随机变量(X,Y)服从正态分布$N(1,0;1,1;0)$,则$P\{XY-Y<0\}=$________.

10.(2016年)设袋中有红、白、黑球各1个,从中有放回地取球,每次取1个,直到三种颜色的球都取到时停止,则取球次数恰好为4的概率为________.

11.(2017年)设随机变量X的概率分布为$P\{X=-2\}=\frac{1}{2},P\{X=1\}=a$,

$P\{X=3\}=b$,若 $E(X)=0$,则 $D(X)=$__________.

12.(2018 年)已知事件 A,B,C 相互独立,且 $P(A)=P(B)=P(C)=\frac{1}{2}$,则 $P(AC|A\cup B)=$__________.

三、解答题

1.(2007 年)设二维随机变量(X,Y)的概率密度为

$$f(x,y)=\begin{cases}2-x-y, & 0<x<1,0<y<1,\\ 0, & \text{其他}.\end{cases}$$

(1)求 $P\{X>2Y\}$;

(2)求 $Z=X+Y$ 的概率密度 $f_Z(z)$.

2.(2007 年)设总体 X 的概率密度为

$$f(x;\theta)=\begin{cases}\frac{1}{2\theta}, & 0<x<\theta,\\ \frac{1}{2(1-\theta)}, & \theta\leqslant x<1,\\ 0, & \text{其他},\end{cases}$$

其中参数 $\theta(0<\theta<1)$ 未知,$X_1,X_2,\cdots,X_n$ 是来自总体 X 的简单随机样本,$\overline{X}$ 是样本均值.

(1)求参数 θ 的矩估计量 $\hat{\theta}$;

(2)判断 $4\overline{X}^2$ 是否为 θ^2 的无偏估计量,并说明理由.

3.(2008 年)设随机变量 X 与 Y 相互独立,X 的概率分布为 $P\{X=i\}=\frac{1}{3}(i=-1,0,1)$,$Y$ 的概率密度为 $f_Y(y)=\begin{cases}1, & 0\leqslant y\leqslant 1,\\ 0, & \text{其他},\end{cases}$ 记 $Z=X+Y$.

(1)求 $P\left\{Z\leqslant\frac{1}{2}\middle|X=0\right\}$;

(2)求 Z 的概率密度 $f_Z(z)$.

4.(2008 年)设 $X_1,X_2,\cdots,X_n$ 是总体为 $N(\mu,\sigma^2)$ 的简单随机样本. 记 $\overline{X}=\frac{1}{n}\sum_{i=1}^{n}X_i$,$S^2=\frac{1}{n-1}\sum_{i=1}^{n}(X_i-\overline{X})^2$,$T=\overline{X}^2-\frac{1}{n}S^2$.

(1) 证明 T 是 μ^2 的无偏估计量;

(2) 当 $\mu=0,\sigma=1$ 时,求 $D(T)$.

5.(2009 年)设二维随机变量(X,Y)的概率密度为

$$f(x,y)=\begin{cases}e^{-x}, & 0<y<x,\\ 0, & \text{其他}.\end{cases}$$

(1)求条件概率密度 $f_{Y|X}(y|x)$;

(2)求条件概率 $P\{X\leqslant 1|Y\leqslant 1\}$.

6.(2009年)袋中有一个红球、两个黑球、三个白球,现在有放回地从袋中取两次,每次取一个球,以 X、Y、Z 分别表示两次取球所取得的红球、黑球与白球的个数.

(1)求 $P\{X=1|Z=0\}$;

(2)求二维随机变量(X,Y)的概率分布.

7.(2010年)设二维随机变量(X,Y)的概率密度为 $f(x,y)=Ae^{-2x^2+2xy-y^2}$,$-\infty<x<+\infty$,$-\infty<y<+\infty$,求常数 A 及条件概率密度 $f_{Y|X}(y|x)$.

8.(2010年)箱内有6个球,其中红、白、黑球的个数分别为1,2,3,现在从箱中随机地取出2个球,设 X 为取出的红球个数,Y 为取出的白球个数.

(1)求随机变量(X,Y)的概率分布;

(2)求 $\mathrm{Cov}(X,Y)$.

9.(2011年)已知 X,Y 的概率分布如下:

X	0	1
P	1/3	2/3

Y	−1	0	1
P	1/3	1/3	1/3

且 $P(X^2=Y^2)=1$.

求:(1)(X,Y)的分布;

(2)$Z=XY$ 的分布;

(3)ρ_{XY}.

10.(2011年)设(X,Y)在 G 上服从均匀分布,G 由 $x-y=0$,$x+y=2$ 与 $y=0$ 围成.

求:(1)边缘密度 $f_X(x)$;

(2)$f_{X|Y}(x|y)$.

11.(2012年)设随机变量 X 和 Y 相互独立,且均服从参数为1的指数分布,$V=\min(X,Y)$,$U=\max(X,Y)$.

求:(1)随机变量 V 的概率密度;

(2)$E(U+V)$.

12.(2013年)设(X,Y)是二维随机变量,X 的边缘概率密度为 $f_X(x)=\begin{cases}3x^2, & 0<x<1,\\ 0, & \text{其他},\end{cases}$ 在给定 $X=x(0<x<1)$ 的条件下,Y 的条件概率密度为

$$f_{Y|X}(y|x)=\begin{cases}\dfrac{3y^2}{x^3}, & 0<y<x,\\ 0, & \text{其他}.\end{cases}$$

求:(1)(X,Y)的概率密度 $f(x,y)$;

(2)Y 的边缘密度 $f_Y(y)$;

(3)$P(X>2Y)$.

13.(2013年)设总体 X 的概率密度为 $f(x)=\begin{cases}\dfrac{\theta^2}{x^3}e^{-\frac{\theta}{x}}, & x>0,\\ 0, & 其他,\end{cases}$ 其中 θ 为未知参数且大于零,$X_1,X_2,\cdots,X_N$ 为来自总体 X 的简单随机样本.

(1)求 θ 的矩估计量;

(2)求 θ 的最大似然估计量.

14.(2014年)设随机变量 X 的概率分布为 $P\{X=1\}=P\{X=2\}=\dfrac{1}{2}$,在给定 $X=i$ 的条件下,随机变量 Y 服从均匀分布 $U(0,i)(i=1,2)$.

(1)求 Y 的分布函数 $F_Y(y)$;

(2)求 $E(Y)$.

15.(2014年)设随机变量 X 与 Y 的概率分布相同,X 的概率分布为 $P\{X=0\}=\dfrac{1}{3}$,$P\{X=1\}=\dfrac{2}{3}$,且 X 与 Y 的相关系数 $\rho_{XY}=\dfrac{1}{2}$.

(1)求 (X,Y) 的概率分布;

(2)求 $P\{X+Y\leqslant 1\}$.

16.(2015年)设随机变量 X 的概率密度为 $f(x)=\begin{cases}2^{-x}\ln 2, & x>0,\\ 0, & x\leqslant 0.\end{cases}$ 对 X 进行独立重复的观测,直到第2个大于3的观测值出现时停止,记 Y 为观测次数.

(1)求 Y 的概率分布;

(2)求 $E(Y)$.

17.(2015年)设总体 X 的概率密度为 $f(x,\theta)=\begin{cases}\dfrac{1}{1-\theta}, & \theta\leqslant x\leqslant 1,\\ 0, & 其他,\end{cases}$ 其中 θ 为未知参数,$X_1,X_2,\cdots,X_n$ 为来自该总体的简单随机样本.

(1)求 θ 的矩估计量;

(2)求 θ 的最大似然估计量.

18.(2016年)设二维随机变量 (X,Y) 在区域 $D=\{(x,y)\mid 0<x<1,x^2<y<\sqrt{x}\}$ 上服从均匀分布,令 $U=\begin{cases}1, & X\leqslant Y,\\ 0, & X>Y.\end{cases}$

(1)写出 (X,Y) 的概率密度;

(2)问 U 与 X 是否相互独立?并说明理由;

(3)求 $Z=U+X$ 的分布函数 $F(z)$.

19.(2016 年)设总体 X 的概率密度为 $f(x,\theta)=\begin{cases}\dfrac{3x^2}{\theta^3},0<x<\theta,\\0,其他,\end{cases}$ 其中 $\theta\in(0,+\infty)$ 为未知参数,X_1,X_2,X_3 为来自 X 的简单随机样本,令 $T=\max(X_1,X_2,X_3)$.

(1)求 T 的概率密度;

(2)确定 a,使得 $E(aT)=\theta$.

20.(2017 年)设随机变量 X,Y 相互独立,且 X 的概率分布为 $P(X=0)=P(X=2)=\dfrac{1}{2}$,$Y$ 的概率密度为 $f(y)=\begin{cases}2y, & 0<y<1,\\0, & 其他.\end{cases}$

(1)求 $P(Y\leqslant E(Y))$;

(2)求 $Z=X+Y$ 的概率密度.

21.(2017 年)某工程师为了解一台天平的精度,用该天平对一物体的质量做 n 次测量,该物体的质量 μ 是已知的,设 n 次测量结果 $X_1,X_2,\cdots,X_n$ 相互独立且均服从正态分布 $N(\mu,\sigma^2)$. 该工程师记录的是 n 次测量的绝对误差 $Z_i=|X_i-\mu|\ (i=1,2,\cdots,n)$,利用 $Z_1,Z_2,\cdots,Z_n$ 估计 σ.

(1)求 Z_1 的概率密度;

(2)利用一阶矩求 σ 的矩估计量;

(3)求 σ 的最大似然估计量.

22.(2018 年)已知随机变量 X,Y 相互独立,且 $P(X=1)=P(X=-1)=\dfrac{1}{2}$,$Y$ 服从参数为 λ 的泊松分布,$Z=XY$.

(1)求 $\mathrm{Cov}(X,Z)$;

(2)求 Z 的分布律.

23.(2018 年)已知总体 X 的密度函数为 $f(x,\sigma)=\dfrac{1}{2\sigma}\mathrm{e}^{-\frac{|x|}{\sigma}}$,$-\infty<x<+\infty$,$X_1,X_2,\cdots,X_n$ 为来自总体 X 的简单随机样本,σ 为大于 0 的参数,σ 的最大似然估计为 $\hat{\sigma}$.

(1)求 $\hat{\sigma}$;

(2)求 $E(\hat{\sigma}),D(\hat{\sigma})$.

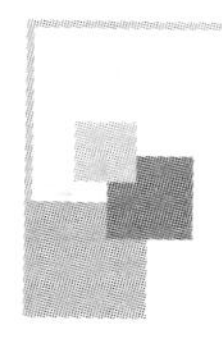

附表A 常用的概率分布

分布	参数	分布律或密度函数	数学期望	方差
0-1分布	$0<p<1$	$P\{X=k\}=p^k(1-p)^{1-k}\quad(k=0,1)$	p	$p(1-p)$
二项分布	$n\geqslant 1$，$0<p<1$	$P\{X=k\}=C_n^k p^k(1-p)^{n-k}$ $(k=0,1,\cdots,n)$	np	$np(1-p)$
几何分布	$0<p<1$	$P\{X=k\}=p(1-p)^{k-1}\quad(k=1,2,\cdots)$	$\dfrac{1}{p}$	$\dfrac{1-p}{p^2}$
泊松分布	$\lambda>0$	$P\{X=k\}=\dfrac{\lambda^k e^{-\lambda}}{k!}\quad(k=0,1,\cdots)$	λ	λ
均匀分布	$a<b$	$f(x)=\begin{cases}\dfrac{1}{b-a}, & a<x<b\\ 0, & \text{其他}\end{cases}$	$\dfrac{a+b}{2}$	$\dfrac{(b-a)^2}{12}$
指数分布	$\lambda>0$	$f(x)=\begin{cases}\lambda e^{-\lambda x}, & x>0\\ 0, & x\leqslant 0\end{cases}$	$\dfrac{1}{\lambda}$	$\dfrac{1}{\lambda^2}$
正态分布	$\mu,\sigma>0$	$f(x)=\dfrac{1}{\sqrt{2\pi}\sigma}e^{-\frac{(x-\mu)^2}{2\sigma^2}}$	μ	σ^2
χ^2分布	$n\geqslant 1$	$f(y)=\begin{cases}\dfrac{1}{2^{n/2}\Gamma(n/2)}y^{\frac{n}{2}-1}e^{-\frac{y}{2}}, & y>0\\ 0, & y\leqslant 0\end{cases}$	n	$2n$
t分布	$n\geqslant 1$	$f(t)=\dfrac{\Gamma[(n+1)/2]}{\sqrt{n\pi}\Gamma(n/2)}\left(1+\dfrac{t^2}{n}\right)^{-(n+1)/2}$	0	$\dfrac{n}{n-2}$，$n>2$
F分布	n_1,n_2	$f(x)=\begin{cases}\dfrac{\Gamma[(n_1+n_2)/2]}{\Gamma(n_1/2)\Gamma(n_2/2)}\left(\dfrac{n_1}{n_2}\right)\left(\dfrac{n_1}{n_2}x\right)^{\frac{n_1}{2}-1}\left(1+\dfrac{n_1}{n_2}x\right)^{-\frac{n_1+n_2}{2}}, & x>0\\ 0, & x\leqslant 0\end{cases}$	$\dfrac{n_2}{n_2-2}$，$n_2>2$	$\dfrac{2n_2^2(n_1+n_2-2)}{n_1(n_2-2)^2(n_2-4)}$，$n_2>4$

附表 B 常用区间估计

待估参数	条件	统计量	置信区间
均值 μ	σ^2 已知	$U=\dfrac{\overline{X}-\mu}{\sigma/\sqrt{n}}\sim N(0,1)$	$\left(\overline{X}-u_{\alpha/2}\cdot\dfrac{\sigma}{\sqrt{n}},\overline{X}+u_{\alpha/2}\cdot\dfrac{\sigma}{\sqrt{n}}\right)$
	σ^2 未知	$T=\dfrac{\overline{X}-\mu}{S/\sqrt{n}}\sim t(n-1)$	$\left(\overline{X}-t_{\alpha/2}(n-1)\cdot\dfrac{S}{\sqrt{n}},\overline{X}+t_{\alpha/2}(n-1)\cdot\dfrac{S}{\sqrt{n}}\right)$
均值差 $\mu_1-\mu_2$	σ_1^2,σ_2^2 均已知	$U=\dfrac{\overline{X}-\overline{Y}-(\mu_1-\mu_2)}{\sqrt{\sigma_1^2/n_1+\sigma_2^2/n_2}}\sim N(0,1)$	$(\overline{X}-\overline{Y}-u_{\alpha/2}\sqrt{\sigma_1^2/n_1+\sigma_2^2/n_2},$ $\overline{X}-\overline{Y}+u_{\alpha/2}\sqrt{\sigma_1^2/n_1+\sigma_2^2/n_2})$
	σ_1^2,σ_2^2 均未知但 $\sigma_1^2=\sigma_2^2$	$T=\dfrac{(\overline{X}-\overline{Y})-(\mu_1-\mu_2)}{S_W\sqrt{1/n_1+1/n_2}}\sim t(n_1+n_2-2)$, $S_W^2=\dfrac{(n_1-1)S_1^2+(n_2-1)S_2^2}{n_1+n_2-2}$	$\left(\overline{X}-\overline{Y}-t_{\alpha/2}(n_1+n_2-2)\cdot S_W\sqrt{\dfrac{1}{n_1}+\dfrac{1}{n_2}},\right.$ $\left.\overline{X}-\overline{Y}+t_{\alpha/2}(n_1+n_2-2)\cdot S_W\sqrt{\dfrac{1}{n_1}+\dfrac{1}{n_2}}\right)$
方差 σ^2	μ 已知	$\chi^2=\sum\limits_{i=1}^{n}\dfrac{(X_i-\mu)^2}{\sigma^2}\sim\chi^2(n)$	$\left(\dfrac{\sum\limits_{i=1}^{n}(X_i-\mu)^2}{\chi_{\alpha/2}^2(n)},\dfrac{\sum\limits_{i=1}^{n}(X_i-\mu)^2}{\chi_{1-\alpha/2}^2(n)}\right)$
	μ 未知	$\chi^2=\dfrac{n-1}{\sigma^2}S^2\sim\chi^2(n-1)$	$\left(\dfrac{(n-1)S^2}{\chi_{\alpha/2}^2(n-1)},\dfrac{(n-1)S^2}{\chi_{1-\alpha/2}^2(n-1)}\right)$
方差比 σ_1^2/σ_2^2	μ_1,μ_2 均未知	$F=\left(\dfrac{\sigma_2}{\sigma_1}\right)^2\dfrac{S_1^2}{S_2^2}\sim F(n_1-1,n_2-1)$	$\left(\dfrac{1}{F_{\alpha/2}(n_1-1,n_2-1)}\cdot\dfrac{S_1^2}{S_2^2},\right.$ $\left.\dfrac{1}{F_{1-\alpha/2}(n_1-1,n_2-1)}\cdot\dfrac{S_1^2}{S_2^2}\right)$

附表 C 正态总体参数的假设检验表

		条件	假设		统计量	显著性水平 α 下的拒绝域
			H_0	H_1		
单个正态总体	μ	σ^2 已知	$\mu=\mu_0$	$\mu\neq\mu_0$	$U=\dfrac{\overline{X}-\mu_0}{\sigma/\sqrt{n}}$	$\lvert u\rvert>u_{\alpha/2}$
			$\mu\leqslant\mu_0$	$\mu>\mu_0$		$u>u_\alpha$
			$\mu\geqslant\mu_0$	$\mu<\mu_0$		$u<-u_\alpha$
		σ^2 未知	$\mu=\mu_0$	$\mu\neq\mu_0$	$T=\dfrac{\overline{X}-\mu_0}{S/\sqrt{n}}$	$\lvert t\rvert>t_{\alpha/2}(n-1)$
			$\mu\leqslant\mu_0$	$\mu>\mu_0$		$t>t_\alpha(n-1)$
			$\mu\geqslant\mu_0$	$\mu<\mu_0$		$t<-t_\alpha(n-1)$
	σ^2		$\sigma^2=\sigma_0^2$	$\sigma^2\neq\sigma_0^2$	$\chi^2=\dfrac{(n-1)S^2}{\sigma_0^2}$	$\chi^2<\chi^2_{1-\alpha/2}(n-1)$ 或 $\chi^2>\chi^2_{\alpha/2}(n-1)$
			$\sigma^2\leqslant\sigma_0^2$	$\sigma^2>\sigma_0^2$		$\chi^2>\chi^2_\alpha(n-1)$
			$\sigma^2\geqslant\sigma_0^2$	$\sigma^2<\sigma_0^2$		$\chi^2<\chi^2_{1-\alpha}(n-1)$
两个正态总体	μ_1 和 μ_2 比较	σ_1^2 σ_2^2 已知	$\mu_1=\mu_2$	$\mu_1\neq\mu_2$	$U=\dfrac{\overline{X}-\overline{Y}}{\sqrt{\dfrac{\sigma_1^2}{n_1}+\dfrac{\sigma_2^2}{n_2}}}$	$\lvert u\rvert>u_{\alpha/2}$
			$\mu_1\leqslant\mu_2$	$\mu_1>\mu_2$		$u>u_\alpha$
			$\mu_1\geqslant\mu_2$	$\mu_1<\mu_2$		$u<-u_\alpha$
		$\sigma_1^2=\sigma_2^2$ 未知	$\mu_1=\mu_2$	$\mu_1\neq\mu_2$	$T=\dfrac{\overline{X}-\overline{Y}}{S_W\sqrt{1/n_1+1/n_2}}$ $S_W^2=\dfrac{(n_1-1)S_1^2+(n_2-1)S_2^2}{n_1+n_2-2}$	$\lvert t\rvert>t_{\alpha/2}(n_1+n_2-2)$
			$\mu_1\leqslant\mu_2$	$\mu_1>\mu_2$		$t>t_\alpha(n_1+n_2-2)$
			$\mu_1\geqslant\mu_2$	$\mu_1<\mu_2$		$t<-t_\alpha(n_1+n_2-2)$
	σ_1^2 和 σ_2^2 比较		$\sigma_1^2=\sigma_2^2$	$\sigma_1^2\neq\sigma_2^2$	$F=\dfrac{S_1^2}{S_2^2}$	$f<F_{1-\alpha/2}(n_1-1,n_2-1)$ 或 $f>F_{\alpha/2}(n_1-1,n_2-1)$
			$\sigma_1^2\leqslant\sigma_2^2$	$\sigma_1^2>\sigma_2^2$		$f>F_\alpha(n_1-1,n_2-1)$
			$\sigma_1^2\geqslant\sigma_2^2$	$\sigma_1^2<\sigma_2^2$		$f<F_{1-\alpha}(n_1-1,n_2-1)$

附表 D 泊松分布表

$$P\{X \geqslant m\} = \sum_{k=m}^{\infty} \frac{\lambda^k}{k!} e^{-\lambda}$$

m \ λ	0.1	0.2	0.3	0.4	0.5	0.6	0.7	0.8
0	1.000 000	1.000 000	1.000 000	1.000 000	1.000 000	1.000 000	1.000 000	1.000 000
1	0.095 163	0.181 269	0.259 182	0.329 680	0.393 469	0.451 188	0.503 415	0.550 671
2	0.004 679	0.017 523	0.036 936	0.061 552	0.090 204	0.121 901	0.155 805	0.191 208
3	0.000 155	0.001 148	0.003 599	0.007 926	0.014 388	0.023 115	0.034 142	0.047 423
4	0.000 004	0.000 057	0.000 266	0.000 776	0.001 752	0.003 358	0.005 753	0.009 080
5		0.000 002	0.000 016	0.000 061	0.000 172	0.000 394	0.000 786	0.001 411
6			0.000 001	0.000 004	0.000 014	0.000 039	0.000 090	0.000 184
7					0.000 001	0.000 003	0.000 009	0.000 021
8							0.000 001	0.000 002

m \ λ	0.9	1.0	1.5	2.0	2.5	3.0	3.5	4.0
0	1.000 000	1.000 000	1.000 000	1.000 000	1.000 000	1.000 000	1.000 000	1.000 000
1	0.593 430	0.632 121	0.776 870	0.864 665	0.917 915	0.950 213	0.969 803	0.981 684
2	0.227 518	0.264 241	0.442 175	0.593 994	0.712 703	0.800 852	0.864 112	0.908 422
3	0.062 857	0.080 301	0.191 153	0.323 324	0.456 187	0.576 810	0.679 153	0.761 897
4	0.013 459	0.018 988	0.065 642	0.142 877	0.242 424	0.352 768	0.463 367	0.566 530
5	0.002 344	0.003 660	0.018 576	0.052 653	0.108 822	0.184 737	0.274 555	0.371 163
6	0.000 343	0.000 594	0.004 456	0.016 564	0.042 021	0.083 918	0.142 386	0.214 870
7	0.000 043	0.000 083	0.000 926	0.004 534	0.014 187	0.033 509	0.065 288	0.110 674
8	0.000 005	0.000 010	0.000 170	0.001 097	0.004 247	0.011 905	0.026 739	0.051 134
9		0.000 001	0.000 028	0.000 237	0.001 140	0.003 803	0.009 874	0.021 363

续表

m \ λ	0.9	1.0	1.5	2.0	2.5	3.0	3.5	4.0
10			0.000 004	0.000 046	0.000 277	0.001 102	0.003 315	0.008 132
11			0.000 001	0.000 008	0.000 062	0.000 292	0.001 019	0.002 840
12				0.000 001	0.000 013	0.000 071	0.000 289	0.000 915
13					0.000 002	0.000 016	0.000 076	0.000 274
14						0.000 003	0.000 019	0.000 076
15						0.000 001	0.000 004	0.000 020
16							0.000 001	0.000 005
17								0.000 001

m \ λ	4.5	5.0	5.5	6.0	6.5	7.0	7.5	8.0
0	1.000 000	1.000 000	1.000 000	1.000 000	1.000 000	1.000 000	1.000 000	1.000 000
1	0.988 891	0.993 262	0.995 913	0.997 521	0.998 497	0.999 088	0.999 447	0.999 665
2	0.938 901	0.959 572	0.973 436	0.982 649	0.988 724	0.992 705	0.995 299	0.996 981
3	0.826 422	0.875 348	0.911 624	0.938 031	0.956 964	0.970 364	0.979 743	0.986 246
4	0.657 704	0.734 974	0.798 301	0.848 796	0.888 150	0.918 235	0.940 855	0.957 620
5	0.467 896	0.559 507	0.642 482	0.714 943	0.776 328	0.827 008	0.867 938	0.900 368
6	0.297 070	0.384 039	0.471 081	0.554 320	0.630 959	0.699 292	0.758 564	0.808 764
7	0.168 949	0.237 817	0.313 964	0.393 697	0.473 476	0.550 289	0.621 845	0.686 626
8	0.086 586	0.133 372	0.190 515	0.256 020	0.327 242	0.401 286	0.475 361	0.547 039
9	0.040 257	0.068 094	0.105 643	0.152 763	0.208 427	0.270 909	0.338 033	0.407 453
10	0.017 093	0.031 828	0.053 777	0.083 924	0.122 616	0.169 504	0.223 592	0.283 376
11	0.006 669	0.013 695	0.025 251	0.042 621	0.066 839	0.098 521	0.137 762	0.184 114
12	0.002 404	0.005 453	0.010 988	0.020 092	0.033 880	0.053 350	0.079 241	0.111 924
13	0.000 805	0.002 019	0.004 451	0.008 827	0.016 027	0.027 000	0.042 666	0.063 797
14	0.000 252	0.000 698	0.001 685	0.003 628	0.007 100	0.012 811	0.021 565	0.034 181
15	0.000 074	0.000 226	0.000 599	0.001 400	0.002 956	0.005 717	0.010 260	0.017 257
16	0.000 020	0.000 069	0.000 200	0.000 509	0.001 160	0.002 407	0.004 608	0.008 231
17	0.000 005	0.000 020	0.000 063	0.000 175	0.000 430	0.000 958	0.001 959	0.003 718

续表

λ / m	4.5	5.0	5.5	6.0	6.5	7.0	7.5	8.0
18	0.000 001	0.000 005	0.000 019	0.000 057	0.000 151	0.000 362	0.000 790	0.001 594
19		0.000 001	0.000 005	0.000 018	0.000 051	0.000 130	0.000 303	0.000 650
20			0.000 001	0.000 005	0.000 016	0.000 044	0.000 111	0.000 253
21				0.000 001	0.000 005	0.000 014	0.000 039	0.000 094
22					0.000 001	0.000 005	0.000 013	0.000 033
23						0.000 001	0.000 004	0.000 011
24							0.000 001	0.000 004
25								0.000 001

λ / m	8.5	9.0	9.5	10.0	λ / m	20.0	λ / m	30.0
0	1.000 000	1.000 000	1.000 000	1.000 000	3	1.000 000	7	1.000 000
1	0.999 797	0.999 877	0.999 925	0.999 955	4	0.999 997	8	0.999 999
2	0.998 067	0.998 766	0.999 214	0.999 501	5	0.999 983	9	0.999 998
3	0.990 717	0.993 768	0.995 836	0.997 231	6	0.999 928	10	0.999 993
4	0.969 891	0.978 774	0.985 140	0.989 664	7	0.999 745	11	0.999 978
5	0.925 636	0.945 036	0.959 737	0.970 747	8	0.999 221	12	0.999 936
6	0.850 403	0.884 309	0.911 472	0.932 914	9	0.997 913	13	0.999 832
7	0.743 822	0.793 219	0.835 051	0.869 859	10	0.995 005	14	0.999 593
8	0.614 403	0.676 103	0.731 337	0.779 779	11	0.989 188	15	0.999 079
9	0.476 895	0.544 347	0.608 177	0.667 180	12	0.978 613	16	0.998 053
10	0.347 026	0.412 592	0.478 174	0.542 070	13	0.960 988	17	0.996 127
11	0.236 638	0.294 012	0.354 672	0.416 960	14	0.933 872	18	0.992 730
12	0.151 338	0.196 992	0.248 010	0.303 224	15	0.895 136	19	0.987 067
13	0.090 917	0.124 227	0.163 570	0.208 444	16	0.843 487	20	0.978 127
14	0.051 411	0.073 851	0.101 864	0.135 536	17	0.778 926	21	0.964 715
15	0.027 425	0.041 466	0.059 992	0.083 458	18	0.702 972	22	0.945 557
16	0.013 833	0.022 036	0.033 473	0.048 740	19	0.618 578	23	0.919 431
17	0.006 613	0.011 106	0.017 727	0.027 042	20	0.529 743	24	0.885 354

续表

m \ λ	8.5	9.0	9.5	10.0	m \ λ	20.0	m \ λ	30.0
18	0.003 002	0.005 320	0.008 928	0.014 278	21	0.440 907	25	0.842 758
19	0.001 297	0.002 426	0.004 284	0.007 187	22	0.356 302	26	0.791 643
20	0.000 535	0.001 056	0.001 962	0.003 454	23	0.279 389	27	0.732 663
21	0.000 211	0.000 439	0.000 859	0.001 588	24	0.212 507	28	0.667 131
22	0.000 079	0.000 175	0.000 361	0.000 700	25	0.156 773	29	0.596 918
23	0.000 029	0.000 067	0.000 145	0.000 296	26	0.112 185	30	0.524 283
24	0.000 010	0.000 025	0.000 056	0.000 120	27	0.077 887	31	0.451 648
25	0.000 003	0.000 009	0.000 021	0.000 047	28	0.052 481	32	0.381 357
26	0.000 001	0.000 003	0.000 007	0.000 018	29	0.034 334	33	0.315 459
27		0.000 001	0.000 003	0.000 006	30	0.021 818	34	0.255 551
28			0.000 001	0.000 002	31	0.013 475	35	0.202 692
29				0.000 001	32	0.008 092	36	0.157 383
					33	0.004 727	37	0.119 627
					34	0.002 688	38	0.089 013
					35	0.001 489	39	0.064 844
					36	0.000 804	40	0.046 253
					37	0.000 423	41	0.032 310
					38	0.000 217	42	0.022 107
					39	0.000 109	43	0.014 820
					40	0.000 053	44	0.009 735
					41	0.000 025	45	0.006 269
					42	0.000 012	46	0.003 958
					43	0.000 005	47	0.002 450
					44	0.000 002	48	0.001 488
					45	0.000 001	49	0.000 887
							50	0.000 519

附表 E　标准正态分布表

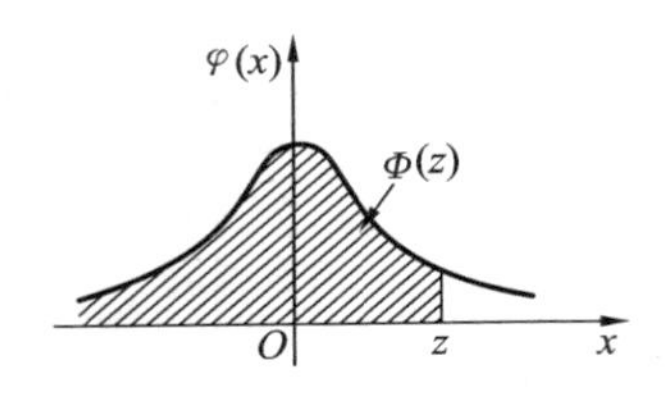

$$\Phi(z)=\int_{-\infty}^{z}\varphi(x)\mathrm{d}x=P\{X\leqslant z\}$$

z	0.00	0.01	0.02	0.03	0.04	0.05	0.06	0.07	0.08	0.09
0.0	0.500 0	0.504 0	0.508 0	0.512 0	0.516 0	0.519 9	0.523 9	0.527 9	0.531 9	0.535 9
0.1	0.539 8	0.543 8	0.547 8	0.551 7	0.555 7	0.559 6	0.563 6	0.567 5	0.571 4	0.575 3
0.2	0.579 3	0.583 2	0.587 1	0.591 0	0.594 8	0.598 7	0.602 6	0.606 4	0.610 3	0.614 1
0.3	0.617 9	0.621 7	0.625 5	0.629 3	0.633 1	0.636 8	0.640 6	0.644 3	0.648 0	0.651 7
0.4	0.655 4	0.659 1	0.662 8	0.666 4	0.670 0	0.673 6	0.677 2	0.680 8	0.684 4	0.687 9
0.5	0.691 5	0.695 0	0.698 5	0.701 9	0.705 4	0.708 8	0.712 3	0.715 7	0.719 0	0.722 4
0.6	0.725 7	0.729 1	0.732 4	0.735 7	0.738 9	0.742 2	0.745 4	0.748 6	0.751 7	0.754 9
0.7	0.758 0	0.761 1	0.764 2	0.767 3	0.770 4	0.773 4	0.776 4	0.779 4	0.782 3	0.785 2
0.8	0.788 1	0.791 0	0.793 9	0.796 7	0.799 5	0.802 3	0.805 1	0.807 8	0.810 6	0.813 3
0.9	0.815 9	0.818 6	0.821 2	0.823 8	0.826 4	0.828 9	0.831 5	0.834 0	0.836 5	0.838 9
1.0	0.841 3	0.843 8	0.846 1	0.848 5	0.850 8	0.853 1	0.855 4	0.857 7	0.859 9	0.862 1
1.1	0.864 3	0.866 5	0.868 6	0.870 8	0.872 9	0.874 9	0.877 0	0.879 0	0.881 0	0.883 0
1.2	0.884 9	0.886 9	0.888 8	0.890 7	0.892 5	0.894 4	0.896 2	0.898 0	0.899 7	0.901 5
1.3	0.903 2	0.904 9	0.906 6	0.908 2	0.909 9	0.911 5	0.913 1	0.914 7	0.916 2	0.917 7
1.4	0.919 2	0.920 7	0.922 2	0.923 6	0.925 1	0.926 5	0.927 9	0.929 2	0.930 6	0.931 9
1.5	0.933 2	0.934 5	0.935 7	0.937 0	0.938 2	0.939 4	0.940 6	0.941 8	0.942 9	0.944 1
1.6	0.945 2	0.946 3	0.947 4	0.948 4	0.949 5	0.950 5	0.951 5	0.952 5	0.953 5	0.954 5

续表

z	0.00	0.01	0.02	0.03	0.04	0.05	0.06	0.07	0.08	0.09
1.7	0.955 4	0.956 4	0.957 3	0.958 2	0.959 1	0.959 9	0.960 8	0.961 6	0.962 5	0.963 3
1.8	0.964 1	0.964 9	0.965 6	0.966 4	0.967 1	0.967 8	0.968 6	0.969 3	0.969 9	0.970 6
1.9	0.971 3	0.971 9	0.972 6	0.973 2	0.973 8	0.974 4	0.975 0	0.975 6	0.976 1	0.976 7
2.0	0.977 2	0.977 8	0.978 3	0.978 8	0.979 3	0.979 8	0.980 3	0.980 8	0.981 2	0.981 7
2.1	0.982 1	0.982 6	0.983 0	0.983 4	0.983 8	0.984 2	0.984 6	0.985 0	0.985 4	0.985 7
2.2	0.986 1	0.986 4	0.986 8	0.987 1	0.987 5	0.987 8	0.988 1	0.988 4	0.988 7	0.989 0
2.3	0.989 3	0.989 6	0.989 8	0.990 1	0.990 4	0.990 6	0.990 9	0.991 1	0.991 3	0.991 6
2.4	0.991 8	0.992 0	0.992 2	0.992 5	0.992 7	0.992 9	0.993 1	0.993 2	0.993 4	0.993 6
2.5	0.993 8	0.994 0	0.994 1	0.994 3	0.994 5	0.994 6	0.994 8	0.994 9	0.995 1	0.995 2
2.6	0.995 3	0.995 5	0.995 6	0.995 7	0.995 9	0.996 0	0.996 1	0.996 2	0.996 3	0.996 4
2.7	0.996 5	0.996 6	0.996 7	0.996 8	0.996 9	0.997 0	0.997 1	0.997 2	0.997 3	0.997 4
2.8	0.997 4	0.997 5	0.997 6	0.997 7	0.997 7	0.997 8	0.997 9	0.997 9	0.998 0	0.998 1
2.9	0.998 1	0.998 2	0.998 2	0.998 3	0.998 4	0.998 4	0.998 5	0.998 5	0.998 6	0.998 6
3.0	0.998 7	0.998 7	0.998 7	0.998 8	0.998 8	0.998 9	0.998 9	0.998 9	0.999 0	0.999 0
3.1	0.999 0	0.999 1	0.999 1	0.999 1	0.999 2	0.999 2	0.999 2	0.999 2	0.999 3	0.999 3
3.2	0.999 3	0.999 3	0.999 4	0.999 4	0.999 4	0.999 4	0.999 4	0.999 5	0.999 5	0.999 5
3.3	0.999 5	0.999 5	0.999 5	0.999 6	0.999 6	0.999 6	0.999 6	0.999 6	0.999 6	0.999 7
3.4	0.999 7	0.999 7	0.999 7	0.999 7	0.999 7	0.999 7	0.999 7	0.999 7	0.999 7	0.999 8
3.5	0.999 8	0.999 8	0.999 8	0.999 8	0.999 8	0.999 8	0.999 8	0.999 8	0.999 8	0.999 8
3.6	0.999 8	0.999 8	0.999 9	0.999 9	0.999 9	0.999 9	0.999 9	0.999 9	0.999 9	0.999 9
3.7	0.999 9	0.999 9	0.999 9	0.999 9	0.999 9	0.999 9	0.999 9	0.999 9	0.999 9	0.999 9
3.8	0.999 9	0.999 9	0.999 9	0.999 9	0.999 9	0.999 9	0.999 9	0.999 9	0.999 9	0.999 9
3.9	1.000 0	1.000 0	1.000 0	1.000 0	1.000 0	1.000 0	1.000 0	1.000 0	1.000 0	1.000 0
4.0	1.000 0	1.000 0	1.000 0	1.000 0	1.000 0	1.000 0	1.000 0	1.000 0	1.000 0	1.000 0

附表 F　t 分布的 α 分位数表

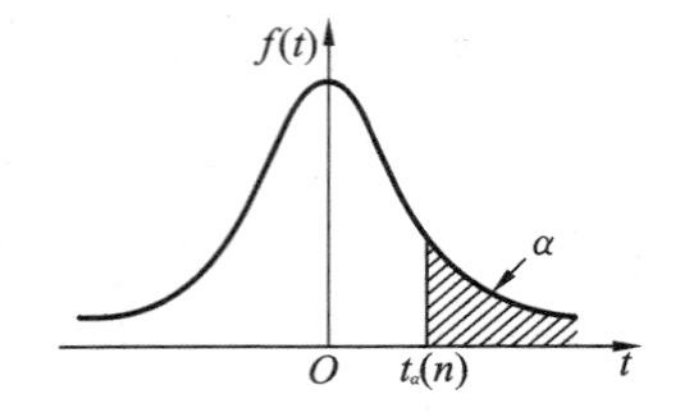

$$P\{T > t_\alpha(n)\} = \alpha$$

n \ α	0.1	0.05	0.025	0.01	0.005	0.001	0.000 5
1	3.077 7	6.313 8	12.706 2	31.820 5	63.656 7	318.308 8	636.619 2
2	1.885 6	2.920 0	4.302 7	6.964 6	9.924 8	22.327 1	31.599 1
3	1.637 7	2.353 4	3.182 4	4.540 7	5.840 9	10.214 5	12.924 0
4	1.533 2	2.131 8	2.776 4	3.746 9	4.604 1	7.173 2	8.610 3
5	1.475 9	2.015 0	2.570 6	3.364 9	4.032 1	5.893 4	6.868 8
6	1.439 8	1.943 2	2.446 9	3.142 7	3.707 4	5.207 6	5.958 8
7	1.414 9	1.894 6	2.364 6	2.998 0	3.499 5	4.785 3	5.407 9
8	1.396 8	1.859 5	2.306 0	2.896 5	3.355 4	4.500 8	5.041 3
9	1.383 0	1.833 1	2.262 2	2.821 4	3.249 8	4.296 8	4.780 9
10	1.372 2	1.812 5	2.228 1	2.763 8	3.169 3	4.143 7	4.586 9
11	1.363 4	1.795 9	2.201 0	2.718 1	3.105 8	4.024 7	4.437 0
12	1.356 2	1.782 3	2.178 8	2.681 0	3.054 5	3.929 6	4.317 8
13	1.350 2	1.770 9	2.160 4	2.650 3	3.012 3	3.852 0	4.220 8
14	1.345 0	1.761 3	2.144 8	2.624 5	2.976 8	3.787 4	4.140 5
15	1.340 6	1.753 1	2.131 4	2.602 5	2.946 7	3.732 8	4.072 8
16	1.336 8	1.745 9	2.119 9	2.583 5	2.920 8	3.686 2	4.015 0
17	1.333 4	1.739 6	2.109 8	2.566 9	2.898 2	3.645 8	3.965 1

续表

n \ α	0.1	0.05	0.025	0.01	0.005	0.001	0.000 5
18	1.330 4	1.734 1	2.100 9	2.552 4	2.878 4	3.610 5	3.921 6
19	1.327 7	1.729 1	2.093 0	2.539 5	2.860 9	3.579 4	3.883 4
20	1.325 3	1.724 7	2.086 0	2.528 0	2.845 3	3.551 8	3.849 5
21	1.323 2	1.720 7	2.079 6	2.517 6	2.831 4	3.527 2	3.819 3
22	1.321 2	1.717 1	2.073 9	2.508 3	2.818 8	3.505 0	3.792 1
23	1.319 5	1.713 9	2.068 7	2.499 9	2.807 3	3.485 0	3.767 6
24	1.317 8	1.710 9	2.063 9	2.492 2	2.796 9	3.466 8	3.745 4
25	1.316 3	1.708 1	2.059 5	2.485 1	2.787 4	3.450 2	3.725 1
26	1.315 0	1.705 6	2.055 5	2.478 6	2.778 7	3.435 0	3.706 6
27	1.313 7	1.703 3	2.051 8	2.472 7	2.770 7	3.421 0	3.689 6
28	1.312 5	1.701 1	2.048 4	2.467 1	2.763 3	3.408 2	3.673 9
29	1.311 4	1.699 1	2.045 2	2.462 0	2.756 4	3.396 2	3.659 4
30	1.310 4	1.697 3	2.042 3	2.457 3	2.750 0	3.385 2	3.646 0
31	1.309 5	1.695 5	2.039 5	2.452 8	2.744 0	3.374 9	3.633 5
32	1.308 6	1.693 9	2.036 9	2.448 7	2.738 5	3.365 3	3.621 8
33	1.307 7	1.692 4	2.034 5	2.444 8	2.733 3	3.356 3	3.610 9
34	1.307 0	1.690 9	2.032 2	2.441 1	2.728 4	3.347 9	3.600 7
35	1.306 2	1.689 6	2.030 1	2.437 7	2.723 8	3.340 0	3.591 1
36	1.305 5	1.688 3	2.028 1	2.434 5	2.719 5	3.332 6	3.582 1
37	1.304 9	1.687 1	2.026 2	2.431 4	2.715 4	3.325 6	3.573 7
38	1.304 2	1.686 0	2.024 4	2.428 6	2.711 6	3.319 0	3.565 7
39	1.303 6	1.684 9	2.022 7	2.425 8	2.707 9	3.312 8	3.558 1
40	1.303 1	1.683 9	2.021 1	2.423 3	2.704 5	3.306 9	3.551 0
60	1.295 8	1.670 6	2.000 3	2.390 1	2.660 3	3.231 7	3.460 2
80	1.292 2	1.664 1	1.990 1	2.373 9	2.638 7	3.195 3	3.416 3
100	1.290 1	1.660 2	1.984 0	2.364 2	2.625 9	3.173 7	3.390 5

附表G χ^2分布的α分位数表

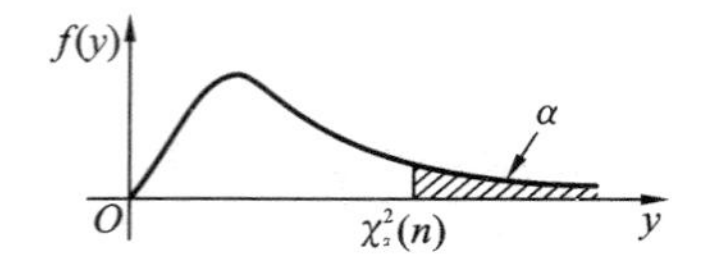

$$P\{\chi^2 > \chi^2_\alpha(n)\} = \alpha$$

n \ α	0.995	0.990	0.975	0.950	0.900	0.100	0.050	0.025	0.010	0.005
1	0.000	0.000	0.001	0.004	0.016	2.706	3.842	5.024	6.635	7.879
2	0.010	0.020	0.051	0.103	0.211	4.605	5.992	7.378	9.210	10.597
3	0.072	0.115	0.216	0.352	0.584	6.251	7.815	9.348	11.345	12.838
4	0.207	0.297	0.484	0.711	1.064	7.779	9.488	11.143	13.277	14.860
5	0.412	0.554	0.831	1.146	1.610	9.236	11.071	12.833	15.086	16.750
6	0.676	0.872	1.237	1.635	2.204	10.645	12.592	14.449	16.812	18.548
7	0.989	1.239	1.690	2.167	2.833	12.017	14.067	16.013	18.475	20.278
8	1.344	1.647	2.180	2.733	3.490	13.362	15.507	17.535	20.090	21.955
9	1.735	2.088	2.700	3.325	4.168	14.684	16.919	19.023	21.666	23.589
10	2.156	2.558	3.247	3.940	4.865	15.987	18.307	20.483	23.209	25.188
11	2.603	3.054	3.816	4.575	5.578	17.275	19.675	21.920	24.725	26.757
12	3.074	3.571	4.404	5.226	6.304	18.549	21.026	23.337	26.217	28.300
13	3.565	4.107	5.009	5.892	7.042	19.812	22.362	24.736	27.688	29.820
14	4.075	4.660	5.629	6.571	7.790	21.064	23.685	26.119	29.141	31.319
15	4.601	5.229	6.262	7.261	8.547	22.307	24.996	27.488	30.578	32.801
16	5.142	5.812	6.908	7.962	9.312	23.542	26.296	28.845	32.000	34.267
17	5.697	6.408	7.564	8.672	10.085	24.769	27.587	30.191	33.409	35.719
18	6.265	7.015	8.231	9.391	10.865	25.989	28.869	31.526	34.805	37.157
19	6.844	7.633	8.907	10.117	11.651	27.204	30.144	32.852	36.191	38.582
20	7.434	8.260	9.591	10.851	12.443	28.412	31.410	34.170	37.566	39.997

续表

n \ α	0.995	0.990	0.975	0.950	0.900	0.100	0.050	0.025	0.010	0.005
21	8.034	8.897	10.283	11.591	13.240	29.615	32.671	35.479	38.932	41.401
22	8.643	9.543	10.982	12.338	14.042	30.813	33.924	36.781	40.289	42.796
23	9.260	10.196	11.689	13.091	14.848	32.007	35.173	38.076	41.638	44.181
24	9.886	10.856	12.401	13.848	15.659	33.196	36.415	39.364	42.980	45.559
25	10.520	11.524	13.120	14.611	16.473	34.382	37.653	40.647	44.314	46.928
26	11.160	12.198	13.844	15.379	17.292	35.563	38.885	41.923	45.642	48.290
27	11.808	12.879	14.573	16.151	18.114	36.741	40.113	43.195	46.963	49.645
28	12.461	13.565	15.308	16.928	18.939	37.916	41.337	44.461	48.278	50.993
29	13.121	14.257	16.047	17.708	19.768	39.088	42.557	45.722	49.588	52.336
30	13.787	14.954	16.791	18.493	20.599	40.256	43.773	46.979	50.892	53.672
31	14.458	15.656	17.539	19.281	21.434	41.422	44.985	48.232	52.191	55.003
32	15.134	16.362	18.291	20.072	22.271	42.585	46.194	49.480	53.486	56.328
33	15.815	17.074	19.047	20.867	23.110	43.745	47.400	50.725	54.776	57.648
34	16.501	17.789	19.806	21.664	23.952	44.903	48.602	51.966	56.061	58.964
35	17.192	18.509	20.569	22.465	24.797	46.059	49.802	53.203	57.342	60.275
36	17.887	19.233	21.336	23.269	25.643	47.212	50.999	54.437	58.619	61.581
37	18.586	19.960	22.106	24.075	26.492	48.363	52.192	55.668	59.893	62.883
38	19.289	20.691	22.879	24.884	27.343	49.513	53.384	56.896	61.162	64.181
39	19.996	21.426	23.654	25.695	28.196	50.660	54.572	58.120	62.428	65.476
40	20.707	22.164	24.433	26.509	29.051	51.805	55.759	59.342	63.691	66.766
41	21.421	22.906	25.215	27.326	29.907	52.949	56.942	60.561	64.950	68.053
42	22.139	23.650	25.999	28.144	30.765	54.090	58.124	61.777	66.206	69.336
43	22.860	24.398	26.785	28.965	31.626	55.230	59.304	62.990	67.459	70.616
44	23.584	25.148	27.575	29.788	32.487	56.369	60.481	64.202	68.710	71.893
45	24.311	25.901	28.366	30.612	33.350	57.505	61.656	65.410	69.957	73.166
46	25.041	26.657	29.160	31.439	34.215	58.641	62.830	66.617	71.201	74.437
47	25.775	27.416	29.956	32.268	35.081	59.774	64.001	67.821	72.443	75.704
48	26.511	28.177	30.755	33.098	35.949	60.907	65.171	69.023	73.683	76.969
49	27.249	28.941	31.555	33.930	36.818	62.038	66.339	70.222	74.920	78.231
50	27.991	29.707	32.357	34.764	37.689	63.167	67.505	71.420	76.154	79.490

附表 H F 分布的 α 分位数表

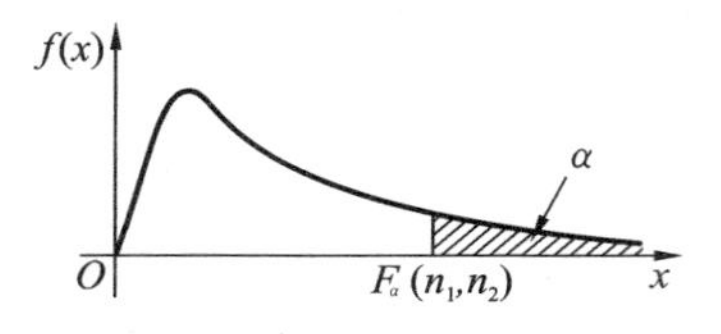

$$P\{F > F_{\alpha}(n_1, n_2)\} = \alpha$$

$\alpha=0.1$

n_2 \ n_1	1	2	3	4	5	6	7	8	9	10
1	39.86	49.50	53.59	55.83	57.24	58.20	58.91	59.44	59.86	60.19
2	8.53	9.00	9.16	9.24	9.29	9.33	9.35	9.37	9.38	9.39
3	5.54	5.46	5.39	5.34	5.31	5.28	5.27	5.25	5.24	5.23
4	4.54	4.32	4.19	4.11	4.05	4.01	3.98	3.95	3.94	3.92
5	4.06	3.78	3.62	3.52	3.45	3.40	3.37	3.34	3.32	3.30
6	3.78	3.46	3.29	3.18	3.11	3.05	3.01	2.98	2.96	2.94
7	3.59	3.26	3.07	2.96	2.88	2.83	2.78	2.75	2.72	2.70
8	3.46	3.11	2.92	2.81	2.73	2.67	2.62	2.59	2.56	2.54
9	3.36	3.01	2.81	2.69	2.61	2.55	2.51	2.47	2.44	2.42
10	3.29	2.92	2.73	2.61	2.52	2.46	2.41	2.38	2.35	2.32
11	3.23	2.86	2.66	2.54	2.45	2.39	2.34	2.30	2.27	2.25
12	3.18	2.81	2.61	2.48	2.39	2.33	2.28	2.24	2.21	2.19
13	3.14	2.76	2.56	2.43	2.35	2.28	2.23	2.20	2.16	2.14
14	3.10	2.73	2.52	2.39	2.31	2.24	2.19	2.15	2.12	2.10
15	3.07	2.70	2.49	2.36	2.27	2.21	2.16	2.12	2.09	2.06
16	3.05	2.67	2.46	2.33	2.24	2.18	2.13	2.09	2.06	2.03
17	3.03	2.64	2.44	2.31	2.22	2.15	2.10	2.06	2.03	2.00

续表

n_2 \ n_1	1	2	3	4	5	6	7	8	9	10
18	3.01	2.62	2.42	2.29	2.20	2.13	2.08	2.04	2.00	1.98
19	2.99	2.61	2.40	2.27	2.18	2.11	2.06	2.02	1.98	1.96
20	2.97	2.59	2.38	2.25	2.16	2.09	2.04	2.00	1.96	1.94
21	2.96	2.57	2.36	2.23	2.14	2.08	2.02	1.98	1.95	1.92
22	2.95	2.56	2.35	2.22	2.13	2.06	2.01	1.97	1.93	1.90
23	2.94	2.55	2.34	2.21	2.11	2.05	1.99	1.95	1.92	1.89
24	2.93	2.54	2.33	2.19	2.10	2.04	1.98	1.94	1.91	1.88
25	2.92	2.53	2.32	2.18	2.09	2.02	1.97	1.93	1.89	1.87
26	2.91	2.52	2.31	2.17	2.08	2.01	1.96	1.92	1.88	1.86
27	2.90	2.51	2.30	2.17	2.07	2.00	1.95	1.91	1.87	1.85
28	2.89	2.50	2.29	2.16	2.06	2.00	1.94	1.90	1.87	1.84
29	2.89	2.50	2.28	2.15	2.06	1.99	1.93	1.89	1.86	1.83
30	2.88	2.49	2.28	2.14	2.05	1.98	1.93	1.88	1.85	1.82
40	2.84	2.44	2.23	2.09	2.00	1.93	1.87	1.83	1.79	1.76
50	2.81	2.41	2.20	2.06	1.97	1.90	1.84	1.80	1.76	1.73
60	2.79	2.39	2.18	2.04	1.95	1.87	1.82	1.77	1.74	1.71
70	2.78	2.38	2.16	2.03	1.93	1.86	1.80	1.76	1.72	1.69
80	2.77	2.37	2.15	2.02	1.92	1.85	1.79	1.75	1.71	1.68
100	2.76	2.36	2.14	2.00	1.91	1.83	1.78	1.73	1.69	1.66
120	2.75	2.35	2.13	1.99	1.90	1.82	1.77	1.72	1.68	1.65
140	2.74	2.34	2.12	1.99	1.89	1.82	1.76	1.71	1.68	1.64
160	2.74	2.34	2.12	1.98	1.88	1.81	1.75	1.71	1.67	1.64
180	2.73	2.33	2.11	1.98	1.88	1.81	1.75	1.70	1.67	1.63

n_2 \ n_1	11	12	15	20	25	30	40	60	120	200
1	60.47	60.71	61.22	61.74	62.05	62.26	62.53	62.79	63.06	63.17
2	9.40	9.41	9.42	9.44	9.45	9.46	9.47	9.47	9.48	9.49
3	5.22	5.22	5.20	5.18	5.17	5.17	5.16	5.15	5.14	5.14

续表

n_2 \ n_1	11	12	15	20	25	30	40	60	120	200
4	3.91	3.90	3.87	3.84	3.83	3.82	3.80	3.79	3.78	3.77
5	3.28	3.27	3.24	3.21	3.19	3.17	3.16	3.14	3.12	3.12
6	2.92	2.90	2.87	2.84	2.81	2.80	2.78	2.76	2.74	2.73
7	2.68	2.67	2.63	2.59	2.57	2.56	2.54	2.51	2.49	2.48
8	2.52	2.50	2.46	2.42	2.40	2.38	2.36	2.34	2.32	2.31
9	2.40	2.38	2.34	2.30	2.27	2.25	2.23	2.21	2.18	2.17
10	2.30	2.28	2.24	2.20	2.17	2.16	2.13	2.11	2.08	2.07
11	2.23	2.21	2.17	2.12	2.10	2.08	2.05	2.03	2.00	1.99
12	2.17	2.15	2.10	2.06	2.03	2.01	1.99	1.96	1.93	1.92
13	2.12	2.10	2.05	2.01	1.98	1.96	1.93	1.90	1.88	1.86
14	2.07	2.05	2.01	1.96	1.93	1.91	1.89	1.86	1.83	1.82
15	2.04	2.02	1.97	1.92	1.89	1.87	1.85	1.82	1.79	1.77
16	2.01	1.99	1.94	1.89	1.86	1.84	1.81	1.78	1.75	1.74
17	1.98	1.96	1.91	1.86	1.83	1.81	1.78	1.75	1.72	1.71
18	1.95	1.93	1.89	1.84	1.80	1.78	1.75	1.72	1.69	1.68
19	1.93	1.91	1.86	1.81	1.78	1.76	1.73	1.70	1.67	1.65
20	1.91	1.89	1.84	1.79	1.76	1.74	1.71	1.68	1.64	1.63
21	1.90	1.87	1.83	1.78	1.74	1.72	1.69	1.66	1.62	1.61
22	1.88	1.86	1.81	1.76	1.73	1.70	1.67	1.64	1.60	1.59
23	1.87	1.84	1.80	1.74	1.71	1.69	1.66	1.62	1.59	1.57
24	1.85	1.83	1.78	1.73	1.70	1.67	1.64	1.61	1.57	1.56
25	1.84	1.82	1.77	1.72	1.68	1.66	1.63	1.59	1.56	1.54
26	1.83	1.81	1.76	1.71	1.67	1.65	1.61	1.58	1.54	1.53
27	1.82	1.80	1.75	1.70	1.66	1.64	1.60	1.57	1.53	1.52
28	1.81	1.79	1.74	1.69	1.65	1.63	1.59	1.56	1.52	1.50
29	1.80	1.78	1.73	1.68	1.64	1.62	1.58	1.55	1.51	1.49
30	1.79	1.77	1.72	1.67	1.63	1.61	1.57	1.54	1.50	1.48
40	1.74	1.71	1.66	1.61	1.57	1.54	1.51	1.47	1.42	1.41

续表

n_2 \ n_1	11	12	15	20	25	30	40	60	120	200
50	1.70	1.68	1.63	1.57	1.53	1.50	1.46	1.42	1.38	1.36
60	1.68	1.66	1.60	1.54	1.50	1.48	1.44	1.40	1.35	1.33
70	1.66	1.64	1.59	1.53	1.49	1.46	1.42	1.37	1.32	1.30
80	1.65	1.63	1.57	1.51	1.47	1.44	1.40	1.36	1.31	1.28
100	1.64	1.61	1.56	1.49	1.45	1.42	1.38	1.34	1.28	1.26
120	1.63	1.60	1.55	1.48	1.44	1.41	1.37	1.32	1.26	1.24
140	1.62	1.59	1.54	1.47	1.43	1.40	1.36	1.31	1.25	1.22
160	1.61	1.59	1.53	1.47	1.42	1.39	1.35	1.30	1.24	1.21
180	1.61	1.58	1.53	1.46	1.42	1.39	1.34	1.29	1.23	1.21

$\alpha=0.05$

n_2 \ n_1	1	2	3	4	5	6	7	8	9	10
1	161.45	199.50	215.71	224.58	230.16	233.99	236.77	238.88	240.54	241.88
2	18.51	19.00	19.16	19.25	19.30	19.33	19.35	19.37	19.38	19.40
3	10.13	9.55	9.28	9.12	9.01	8.94	8.89	8.85	8.81	8.79
4	7.71	6.94	6.59	6.39	6.26	6.16	6.09	6.04	6.00	5.96
5	6.61	5.79	5.41	5.19	5.05	4.95	4.88	4.82	4.77	4.74
6	5.99	5.14	4.76	4.53	4.39	4.28	4.21	4.15	4.10	4.06
7	5.59	4.74	4.35	4.12	3.97	3.87	3.79	3.73	3.68	3.64
8	5.32	4.46	4.07	3.84	3.69	3.58	3.50	3.44	3.39	3.35
9	5.12	4.26	3.86	3.63	3.48	3.37	3.29	3.23	3.18	3.14
10	4.96	4.10	3.71	3.48	3.33	3.22	3.14	3.07	3.02	2.98
11	4.84	3.98	3.59	3.36	3.20	3.09	3.01	2.95	2.90	2.85
12	4.75	3.89	3.49	3.26	3.11	3.00	2.91	2.85	2.80	2.75
13	4.67	3.81	3.41	3.18	3.03	2.92	2.83	2.77	2.71	2.67
14	4.60	3.74	3.34	3.11	2.96	2.85	2.76	2.70	2.65	2.60
15	4.54	3.68	3.29	3.06	2.90	2.79	2.71	2.64	2.59	2.54
16	4.49	3.63	3.24	3.01	2.85	2.74	2.66	2.59	2.54	2.49

续表

n_2 \ n_1	1	2	3	4	5	6	7	8	9	10
17	4.45	3.59	3.20	2.96	2.81	2.70	2.61	2.55	2.49	2.45
18	4.41	3.55	3.16	2.93	2.77	2.66	2.58	2.51	2.46	2.41
19	4.38	3.52	3.13	2.90	2.74	2.63	2.54	2.48	2.42	2.38
20	4.35	3.49	3.10	2.87	2.71	2.60	2.51	2.45	2.39	2.35
21	4.32	3.47	3.07	2.84	2.68	2.57	2.49	2.42	2.37	2.32
22	4.30	3.44	3.05	2.82	2.66	2.55	2.46	2.40	2.34	2.30
23	4.28	3.42	3.03	2.80	2.64	2.53	2.44	2.37	2.32	2.27
24	4.26	3.40	3.01	2.78	2.62	2.51	2.42	2.36	2.30	2.25
25	4.24	3.39	2.99	2.76	2.60	2.49	2.40	2.34	2.28	2.24
26	4.23	3.37	2.98	2.74	2.59	2.47	2.39	2.32	2.27	2.22
27	4.21	3.35	2.96	2.73	2.57	2.46	2.37	2.31	2.25	2.20
28	4.20	3.34	2.95	2.71	2.56	2.45	2.36	2.29	2.24	2.19
29	4.18	3.33	2.93	2.70	2.55	2.43	2.35	2.28	2.22	2.18
30	4.17	3.32	2.92	2.69	2.53	2.42	2.33	2.27	2.21	2.16
40	4.08	3.23	2.84	2.61	2.45	2.34	2.25	2.18	2.12	2.08
50	4.03	3.18	2.79	2.56	2.40	2.29	2.20	2.13	2.07	2.03
60	4.00	3.15	2.76	2.53	2.37	2.25	2.17	2.10	2.04	1.99
70	3.98	3.13	2.74	2.50	2.35	2.23	2.14	2.07	2.02	1.97
80	3.96	3.11	2.72	2.49	2.33	2.21	2.13	2.06	2.00	1.95
100	3.94	3.09	2.70	2.46	2.31	2.19	2.10	2.03	1.97	1.93
120	3.92	3.07	2.68	2.45	2.29	2.18	2.09	2.02	1.96	1.91
140	3.91	3.06	2.67	2.44	2.28	2.16	2.08	2.01	1.95	1.90
160	3.90	3.05	2.66	2.43	2.27	2.16	2.07	2.00	1.94	1.89
180	3.89	3.05	2.65	2.42	2.26	2.15	2.06	1.99	1.93	1.88

n_2 \ n_1	11	12	15	20	25	30	40	60	120	200
1	242.98	243.91	245.95	248.01	249.26	250.10	251.14	252.20	253.25	253.68
2	19.41	19.41	19.43	19.45	19.46	19.46	19.47	19.48	19.49	19.49

续表

n_2 \ n_1	11	12	15	20	25	30	40	60	120	200
3	8.76	8.74	8.70	8.66	8.63	8.62	8.59	8.57	8.55	8.54
4	5.94	5.91	5.86	5.80	5.77	5.75	5.72	5.69	5.66	5.65
5	4.70	4.68	4.62	4.56	4.52	4.50	4.46	4.43	4.40	4.39
6	4.03	4.00	3.94	3.87	3.83	3.81	3.77	3.74	3.70	3.69
7	3.60	3.57	3.51	3.44	3.40	3.38	3.34	3.30	3.27	3.25
8	3.31	3.28	3.22	3.15	3.11	3.08	3.04	3.01	2.97	2.95
9	3.10	3.07	3.01	2.94	2.89	2.86	2.83	2.79	2.75	2.73
10	2.94	2.91	2.85	2.77	2.73	2.70	2.66	2.62	2.58	2.56
11	2.82	2.79	2.72	2.65	2.60	2.57	2.53	2.49	2.45	2.43
12	2.72	2.69	2.62	2.54	2.50	2.47	2.43	2.38	2.34	2.32
13	2.63	2.60	2.53	2.46	2.41	2.38	2.34	2.30	2.25	2.23
14	2.57	2.53	2.46	2.39	2.34	2.31	2.27	2.22	2.18	2.16
15	2.51	2.48	2.40	2.33	2.28	2.25	2.20	2.16	2.11	2.10
16	2.46	2.42	2.35	2.28	2.23	2.19	2.15	2.11	2.06	2.04
17	2.41	2.38	2.31	2.23	2.18	2.15	2.10	2.06	2.01	1.99
18	2.37	2.34	2.27	2.19	2.14	2.11	2.06	2.02	1.97	1.95
19	2.34	2.31	2.23	2.16	2.11	2.07	2.03	1.98	1.93	1.91
20	2.31	2.28	2.20	2.12	2.07	2.04	1.99	1.95	1.90	1.88
21	2.28	2.25	2.18	2.10	2.05	2.01	1.96	1.92	1.87	1.84
22	2.26	2.23	2.15	2.07	2.02	1.98	1.94	1.89	1.84	1.82
23	2.24	2.20	2.13	2.05	2.00	1.96	1.91	1.86	1.81	1.79
24	2.22	2.18	2.11	2.03	1.98	1.94	1.89	1.84	1.79	1.77
25	2.20	2.16	2.09	2.01	1.96	1.92	1.87	1.82	1.77	1.75
26	2.18	2.15	2.07	1.99	1.94	1.90	1.85	1.80	1.75	1.73
27	2.17	2.13	2.06	1.97	1.92	1.88	1.84	1.79	1.73	1.71
28	2.15	2.12	2.04	1.96	1.91	1.87	1.82	1.77	1.71	1.69
29	2.14	2.10	2.03	1.94	1.89	1.85	1.81	1.75	1.70	1.67
30	2.13	2.09	2.01	1.93	1.88	1.84	1.79	1.74	1.68	1.66

续表

n_2 \ n_1	11	12	15	20	25	30	40	60	120	200
40	2.04	2.00	1.92	1.84	1.78	1.74	1.69	1.64	1.58	1.55
50	1.99	1.95	1.87	1.78	1.73	1.69	1.63	1.58	1.51	1.48
60	1.95	1.92	1.84	1.75	1.69	1.65	1.59	1.53	1.47	1.44
70	1.93	1.89	1.81	1.72	1.66	1.62	1.57	1.50	1.44	1.40
80	1.91	1.88	1.79	1.70	1.64	1.60	1.54	1.48	1.41	1.38
100	1.89	1.85	1.77	1.68	1.62	1.57	1.52	1.45	1.38	1.34
120	1.87	1.83	1.75	1.66	1.60	1.55	1.50	1.43	1.35	1.32
140	1.86	1.82	1.74	1.65	1.58	1.54	1.48	1.41	1.33	1.30
160	1.85	1.81	1.73	1.64	1.58	1.53	1.47	1.40	1.32	1.28
180	1.84	1.81	1.72	1.63	1.57	1.52	1.46	1.39	1.31	1.27

$\alpha=0.025$

n_2 \ n_1	1	2	3	4	5	6	7	8	9	10
1	647.79	799.50	864.16	899.58	921.85	937.11	948.22	956.66	963.28	968.63
2	38.51	39.00	39.17	39.25	39.30	39.33	39.36	39.37	39.39	39.40
3	17.44	16.04	15.44	15.10	14.88	14.73	14.62	14.54	14.47	14.42
4	12.22	10.65	9.98	9.60	9.36	9.20	9.07	8.98	8.90	8.84
5	10.01	8.43	7.76	7.39	7.15	6.98	6.85	6.76	6.68	6.62
6	8.81	7.26	6.60	6.23	5.99	5.82	5.70	5.60	5.52	5.46
7	8.07	6.54	5.89	5.52	5.29	5.12	4.99	4.90	4.82	4.76
8	7.57	6.06	5.42	5.05	4.82	4.65	4.53	4.43	4.36	4.30
9	7.21	5.71	5.08	4.72	4.48	4.32	4.20	4.10	4.03	3.96
10	6.94	5.46	4.83	4.47	4.24	4.07	3.95	3.85	3.78	3.72
11	6.72	5.26	4.63	4.28	4.04	3.88	3.76	3.66	3.59	3.53
12	6.55	5.10	4.47	4.12	3.89	3.73	3.61	3.51	3.44	3.37
13	6.41	4.97	4.35	4.00	3.77	3.60	3.48	3.39	3.31	3.25
14	6.30	4.86	4.24	3.89	3.66	3.50	3.38	3.29	3.21	3.15
15	6.20	4.77	4.15	3.80	3.58	3.41	3.29	3.20	3.12	3.06

续表

n_2 \ n_1	1	2	3	4	5	6	7	8	9	10
16	6.12	4.69	4.08	3.73	3.50	3.34	3.22	3.12	3.05	2.99
17	6.04	4.62	4.01	3.66	3.44	3.28	3.16	3.06	2.98	2.92
18	5.98	4.56	3.95	3.61	3.38	3.22	3.10	3.01	2.93	2.87
19	5.92	4.51	3.90	3.56	3.33	3.17	3.05	2.96	2.88	2.82
20	5.87	4.46	3.86	3.51	3.29	3.13	3.01	2.91	2.84	2.77
21	5.83	4.42	3.82	3.48	3.25	3.09	2.97	2.87	2.80	2.73
22	5.79	4.38	3.78	3.44	3.22	3.05	2.93	2.84	2.76	2.70
23	5.75	4.35	3.75	3.41	3.18	3.02	2.90	2.81	2.73	2.67
24	5.72	4.32	3.72	3.38	3.15	2.99	2.87	2.78	2.70	2.64
25	5.69	4.29	3.69	3.35	3.13	2.97	2.85	2.75	2.68	2.61
26	5.66	4.27	3.67	3.33	3.10	2.94	2.82	2.73	2.65	2.59
27	5.63	4.24	3.65	3.31	3.08	2.92	2.80	2.71	2.63	2.57
28	5.61	4.22	3.63	3.29	3.06	2.90	2.78	2.69	2.61	2.55
29	5.59	4.20	3.61	3.27	3.04	2.88	2.76	2.67	2.59	2.53
30	5.57	4.18	3.59	3.25	3.03	2.87	2.75	2.65	2.57	2.51
40	5.42	4.05	3.46	3.13	2.90	2.74	2.62	2.53	2.45	2.39
50	5.34	3.97	3.39	3.05	2.83	2.67	2.55	2.46	2.38	2.32
60	5.29	3.93	3.34	3.01	2.79	2.63	2.51	2.41	2.33	2.27
70	5.25	3.89	3.31	2.97	2.75	2.59	2.47	2.38	2.30	2.24
80	5.22	3.86	3.28	2.95	2.73	2.57	2.45	2.35	2.28	2.21
100	5.18	3.83	3.25	2.92	2.70	2.54	2.42	2.32	2.24	2.18
120	5.15	3.80	3.23	2.89	2.67	2.52	2.39	2.30	2.22	2.16
140	5.13	3.79	3.21	2.88	2.66	2.50	2.38	2.28	2.21	2.14
160	5.12	3.78	3.20	2.87	2.65	2.49	2.37	2.27	2.19	2.13
180	5.11	3.77	3.19	2.86	2.64	2.48	2.36	2.26	2.19	2.12
n_2 \ n_1	11	12	15	20	25	30	40	60	120	200
1	973.03	976.71	984.87	993.10	998.08	1001.41	1005.60	1009.80	1014.02	1015.71

续表

n_2 \ n_1	11	12	15	20	25	30	40	60	120	200
2	39.41	39.41	39.43	39.45	39.46	39.46	39.47	39.48	39.49	39.49
3	14.37	14.34	14.25	14.17	14.12	14.08	14.04	13.99	13.95	13.93
4	8.79	8.75	8.66	8.56	8.50	8.46	8.41	8.36	8.31	8.29
5	6.57	6.52	6.43	6.33	6.27	6.23	6.18	6.12	6.07	6.05
6	5.41	5.37	5.27	5.17	5.11	5.07	5.01	4.96	4.90	4.88
7	4.71	4.67	4.57	4.47	4.40	4.36	4.31	4.25	4.20	4.18
8	4.24	4.20	4.10	4.00	3.94	3.89	3.84	3.78	3.73	3.70
9	3.91	3.87	3.77	3.67	3.60	3.56	3.51	3.45	3.39	3.37
10	3.66	3.62	3.52	3.42	3.35	3.31	3.26	3.20	3.14	3.12
11	3.47	3.43	3.33	3.23	3.16	3.12	3.06	3.00	2.94	2.92
12	3.32	3.28	3.18	3.07	3.01	2.96	2.91	2.85	2.79	2.76
13	3.20	3.15	3.05	2.95	2.88	2.84	2.78	2.72	2.66	2.63
14	3.09	3.05	2.95	2.84	2.78	2.73	2.67	2.61	2.55	2.53
15	3.01	2.96	2.86	2.76	2.69	2.64	2.59	2.52	2.46	2.44
16	2.93	2.89	2.79	2.68	2.61	2.57	2.51	2.45	2.38	2.36
17	2.87	2.82	2.72	2.62	2.55	2.50	2.44	2.38	2.32	2.29
18	2.81	2.77	2.67	2.56	2.49	2.44	2.38	2.32	2.26	2.23
19	2.76	2.72	2.62	2.51	2.44	2.39	2.33	2.27	2.20	2.18
20	2.72	2.68	2.57	2.46	2.40	2.35	2.29	2.22	2.16	2.13
21	2.68	2.64	2.53	2.42	2.36	2.31	2.25	2.18	2.11	2.09
22	2.65	2.60	2.50	2.39	2.32	2.27	2.21	2.14	2.08	2.05
23	2.62	2.57	2.47	2.36	2.29	2.24	2.18	2.11	2.04	2.01
24	2.59	2.54	2.44	2.33	2.26	2.21	2.15	2.08	2.01	1.98
25	2.56	2.51	2.41	2.30	2.23	2.18	2.12	2.05	1.98	1.95
26	2.54	2.49	2.39	2.28	2.21	2.16	2.09	2.03	1.95	1.92
27	2.51	2.47	2.36	2.25	2.18	2.13	2.07	2.00	1.93	1.90
28	2.49	2.45	2.34	2.23	2.16	2.11	2.05	1.98	1.91	1.88
29	2.48	2.43	2.32	2.21	2.14	2.09	2.03	1.96	1.89	1.86

续表

n_2 \ n_1	11	12	15	20	25	30	40	60	120	200
30	2.46	2.41	2.31	2.20	2.12	2.07	2.01	1.94	1.87	1.84
40	2.33	2.29	2.18	2.07	1.99	1.94	1.88	1.80	1.72	1.69
50	2.26	2.22	2.11	1.99	1.92	1.87	1.80	1.72	1.64	1.60
60	2.22	2.17	2.06	1.94	1.87	1.82	1.74	1.67	1.58	1.54
70	2.18	2.14	2.03	1.91	1.83	1.78	1.71	1.63	1.54	1.50
80	2.16	2.11	2.00	1.88	1.81	1.75	1.68	1.60	1.51	1.47
100	2.12	2.08	1.97	1.85	1.77	1.71	1.64	1.56	1.46	1.42
120	2.10	2.05	1.94	1.82	1.75	1.69	1.61	1.53	1.43	1.39
140	2.09	2.04	1.93	1.81	1.73	1.67	1.60	1.51	1.41	1.36
160	2.07	2.03	1.92	1.80	1.72	1.66	1.58	1.50	1.39	1.35
180	2.07	2.02	1.91	1.79	1.71	1.65	1.57	1.48	1.38	1.33

$\alpha=0.01$

n_2 \ n_1	1	2	3	4	5	6	7	8	9	10
1	4052	4999	5403	5625	5764	5859	5928	5981	6022	6056
2	98.50	99.00	99.17	99.25	99.30	99.33	99.36	99.37	99.39	99.40
3	34.12	30.82	29.46	28.71	28.24	27.91	27.67	27.49	27.35	27.23
4	21.20	18.00	16.69	15.98	15.52	15.21	14.98	14.80	14.66	14.55
5	16.26	13.27	12.06	11.39	10.97	10.67	10.46	10.29	10.16	10.05
6	13.75	10.92	9.78	9.15	8.75	8.47	8.26	8.10	7.98	7.87
7	12.25	9.55	8.45	7.85	7.46	7.19	6.99	6.84	6.72	6.62
8	11.26	8.65	7.59	7.01	6.63	6.37	6.18	6.03	5.91	5.81
9	10.56	8.02	6.99	6.42	6.06	5.80	5.61	5.47	5.35	5.26
10	10.04	7.56	6.55	5.99	5.64	5.39	5.20	5.06	4.94	4.85
11	9.65	7.21	6.22	5.67	5.32	5.07	4.89	4.74	4.63	4.54
12	9.33	6.93	5.95	5.41	5.06	4.82	4.64	4.50	4.39	4.30
13	9.07	6.70	5.74	5.21	4.86	4.62	4.44	4.30	4.19	4.10
14	8.86	6.51	5.56	5.04	4.69	4.46	4.28	4.14	4.03	3.94

续表

n_2 \ n_1	1	2	3	4	5	6	7	8	9	10
15	8.68	6.36	5.42	4.89	4.56	4.32	4.14	4.00	3.89	3.80
16	8.53	6.23	5.29	4.77	4.44	4.20	4.03	3.89	3.78	3.69
17	8.40	6.11	5.18	4.67	4.34	4.10	3.93	3.79	3.68	3.59
18	8.29	6.01	5.09	4.58	4.25	4.01	3.84	3.71	3.60	3.51
19	8.18	5.93	5.01	4.50	4.17	3.94	3.77	3.63	3.52	3.43
20	8.10	5.85	4.94	4.43	4.10	3.87	3.70	3.56	3.46	3.37
21	8.02	5.78	4.87	4.37	4.04	3.81	3.64	3.51	3.40	3.31
22	7.95	5.72	4.82	4.31	3.99	3.76	3.59	3.45	3.35	3.26
23	7.88	5.66	4.76	4.26	3.94	3.71	3.54	3.41	3.30	3.21
24	7.82	5.61	4.72	4.22	3.90	3.67	3.50	3.36	3.26	3.17
25	7.77	5.57	4.68	4.18	3.85	3.63	3.46	3.32	3.22	3.13
26	7.72	5.53	4.64	4.14	3.82	3.59	3.42	3.29	3.18	3.09
27	7.68	5.49	4.60	4.11	3.78	3.56	3.39	3.26	3.15	3.06
28	7.64	5.45	4.57	4.07	3.75	3.53	3.36	3.23	3.12	3.03
29	7.60	5.42	4.54	4.04	3.73	3.50	3.33	3.20	3.09	3.00
30	7.56	5.39	4.51	4.02	3.70	3.47	3.30	3.17	3.07	2.98
40	7.31	5.18	4.31	3.83	3.51	3.29	3.12	2.99	2.89	2.80
50	7.17	5.06	4.20	3.72	3.41	3.19	3.02	2.89	2.78	2.70
60	7.08	4.98	4.13	3.65	3.34	3.12	2.95	2.82	2.72	2.63
70	7.01	4.92	4.07	3.60	3.29	3.07	2.91	2.78	2.67	2.59
80	6.96	4.88	4.04	3.56	3.26	3.04	2.87	2.74	2.64	2.55
100	6.90	4.82	3.98	3.51	3.21	2.99	2.82	2.69	2.59	2.50
120	6.85	4.79	3.95	3.48	3.17	2.96	2.79	2.66	2.56	2.47
140	6.82	4.76	3.92	3.46	3.15	2.93	2.77	2.64	2.54	2.45
160	6.80	4.74	3.91	3.44	3.13	2.92	2.75	2.62	2.52	2.43
180	6.78	4.73	3.89	3.43	3.12	2.90	2.74	2.61	2.51	2.42

续表

n_2 \ n_1	11	12	15	20	25	30	40	60	120	200
1	6083	6106	6157	6209	6240	6261	6287	6313	6339	6350
2	99.41	99.42	99.43	99.45	99.46	99.47	99.47	99.48	99.49	99.49
3	27.13	27.05	26.87	26.69	26.58	26.50	26.41	26.32	26.22	26.18
4	14.45	14.37	14.20	14.02	13.91	13.84	13.75	13.65	13.56	13.52
5	9.96	9.89	9.72	9.55	9.45	9.38	9.29	9.20	9.11	9.08
6	7.79	7.72	7.56	7.40	7.30	7.23	7.14	7.06	6.97	6.93
7	6.54	6.47	6.31	6.16	6.06	5.99	5.91	5.82	5.74	5.70
8	5.73	5.67	5.52	5.36	5.26	5.20	5.12	5.03	4.95	4.91
9	5.18	5.11	4.96	4.81	4.71	4.65	4.57	4.48	4.40	4.36
10	4.77	4.71	4.56	4.41	4.31	4.25	4.17	4.08	4.00	3.96
11	4.46	4.40	4.25	4.10	4.01	3.94	3.86	3.78	3.69	3.66
12	4.22	4.16	4.01	3.86	3.76	3.70	3.62	3.54	3.45	3.41
13	4.02	3.96	3.82	3.66	3.57	3.51	3.43	3.34	3.25	3.22
14	3.86	3.80	3.66	3.51	3.41	3.35	3.27	3.18	3.09	3.06
15	3.73	3.67	3.52	3.37	3.28	3.21	3.13	3.05	2.96	2.92
16	3.62	3.55	3.41	3.26	3.16	3.10	3.02	2.93	2.84	2.81
17	3.52	3.46	3.31	3.16	3.07	3.00	2.92	2.83	2.75	2.71
18	3.43	3.37	3.23	3.08	2.98	2.92	2.84	2.75	2.66	2.62
19	3.36	3.30	3.15	3.00	2.91	2.84	2.76	2.67	2.58	2.55
20	3.29	3.23	3.09	2.94	2.84	2.78	2.69	2.61	2.52	2.48
21	3.24	3.17	3.03	2.88	2.79	2.72	2.64	2.55	2.46	2.42
22	3.18	3.12	2.98	2.83	2.73	2.67	2.58	2.50	2.40	2.36
23	3.14	3.07	2.93	2.78	2.69	2.62	2.54	2.45	2.35	2.32
24	3.09	3.03	2.89	2.74	2.64	2.58	2.49	2.40	2.31	2.27
25	3.06	2.99	2.85	2.70	2.60	2.54	2.45	2.36	2.27	2.23
26	3.02	2.96	2.81	2.66	2.57	2.50	2.42	2.33	2.23	2.19
27	2.99	2.93	2.78	2.63	2.54	2.47	2.38	2.29	2.20	2.16
28	2.96	2.90	2.75	2.60	2.51	2.44	2.35	2.26	2.17	2.13

续表

n_2 \ n_1	11	12	15	20	25	30	40	60	120	200
29	2.93	2.87	2.73	2.57	2.48	2.41	2.33	2.23	2.14	2.10
30	2.91	2.84	2.70	2.55	2.45	2.39	2.30	2.21	2.11	2.07
40	2.73	2.66	2.52	2.37	2.27	2.20	2.11	2.02	1.92	1.87
50	2.63	2.56	2.42	2.27	2.17	2.10	2.01	1.91	1.80	1.76
60	2.56	2.50	2.35	2.20	2.10	2.03	1.94	1.84	1.73	1.68
70	2.51	2.45	2.31	2.15	2.05	1.98	1.89	1.78	1.67	1.62
80	2.48	2.42	2.27	2.12	2.01	1.94	1.85	1.75	1.63	1.58
100	2.43	2.37	2.22	2.07	1.97	1.89	1.80	1.69	1.57	1.52
120	2.40	2.34	2.19	2.03	1.93	1.86	1.76	1.66	1.53	1.48
140	2.38	2.31	2.17	2.01	1.91	1.84	1.74	1.63	1.50	1.45
160	2.36	2.30	2.15	1.99	1.89	1.82	1.72	1.61	1.48	1.42
180	2.35	2.28	2.14	1.98	1.88	1.81	1.71	1.60	1.47	1.41

$\alpha=0.005$

n_2 \ n_1	1	2	3	4	5	6	7	8	9	10
1	16211	19999	21615	22500	23056	23437	23715	23925	24091	24224
2	198.50	199.00	199.17	199.25	199.30	199.33	199.36	199.37	199.39	199.40
3	55.55	49.80	47.47	46.19	45.39	44.84	44.43	44.13	43.88	43.69
4	31.33	26.28	24.26	23.15	22.46	21.97	21.62	21.35	21.14	20.97
5	22.78	18.31	16.53	15.56	14.94	14.51	14.20	13.96	13.77	13.62
6	18.63	14.54	12.92	12.03	11.46	11.07	10.79	10.57	10.39	10.25
7	16.24	12.40	10.88	10.05	9.52	9.16	8.89	8.68	8.51	8.38
8	14.69	11.04	9.60	8.81	8.30	7.95	7.69	7.50	7.34	7.21
9	13.61	10.11	8.72	7.96	7.47	7.13	6.88	6.69	6.54	6.42
10	12.83	9.43	8.08	7.34	6.87	6.54	6.30	6.12	5.97	5.85
11	12.23	8.91	7.60	6.88	6.42	6.10	5.86	5.68	5.54	5.42
12	11.75	8.51	7.23	6.52	6.07	5.76	5.52	5.35	5.20	5.09
13	11.37	8.19	6.93	6.23	5.79	5.48	5.25	5.08	4.94	4.82

续表

n_2 \ n_1	1	2	3	4	5	6	7	8	9	10
14	11.06	7.92	6.68	6.00	5.56	5.26	5.03	4.86	4.72	4.60
15	10.80	7.70	6.48	5.80	5.37	5.07	4.85	4.67	4.54	4.42
16	10.58	7.51	6.30	5.64	5.21	4.91	4.69	4.52	4.38	4.27
17	10.38	7.35	6.16	5.50	5.07	4.78	4.56	4.39	4.25	4.14
18	10.22	7.21	6.03	5.37	4.96	4.66	4.44	4.28	4.14	4.03
19	10.07	7.09	5.92	5.27	4.85	4.56	4.34	4.18	4.04	3.93
20	9.94	6.99	5.82	5.17	4.76	4.47	4.26	4.09	3.96	3.85
21	9.83	6.89	5.73	5.09	4.68	4.39	4.18	4.01	3.88	3.77
22	9.73	6.81	5.65	5.02	4.61	4.32	4.11	3.94	3.81	3.70
23	9.63	6.73	5.58	4.95	4.54	4.26	4.05	3.88	3.75	3.64
24	9.55	6.66	5.52	4.89	4.49	4.20	3.99	3.83	3.69	3.59
25	9.48	6.60	5.46	4.84	4.43	4.15	3.94	3.78	3.64	3.54
26	9.41	6.54	5.41	4.79	4.38	4.10	3.89	3.73	3.60	3.49
27	9.34	6.49	5.36	4.74	4.34	4.06	3.85	3.69	3.56	3.45
28	9.28	6.44	5.32	4.70	4.30	4.02	3.81	3.65	3.52	3.41
29	9.23	6.40	5.28	4.66	4.26	3.98	3.77	3.61	3.48	3.38
30	9.18	6.35	5.24	4.62	4.23	3.95	3.74	3.58	3.45	3.34
40	8.83	6.07	4.98	4.37	3.99	3.71	3.51	3.35	3.22	3.12
50	8.63	5.90	4.83	4.23	3.85	3.58	3.38	3.22	3.09	2.99
60	8.49	5.79	4.73	4.14	3.76	3.49	3.29	3.13	3.01	2.90
70	8.40	5.72	4.66	4.08	3.70	3.43	3.23	3.08	2.95	2.85
80	8.33	5.67	4.61	4.03	3.65	3.39	3.19	3.03	2.91	2.80
100	8.24	5.59	4.54	3.96	3.59	3.33	3.13	2.97	2.85	2.74
120	8.18	5.54	4.50	3.92	3.55	3.28	3.09	2.93	2.81	2.71
140	8.14	5.50	4.47	3.89	3.52	3.26	3.06	2.91	2.78	2.68
160	8.10	5.48	4.44	3.87	3.50	3.24	3.04	2.88	2.76	2.66
180	8.08	5.46	4.42	3.85	3.48	3.22	3.02	2.87	2.74	2.64

续表

n_2 \ n_1	11	12	15	20	25	30	40	60	120	200
1	24334	24426	24630	24836	24960	25044	25148	25253	25359	25401
2	199.41	199.42	199.43	199.45	199.46	199.47	199.47	199.48	199.49	199.49
3	43.52	43.39	43.08	42.78	42.59	42.47	42.31	42.15	41.99	41.93
4	20.82	20.70	20.44	20.17	20.00	19.89	19.75	19.61	19.47	19.41
5	13.49	13.38	13.15	12.90	12.76	12.66	12.53	12.40	12.27	12.22
6	10.13	10.03	9.81	9.59	9.45	9.36	9.24	9.12	9.00	8.95
7	8.27	8.18	7.97	7.75	7.62	7.53	7.42	7.31	7.19	7.15
8	7.10	7.01	6.81	6.61	6.48	6.40	6.29	6.18	6.06	6.02
9	6.31	6.23	6.03	5.83	5.71	5.62	5.52	5.41	5.30	5.26
10	5.75	5.66	5.47	5.27	5.15	5.07	4.97	4.86	4.75	4.71
11	5.32	5.24	5.05	4.86	4.74	4.65	4.55	4.45	4.34	4.29
12	4.99	4.91	4.72	4.53	4.41	4.33	4.23	4.12	4.01	3.97
13	4.72	4.64	4.46	4.27	4.15	4.07	3.97	3.87	3.76	3.71
14	4.51	4.43	4.25	4.06	3.94	3.86	3.76	3.66	3.55	3.50
15	4.33	4.25	4.07	3.88	3.77	3.69	3.58	3.48	3.37	3.33
16	4.18	4.10	3.92	3.73	3.62	3.54	3.44	3.33	3.22	3.18
17	4.05	3.97	3.79	3.61	3.49	3.41	3.31	3.21	3.10	3.05
18	3.94	3.86	3.68	3.50	3.38	3.30	3.20	3.10	2.99	2.94
19	3.84	3.76	3.59	3.40	3.29	3.21	3.11	3.00	2.89	2.85
20	3.76	3.68	3.50	3.32	3.20	3.12	3.02	2.92	2.81	2.76
21	3.68	3.60	3.43	3.24	3.13	3.05	2.95	2.84	2.73	2.68
22	3.61	3.54	3.36	3.18	3.06	2.98	2.88	2.77	2.66	2.62
23	3.55	3.47	3.30	3.12	3.00	2.92	2.82	2.71	2.60	2.56
24	3.50	3.42	3.25	3.06	2.95	2.87	2.77	2.66	2.55	2.50
25	3.45	3.37	3.20	3.01	2.90	2.82	2.72	2.61	2.50	2.45
26	3.40	3.33	3.15	2.97	2.85	2.77	2.67	2.56	2.45	2.40
27	3.36	3.28	3.11	2.93	2.81	2.73	2.63	2.52	2.41	2.36
28	3.32	3.25	3.07	2.89	2.77	2.69	2.59	2.48	2.37	2.32

续表

n_2 \ n_1	11	12	15	20	25	30	40	60	120	200
29	3.29	3.21	3.04	2.86	2.74	2.66	2.56	2.45	2.33	2.29
30	3.25	3.18	3.01	2.82	2.71	2.63	2.52	2.42	2.30	2.25
40	3.03	2.95	2.78	2.60	2.48	2.40	2.30	2.18	2.06	2.01
50	2.90	2.82	2.65	2.47	2.35	2.27	2.16	2.05	1.93	1.87
60	2.82	2.74	2.57	2.39	2.27	2.19	2.08	1.96	1.83	1.78
70	2.76	2.68	2.51	2.33	2.21	2.13	2.02	1.90	1.77	1.71
80	2.72	2.64	2.47	2.29	2.17	2.08	1.97	1.85	1.72	1.66
100	2.66	2.58	2.41	2.23	2.11	2.02	1.91	1.79	1.65	1.59
120	2.62	2.54	2.37	2.19	2.07	1.98	1.87	1.75	1.61	1.54
140	2.59	2.52	2.35	2.16	2.04	1.96	1.84	1.72	1.57	1.51
160	2.57	2.50	2.33	2.14	2.02	1.93	1.82	1.69	1.55	1.48
180	2.56	2.48	2.31	2.12	2.00	1.92	1.80	1.68	1.53	1.46

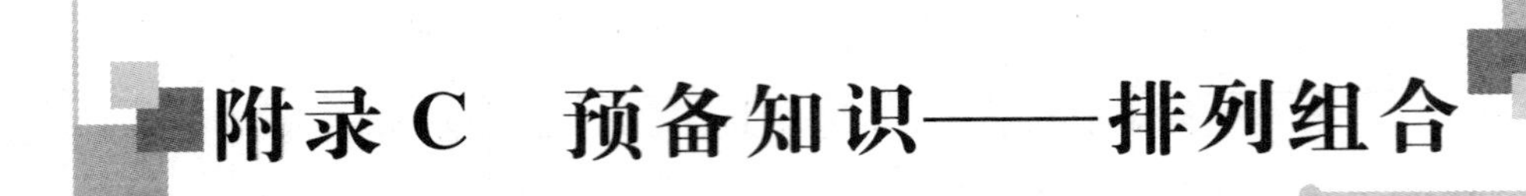

附录C　预备知识——排列组合

C.1　基本原理

加法原理和乘法原理是排列组合问题的基本思想，绝大多数的排列组合问题都会应用到这两个原理，所以有必要对加法原理、乘法原理进行充分的介绍.

C.1.1　加法原理

加法原理　完成一件事情有 n 类方法，在第一类方法中有 m_1 种不同的方法，第二类方法中有 m_2 种不同的方法，…，第 n 类方法中有 m_n 种不同的方法，那么完成这件事共有 $N=m_1+m_2+\cdots+m_n$ 种不同的方法.

例如，从甲地到乙地，有乘火车、乘飞机、乘轮船 3 种交通方式可供选择，而一天之中火车、飞机、轮船分别有 m_1、m_2、m_3 个班次，那么一天之中从甲地到乙地共有 $N=m_1+m_2+m_3$ 种方法可以选择.

加法原理指的是如果一件事情是分类完成的，那么总的方法数等于每类情况方法数的总和，其本质是每一类方法均能独立完成该任务，特点是分成几类，就有几项相加.

例 1　从 4 个男生和 5 个女生中选出一人担任组长，有多少种不同的选择方法？

解　男生有 4 种选择，女生有 5 种选择，则一共有 $4+5=9$ 种不同的选择方法.

例 2　某商店里有 5 个不同图案的文具盒，4 只不同牌子的铅笔，3 只型号不同的钢笔和 2 把不同材料的直尺，现从中任意买一件，共有多少种不同的买法？

解　文具盒 5 种，铅笔 4 种，钢笔 3 种，直尺 2 种，则从中任意买一件，共有 $5+4+3+2=14$ 种不同的买法.

C.1.2　乘法原理

乘法原理　完成一件事情有 n 个步骤，做第 1 步有 m_1 种不同的方法，做第 2

步有 m_2 种不同的方法，…，做第 n 步有 m_n 种不同的方法，那么完成这件事共有 $N=m_1m_2\cdots m_n$ 种不同的方法.

例如，从甲地到丙地必须经过乙地，其中从甲地到乙地有3条路，从乙地到丙地有4条路，那么从甲地到丙地共有 $3\times4=12$ 种不同的方法.

乘法原理指的是如果一件事情是分步进行的，那么总的方法数等于每步的方法数的乘积，其本质是缺少任何一步均无法完成任务，每一步都是不可缺少的环节，特点是分成几步，就有几项相乘.

例3 从4个男生与5个女生中各选一人担任组长，共有多少种不同的选择方法？

解 要男女两名组长，其中男生组长4种选择，女生组长5种选择，则一共有 $4\times5=20$ 种不同的选择方法.

例4 某商店里有5个不同图案的文具盒，4只不同牌子的铅笔，3只型号不同的钢笔和2把不同材料的直尺，从中各取一件，配成一套学习工具，问最多能配多少套不同的学习工具？

解 文具盒有5种选择，铅笔有4种选择，钢笔有3种选择，直尺有2种选择，则最多可以配 $5\times4\times3\times2=120$ 套不同的学习工具.

例5 利用数字1,2,3,4,5共可组成：

(1)多少个数字不重复的三位数？

(2)多少个数字不重复的三位偶数？

解 (1)百位数有5种选择；十位数不同于百位数，有4种选择；个位数不同于百位数和十位数，有3种选择，所以一共有 $5\times4\times3=60$ 个数字不重复的三位数.

(2)先选个位数，共有两种选择，即2或4；在个位数选定后，十位数还有4种选择；百位数有3种选择，所以共有 $2\times4\times3=24$ 个数字不重复的三位偶数.

在应用基本原理解决排列组合问题时，必须注意加法原理与乘法原理的根本区别. 若完成一件事情有多类方式，其中每一类方式的任一种方法都可以完成这件事情，则用加法原理；若完成一件事情必须依次经过多个步骤，缺少其中任何一个步骤都不能完成这件事情，则用乘法原理.

C.2 排　　列

元素的排列包括元素不重复与元素重复两种情况，下面分别介绍.

C.2.1 元素不重复的排列

排列 从 n 个不同的元素中，每次取出 $m(m\leqslant n)$ 个不同元素排成一列，所有这样排列的个数称为排列数,记作 A_n^m.

使用排列的三个条件:①n 个不同元素;②任取 m 个;③讲究先后顺序.

例 6 从 a, b, c, d 四个元素中任取 2 个排成一列,共有多少种排列方式?

解 所有可能的排列为:ab,ba,ac,ca,ad,da,bc,cb,bd,db,cd,dc.共有 12 种,即 $A_4^2=12=4\times3$,其中上标 2 是相乘的项数,下标是相乘中的最大一项 4,而且之后的每项总是比前一项少 1.

例 7 从甲、乙、丙三个人中任选 2 个人分别参加明天上午和下午的比赛,问共有多少种参赛方式?

解 此题相当于从 3 个不同的元素中任取 2 个元素,并按一定的顺序排列,所有的排列数为 A_3^2,即 $A_3^2=3\times2=6$,其中上标 2 是相乘的项数,下标是相乘中的最大一项 3,而且之后的每项总是比前一项少 1.

例 8 从 a,b,c,d 四个元素中任取 3 个排成一列,共有多少种排列方式?

解 所有可能的排列为:abc,acb,bac,bca,cab,cba,
abd,adb,bad,bda,dab,dba,
acd,adc,cad,cda,dac,dca,
bcd,bdc,cbd,cdb,dbc,dcb,

则共有 24 种,即 $A_4^3=4\times3\times2=24$.

由上面的例题可以得出排列数的计算公式

$$A_n^m=n(n-1)(n-2)\cdots(n-m+1)=\frac{n!}{(n-m)!},$$

其中 m 表示相乘的项数,$n!=n(n-1)\times\cdots\times2\times1$ 称为 n 的阶乘,且 $A_n^0=1,A_n^1=n,A_n^n=n!$.

C.2.2 元素可重复的排列

元素可重复的排列是指在排列中允许出现相同的元素.

例 9 一个三位密码锁,各位上数字由 0,1,2,3,4,5,6,7,8,9 十个数字组成,可以设置多少种三位数的密码(各位上的数字允许重复)?首位数字不为 0 的密码数是多少?首位数字是 0 的密码数又是多少?

解 按密码位数,从左到右依次设置第一位、第二位、第三位,需分三步完成:第一步,$m_1=10$;第二步,$m_2=10$;第三步,$m_3=10$.

根据乘法原理,共可以设置 $N=10\times10\times10=10^3$ 种三位数的密码.

首位数字不为 0 的密码数是 $N=9\times10\times10=9\times10^2$ 种.

首位数字是 0 的密码数是 $N=1\times10\times10=10^2$ 种.

可见,首位数字不为 0 的密码数与首位数字是 0 的密码数之和等于密码总数.

C.3 组　合

组合　从 n 个不同的元素中，任取 $m(m\leqslant n)$ 个不同元素并成一组，所有这样组合的个数称为组合数，记为 C_n^m.

组合数使用的三个条件：① n 个不同元素；②任取 m 个；③元素并为一组时，不讲究先后顺序.

注意　排列与组合的共同点是“从 n 个不同元素中任取 m 个元素”；不同点是排列与元素的顺序有关系，而组合与元素的顺序无关.

例 10　从甲、乙、丙三人中任选两人参加某项比赛，问共有多少种方式？

解　所有可能的组合为：甲、乙，甲、丙，乙、丙，共有 3 种.

需要注意的是，此题相当于从 3 个不同的元素中任取 2 个元素并成一组，所有的组合数为 C_3^2，且

$$C_3^2=3=\frac{3\times 2}{2\times 1}=\frac{A_3^2}{A_2^2}.$$

例 11　从 a，b，c，d 四个元素中任取 2 个并成一组，共有多少种可能？

解　所有的可能排列为：ab，ac，ad，bc，bd，cd，共有 6 种，即 $C_4^2=6$，且

$$C_4^2=6=\frac{4\times 3}{2\times 1}=\frac{A_4^2}{A_2^2}.$$

例 12　从 a，b，c，d 四个元素中任取 3 个并成一组，共有多少种可能？

解　所有的可能组合为：abc，abd，acd，bcd，共有 4 种，即 $C_4^3=4$，且

$$C_4^3=4=\frac{4\times 3\times 2}{3\times 2\times 1}=\frac{A_4^3}{A_3^3}.$$

由例 10～例 12 的规律可以得出组合数的计算公式

$$C_n^m=\frac{A_n^m}{A_m^m}=\frac{n(n-1)\cdots(n-m+1)}{m(m-1)\cdots 2\times 1}$$

其中 $C_n^0=1, C_n^1=n, C_n^n=1$.

例 13　要求厨师从 12 种主料中挑选出 2 种，从 13 种配料中挑选出 3 种来烹饪某道菜肴，烹饪的方式共有 7 种，那么该厨师最多可以做出多少道不一样的菜肴？

解　厨师做出一道菜肴分成三步来完成：第一步从 12 种主料中选出两种主料，有 C_{12}^2 种选择方法；第二步从 13 种配料中挑选出 3 种，有 C_{13}^3 种选择方法；第三步烹饪，共有 7 种方式。根据乘法原理，该厨师最多可以做出 $C_{12}^2\times C_{13}^3\times 7=132\ 132$ 道不一样的菜肴.

性质 组合数满足关系式：$C_n^m = C_n^{n-m}$.

注意 当 $m > \dfrac{n}{2}$ 时，可利用组合数性质来计算 C_n^m.

例如，$C_6^4 = C_6^2 = \dfrac{6\times 5}{2\times 1} = 15$，$C_5^5 = C_5^0 = 1$.

对于实际问题，必须正确判断是排列问题还是组合问题，关键在于要不要计较所选元素的先后顺序，即要不要将所选元素进行排队. 若需要排队，则是排列问题；若不需要排队，则是组合问题.

例 14 甲、乙两人从 5 项健身项目中各选 2 项，则甲、乙所选的健身项目中至少有 1 项不相同的选法共有多少种？

解 甲、乙所选的健身项目中至少有 1 项不相同的选法可分为两类：第一类两个人有一项不相同，那么首先可以从五个项目当中选出一项是两个人相同的，剩下四项当中选出两项分给两个人，应用乘法原理，共有 $C_5^1 \times A_4^2 = 60$ 种；第二类两人的两个项目均不相同，第一步先选出两个项目给甲，第二步从剩下的三个项目选出两个项目给乙，应用加法原理，有 $C_5^2 \times C_3^2 = 30$ 种. 根据加法原理，总共的种数有 $60+30=90$ 种.

例 15 7 支足球队进行比赛，问：

(1)若采用主客场赛制，共有多少场比赛？

(2)若采用单循环赛制，共有多少场比赛？

解 (1)采用主客场赛制意味着每两支球队之间进行两场比赛，比赛双方各有一个主场，这时从 7 支球队中每次挑选 2 支球队进行比赛，要计较所选球队的顺序，即需要将它们排队. 不妨规定排在前面的球队是在主场比赛，因此这个问题是排列问题. 所以共有 $A_7^2 = 7\times 6 = 42$ 场比赛.

(2)采用单循环赛制意味着每两支球队之间只进行一场比赛，这时从 7 支球队中每次挑选 2 支球队进行比赛，不计较所选球队的顺序，即不需要将它们进行排队，因此这是一个组合问题. 所以共有 $C_7^2 = \dfrac{7\times 6}{2\times 1} = 21$ 场比赛.

例 16 一个口袋里有 5 个黑球与 4 个白球，任取 4 个球，问：

(1)共有多少种取法？

(2)其中恰好有 1 个黑球，有多少种取法？

(3)其中至少有 3 个黑球，有多少种取法？

(4)其中至多有 1 个黑球，有多少种取法？

解 由于在取球时不计较所取出球的先后顺序，即不需要将它们排队，因此这个问题是组合问题.

(1) 从 9 个球中任取 4 个球，共有

$$C_9^4=\frac{9\times8\times7\times6}{4\times3\times2\times1}=126$$

种取法.

（2）任取4个球中恰好有1个黑球，意味着所取4个球中有一个黑球与3个白球，完成这件事情必须经过两个步骤：第1步是从5个黑球中取出1个黑球，有C_5^1种取法；第2步是从4个白球中取出3个白球，有C_4^3种取法. 根据乘法原理，有

$$C_5^1C_4^3=5\times4=20$$

种取法.

（3）任取4个球中至少有3个黑球，包括恰有3个黑球与恰有4个黑球两类情况，完成这件事情有两类方式：第1类方式是任取4个球中恰好有3个黑球1个白球，有$C_5^3C_4^1$种取法；第2类方式是任取4个球中恰好有4个黑球0个白球，有$C_5^4C_4^0$种取法. 根据加法原理，有

$$C_5^3C_4^1+C_5^4C_4^0=40+5=45$$

种取法.

（4）任取4个球中至多有1个黑球，包括恰有1个黑球与没有黑球两类情况，完成这件事情有两类方式：第1类方式是任取4个球中恰好有1个黑球3个白球，有$C_5^1C_4^3$种取法；第2类方式是任取4个球中恰好有0个黑球4个白球，有$C_5^0C_4^4$种取法. 根据加法原理，有

$$C_5^1C_4^3+C_5^0C_4^4=20+1=21$$

种取法.

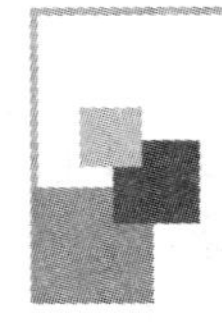
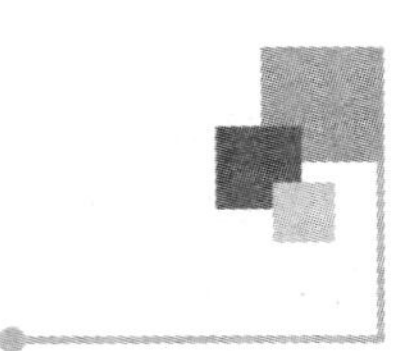

部分参考答案

习题 1.1

1. (1) $\Omega=\{1,2,\cdots,n\}$；
   (2) $\Omega=\{0,1,2,\cdots,20\}$；
   (3) $\Omega=\{10,11,12,\cdots\}$；
   (4) $\Omega=\{(x,y,z)\mid x>0,y>0,z>0,x+y+z=1\}$.
2. (1) $A_1A_2A_3A_4$；(2) $\overline{A_1A_2A_3A_4}=\overline{A_1}\cup\overline{A_2}\cup\overline{A_3}\cup\overline{A_4}$；
   (3) $A_1A_2A_3\cup A_1A_2A_4\cup A_1A_3A_4\cup A_2A_3A_4$；
   (4) $A_1A_2A_3\overline{A_4}\cup A_1A_2\overline{A_3}A_4\cup A_1\overline{A_2}A_3A_4\cup\overline{A_1}A_2A_3A_4$.
3. $A_1\cup A_2\cup A_3$ 表示“三次射击中至少有一次击中目标”；$A_1A_2A_3$ 表示“三次射击都击中了目标”；A_2-A_1 表示“第二次击中了目标而第一次没有击中目标”；$\overline{A_2A_3}=\overline{A_2}\cup\overline{A_3}$表示“后两次中至少有一次未击中目标”；$A_1A_2\cup A_1A_3\cup A_2A_3$ 表示“三次射击中至少有两次击中目标”.
4. A 与 B 互为对立事件.
5. $A(B\cup C)$.

习题 1.2

1. (1)0.6，0.4；(2)0.4；(3)0.2；(4)0.4.
2. 0.3.
4. 0.5.
5. $\frac{11}{12}$.
6. $\frac{7}{8}$.

习题 1.3

1. $\frac{1}{60}$.

2. $\frac{2}{n-1}$.

3. $\frac{13}{21}$.

4. $\frac{5}{9}$.

5. (1) $\frac{33}{200}$；(2) $\frac{1}{8}$；(3) $\frac{1}{25}$.

6. (1) $\frac{132}{169}$；(2) $\frac{37}{169}$；(3) $\frac{168}{169}$.

7. $\frac{30}{91}$.

8. (1) $\frac{3}{8}$；(2) $\frac{1}{8}$.

9. $\frac{7}{9}$.

10. $\frac{50}{81}$.

11. $\frac{1}{6}$.

12. 0.25.

习题 1.4

1. 0.993 57.

2. 1/5.

3. (1) $\frac{1}{4}$；　(2) $\frac{2}{5}$；　(3) $\frac{1}{10}$.

4. $\frac{6}{7}$.

5. $\frac{3}{70}$.

6. 0.067.

7. 0.93.

8. $\frac{1}{50}$.

9. 64%.

习题 1.5

1. 0.5，　0.5.

2. (1)0.003； (2)0.388.

3. 0.6.

4. 0.314.

5. 0.63.

6. 0.163.

7. $C_n^k P^k (1-P)^{n-k}$.

8. 赌注应按 11∶5 的比例分配.

9. (1)0.94^n； (2)$C_n^{n-2} 0.94^{n-2} 0.06^2$； (3)$1-0.94^{n-1}\times 0.06n-0.94^n$.

第 1 章总习题

1. (1)C； (2)C； (3)C； (4)C； (5)B.

2. (1)$A\overline{B}\cup\overline{A}B$， $A\cup B$， AB； (2)$\overline{A}$ 表示“甲产品畅销或乙产品滞销”；
   (3)0.3,0.5； (4)1/6； (5)2/3； (6)$(1-p_1)(1-p_2)(1-p_3)$.

3. 0.000 000 01.

4. $\frac{53}{120}$.

5. (1)$\frac{7}{15}$;(2)$\frac{5}{7}$.

6. $\frac{1}{4}$.

9. 0.936.

10. $p_1/(p_1+p_2-p_1p_2)$,$(p_2-p_1p_2)/(p_1+p_2-p_1p_2)$.

11. $\frac{a}{a+b}\cdot\frac{a+m}{a+b+m}\cdot\frac{b}{a+b+2m}\cdot\frac{a+2m}{a+b+3m}$.

12. 0.15.

13. 26/33.

14. (1)0.140 2； (2)一台不合格的仪器中有一个部件不是优质品的概率最大.

习题 2.1

1. $\frac{2}{9}$.

2. $\frac{1}{2}$.

习题 2.2

1.(1)是； (2)不是； (3)是.

2.$c=1$.

3.(1)$\frac{1}{5}$； (2)$\frac{1}{5}$； (3)$\frac{1}{5}$.

4.(1)0.072 9； (2)0.008 56.

5.(1)0.029 8； (2)0.002 8.

6.$P\{X=k\}=\frac{C_{k-1}^{2}}{C_{5}^{3}}(k=3,4,5)$.

7.0.007 125.

习题 2.3

1.(1)是； (2)不是.

2.(1)$A=\frac{1}{2},B=\frac{1}{\pi}$； (2)0.583.

3.

X	0	1
P	0.5	0.5

； $F(x)=\begin{cases}0, & x<0,\\ 0.5, & 0\leqslant x<1,\\ 1, & x\geqslant 1.\end{cases}$

4.$F(x)=\begin{cases}0, & x<1,\\ 0.1, & 0\leqslant x<1,\\ 0.7, & 1\leqslant x<2,\\ 1, & x\geqslant 2.\end{cases}$

5.$F(x)=\begin{cases}0, & x<1,\\ 4/7, & 1\leqslant x<2,\\ 6/7, & 2\leqslant x<3,\\ 1, & x\geqslant 3;\end{cases}$

X	1	2	3
P	4/7	2/7	1/7

6.0.6,0.75,0.

习题 2.4

1.(1)$K=3$； (2)$P\{X>0.1\}=\mathrm{e}^{-0.3}=0.740\ 8$； (3)$F(x)=\begin{cases}1-\mathrm{e}^{-3x}, & x>0,\\ 0, & x\leqslant 0.\end{cases}$

2.(1)0.25;(2)0;(3)$F(x)=\begin{cases}0, & x<0,\\ x^{2}, & 0\leqslant x<1,\\ 1, & x\geqslant 1.\end{cases}$

3.$1-\mathrm{e}^{-1}$.

4. $\frac{4}{5}$.

5. 0.022 8;0.341 3;0.658 7.

6. 0.866 4.

7. 0.682 6.

8. (1)只有 60 分钟应走第二条路线;(2)只有 45 分钟应走第一条路线.

习题 2.5

1.

Y	0	1
P	0.5	0.5

2.

Y	-1	0	1
P	1/4	1/2	1/4

3. $f(y)=\begin{cases}\frac{1}{3}, & 1<y<4,\\ 0, & \text{其他}.\end{cases}$

4. $f(y)=\frac{2e^y}{\pi(1+e^{2y})}$.

5. $f_Y(y)=\begin{cases}\frac{1}{y^2}, & \frac{1}{2}<y<1,\\ 0, & \text{其他}.\end{cases}$

6. $f_Y(y)=\begin{cases}\frac{1}{2\sqrt{\pi(y-1)}}e^{-\frac{y-1}{4}}, & y>1,\\ 0, & y\leqslant 1.\end{cases}$

第 2 章总习题

1. (1)B; (2)D; (3)C; (4)C; (5)B.

2. (1)$\frac{15}{16}$; (2)$F(x)=\begin{cases}0, & x<-1,\\ 0.6, & -1\leqslant x<1,\\ 1, & x\geqslant 1;\end{cases}$ (3)

Y	-1	3
P	0.5	0.5

;

(4)$\frac{19}{27}$; (5)$\mu=4$.

3. $f(y)=\begin{cases}\frac{1}{2y}, & e^2<y<e^4,\\ 0, & \text{其他}.\end{cases}$

4. $\frac{e^{-\frac{1}{4}}}{\sqrt{\pi}}$.　5. $P\{X=k\}=(1-p)^{k-1}p(k=1,2,3,\cdots)$.

6. (1)0.009;(2)0.998;(3)7.

7. 0.143 8;0.952 6.

8. (1)$e^{-1}-e^{-1.2}$;　(2)$e^{-0.1}$.

10. 0.433 2;0.066 8;0.682 6.

11. $f_Y(y)=\begin{cases}\frac{1}{y^2}, & y>1,\\ 0, & y\leqslant 1.\end{cases}$

习题 3.1

1. (1)(X,Y)的联合分布律为

X \ Y	0	1
0	$\frac{2}{15}$	$\frac{4}{15}$
1	$\frac{4}{15}$	$\frac{1}{3}$

(2)(X,Y)的联合分布函数为

$$F(x,y)=\begin{cases}0, & x<0 \text{ 或 } y<0,\\ \frac{2}{15}, & 0\leqslant x<1,0\leqslant y<1,\\ \frac{2}{5}, & 0\leqslant x<1,y\geqslant 1 \text{ 或 } x\geqslant 1,0\leqslant y<1,\\ 1, & x\geqslant 1,y\geqslant 1.\end{cases}$$

(3)$\frac{2}{5}$.

2.

X \ Y	4	3	2	1	0
0	$\frac{1}{16}$	0	0	0	0
1	0	$\frac{1}{4}$	0	0	0
2	0	0	$\frac{3}{8}$	0	0
3	0	0	0	$\frac{1}{4}$	0
4	0	0	0	0	$\frac{1}{16}$

3.

X \ Y	1	2	3
1	$\frac{1}{3}$	0	0
2	$\frac{1}{6}$	$\frac{1}{6}$	0
3	$\frac{1}{9}$	$\frac{1}{9}$	$\frac{1}{9}$

4. (1) $C=2$；

(2) $$F(x,y)=\begin{cases}0, & x<0 \text{ 或 } y<0,\\ 2xy-\frac{1}{2}xy^2-\frac{1}{2}x^2y, & 0\leqslant x<1, 0\leqslant y<1,\\ \frac{3}{2}x-\frac{1}{2}x^2, & 0\leqslant x<1, y\geqslant 1,\\ \frac{3}{2}y-\frac{1}{2}y^2, & x\geqslant 1, 0\leqslant y<1,\\ 1, & x\geqslant 1, y\geqslant 1.\end{cases}$$

(3) $\frac{19}{72}$.

5. (1) $C=1$； (2) $\frac{3}{4}$； (3) $\frac{1}{4}$.

6. (1) $C=12$； (2) $F(x,y)=\begin{cases}(1-\mathrm{e}^{-3x})(1-\mathrm{e}^{-4y}), & x>0, y>0,\\ 0, & \text{其他}.\end{cases}$

习题 3.2

1.

X	0	1
P	$\frac{2}{5}$	$\frac{3}{5}$

X	0	1
P	$\frac{2}{5}$	$\frac{3}{5}$

2. (1) $f_X(x)=\begin{cases}4x, & 0\leqslant x\leqslant\frac{\sqrt{2}}{2},\\ 0, & \text{其他},\end{cases}$ $f_Y(y)=\begin{cases}6y, & 0\leqslant x\leqslant\frac{\sqrt{3}}{3},\\ 0, & \text{其他}；\end{cases}$

(2) $\frac{1}{2}$； (3) $\frac{1}{3}$.

3. (1) $\frac{21}{4}$； (2) $f_X(x)=\begin{cases}\frac{21}{8}x^2(1-x^4), & -1\leqslant x\leqslant 1,\\ 0, & \text{其他},\end{cases}$

$$f_Y(x)=\begin{cases}\frac{7}{2}y^{\frac{5}{2}}, & 0\leqslant y\leqslant 1,\\ 0, & \text{其他}.\end{cases}$$

4. $f_X(x)=\begin{cases}2.4x^2(2-x), & 0\leqslant x\leqslant 1,\\ 0, & \text{其他},\end{cases}$

$$f_Y(y)=\begin{cases}2.4y(3-4y+y^2), & 0\leqslant y\leqslant 1,\\ 0, & \text{其他}.\end{cases}$$

5. $P\{X=m,Y=n\}=p^2q^{n-2}(n=2,3,\cdots;m=1,2,\cdots,n-1)$.

当 $n=2,3,\cdots$ 时，$P\{X=m|Y=n\}=\frac{1}{n-1}(m=1,2,\cdots,n-1)$；

当 $m=1,2,\cdots$ 时，$P\{Y=n|X=m\}=pq^{n-m-1}(n=m+1,m+2,\cdots)$.

6. (1) $f_{Y|X}(y|x)=\begin{cases}\frac{2y}{1-x^4}, & x^2<y<1,\\ 0, & \text{其他};\end{cases}$ (2) $\frac{9}{10}$.

习题 3.3

1. $\alpha=0.35,\beta=0.35$.

2.

X	0	1
P	$\frac{3}{8}$	$\frac{5}{8}$

Y	0	1
P	$\frac{3}{8}$	$\frac{5}{8}$

X 和 Y 不是相互独立的.

3. 0.437 5

4. $P\{X=i,Y=j\}=C_i^j 0.8^j 0.2^{i-j}\frac{50^i}{i!}e^{-50}(i=0,1,\cdots;j=0,1,\cdots,i)$.

5. X 和 Y 是相互独立的.

6. X 和 Y 不是相互独立的.

习题 3.4

1. (1)

$X+Y$	2	3	4	5
P	$\frac{1}{4}$	$\frac{3}{8}$	$\frac{1}{4}$	$\frac{1}{8}$

（2）

$X-Y$	-2	-1	0	1	2
P	$\frac{1}{8}$	$\frac{1}{4}$	$\frac{1}{4}$	$\frac{1}{4}$	$\frac{1}{8}$

（3）

XY	1	2	3	6
P	$\frac{1}{4}$	$\frac{3}{8}$	$\frac{1}{4}$	$\frac{1}{8}$

2. $f_Z(z)=\begin{cases}0, & z<-1,\\ 1-e^{-(z+1)}, & -1\leqslant z<0,\\ e^{-z}-e^{-(z+1)}, & z\geqslant 0.\end{cases}$

3. $f_Z(z)=F_Z'(z)=\begin{cases}2(1-z), & 0\leqslant z<1,\\ 0, & \text{其他}.\end{cases}$

4. (1) $C=1$；

(2) $f_U(u)=\begin{cases}\frac{1}{2}u^2e^{-u}, & u>0,\\ 0, & u\leqslant 0,\end{cases}$ $f_V(v)=\begin{cases}ve^{-v}, & v>0,\\ 0, & v\leqslant 0.\end{cases}$

5. (1) $f_Z(z)=\begin{cases}z^2, & 0<z<1,\\ 2z-z^2, & 1\leqslant z<2,\\ 0, & \text{其他};\end{cases}$ (2) $f_Z(z)=\begin{cases}2(1-z), & 0<z<1,\\ 0, & \text{其他}.\end{cases}$

第 3 章总习题

1.

Y \ X	0	1	2	3
0	0	0	$\frac{3}{35}$	$\frac{2}{35}$
1	0	$\frac{6}{35}$	$\frac{12}{35}$	$\frac{2}{35}$
2	$\frac{1}{35}$	$\frac{6}{35}$	$\frac{3}{35}$	0

2. $1-e^{-\frac{1}{2}}-e^{-1}$.

3. (1) $\frac{1}{8}$； (2) $\frac{3}{8}$； (3) $\frac{27}{32}$； (4) $\frac{2}{3}$.

4. $f_X(x)=\begin{cases}e^{-x}, & x>0,\\ 0, & x\leqslant 0;\end{cases}$ $f_Y(y)=\begin{cases}ye^{-y}, & y>0,\\ 0, & y\leqslant 0.\end{cases}$

5. $f_Y(y)=\begin{cases}-\ln(1-y), & 0<y<1,\\ 0, & \text{其他}.\end{cases}$

6. (1) $f_Z(z)=\begin{cases}\dfrac{z^3}{6}e^{-z}, & z>0,\\ 0, & z\leqslant 0;\end{cases}$ (2) $f_U(u)=\begin{cases}\dfrac{u^5}{120}e^{-u}, & u>0,\\ 0, & u\leqslant 0.\end{cases}$

7. $f_Z(z)=\begin{cases}\alpha e^{-\alpha z}+\beta e^{-\beta z}-(\alpha+\beta)e^{-(\alpha+\beta)z}, & z>0,\\ 0, & z\leqslant 0.\end{cases}$

8. (1) $f(x,y)=\begin{cases}\dfrac{1}{2}e^{-y/2}, & 0<x<1, y>0,\\ 0, & \text{其他};\end{cases}$ (2) 0.144 5.

9. (1) $b=\dfrac{1}{1-e^{-1}}$;

(2) $f_X(x)=\begin{cases}0, & 0\leqslant 0 \text{ 或 } x\geqslant 1,\\ \dfrac{e^{-x}}{1-e^{-1}}, & 0<x<1,\end{cases}$

$f_Y(y)=\begin{cases}0, & y\leqslant 0,\\ e^{-y}, & y>0;\end{cases}$

(3) $F_U(u)=\begin{cases}0, & u<0,\\ \dfrac{(1-e^{-u})^2}{1-e^{-1}}, & 0\leqslant u<1,\\ 1-e^{-u}, & u\geqslant 1.\end{cases}$

10.

$X+Y$	3	5	7
P	0.18	0.54	0.28

习题 4.1

1. 4.

2. 25/96.

3. 5.208 96 万元.

4. 12.

5. $\dfrac{1}{3}ka^2$.

7. (1) $\dfrac{3}{4},\dfrac{5}{8}$; (2) $\dfrac{1}{8}$.

习题 4.2

1. 1.1，1.38，甲种棉花质量较好.

2. $\frac{m}{p}$，$\frac{mq}{p^2}$，其中 $q=1-p$.

4. 1/6.

5. $\sqrt{\frac{\pi}{2}}\sigma$，$\frac{4-\pi}{2}\sigma^2$.

6. 0，2.

7. 18.

习题 4.3

2. 0.

4. $\cos a$.

5. $\frac{\alpha^2-\beta^2}{\alpha^2+\beta^2}$.

6. $\frac{5\sqrt{13}}{26}$.

第 4 章总习题

1. $\frac{n+2}{3}$.

2. $X\sim B(3,0.4)$，$\frac{6}{5}$.

3. 10.9.

4. 8.784 次.

5. (1)2，0；　(2)$-1/15$；　(3)5.

6. $\frac{15}{28}$，$\frac{5}{8}$.

7. $\frac{\pi}{24}(a+b)(a^2+b^2)$.

8. $\frac{1-e^{-2\lambda}}{\lambda}$.

9. $\frac{1}{3}$，$\frac{1}{12}$.

10. $\frac{1}{4}$.

11. 0.6,0.46.

12. $a=\frac{3}{5}, b=\frac{6}{5}, D(X)=\frac{2}{25}$.

13. (1)2； (2)$D(X)D(Y)+[E(Y)]^2D(X)+[E(X)]^2D(Y)$.

14. $N(0,25)$.

15. 不相关,不相互独立.

习题 5.1

1. $P\{|X-E(X)|>2\sqrt{D(X)}\}\leqslant\frac{1}{4}$.

3. 0.975.

习题 5.2

1. 0.180 2.
2. (1)0.33； (2)594.
3. 144.
4. 14.

第 5 章总习题

1. $P\{10<X<18\}\geqslant 0.271$.
2. 不能相信该产品的废品率不超过 0.005（小概率原理）.
3. 0.211 9.
4. 0.961 6.
5. 0.047.

习题 6.1

1. $P(x_1,x_2,\cdots,x_n)=p^{\sum_{i=1}^{n}x_i}(1-p)^{n-\sum_{i=1}^{n}x_i}$,其中 $x_i=0,1(i=1,2,\cdots,n)$.
2. $f(x_1,x_2,\cdots,x_n)=\left(\frac{1}{\sqrt{2\pi}\sigma}\right)^n\exp\left\{-\frac{1}{2\sigma^2}\sum_{i=1}^{n}(x_i-\mu)^2\right\}$.

习题 6.2

1. B.

2. $\overline{x}=0.64, s^2=6.253, 5.002$.

3. 2 412.5, 615, 2385.

习题 6.3

1. C.

2. $m, \dfrac{2m}{n}$.

3. $\dfrac{1}{3}$, 2.

4. 0.21.

习题 6.4

1. (1) 0.290 5； (2) 0.012 2.

2. 0.99.

3. 26.105.

4. 0.543 1.

5. 0.015 9.

6. (1) $\chi^2(2(n-1))$； (2) $F(1,2n-2)$.

第 6 章总习题

1. B.

2. D.

3. 0.1, 0.875.

5. (1) 0.75； (2) $\dfrac{2\sigma^4}{17}$.

7. 0.133 6.

8. (1) $f_Z(z)=\dfrac{1}{\sqrt{2\pi}\sqrt{54}}e^{-\frac{(z-60)^2}{108}}$； (2) 1.

9. (1) $\overline{X}-\overline{Y}\sim N(25,205)$； (2) 0.040 1.

10. (1) $\dfrac{1}{2}, \dfrac{49}{100}$； (2) 0.841 4.

11. 16.

12. $2(n-1)\sigma^2$.

14. $a=\dfrac{1}{8}, b=\dfrac{1}{12}, c=\dfrac{1}{16}$, 3.

15. (1)$k=18.028$； (2)$k\geqslant 4.633$.

16. μ.

习题 7.1

1. $\hat{\sigma}=\sqrt{\frac{\pi}{2}}\bar{x}$.

2. $\hat{\theta}=\frac{5}{6}$.

3. $\hat{\theta}=172.7$.

4. $\hat{p}=\bar{x}$.

5. (1) $\hat{\theta}=\frac{1}{\frac{1}{n}\sum_{i=1}^{n}\ln x_i-\ln c}$； (2)$\hat{\theta}=\left(\frac{n}{\sum_{i=1}^{n}\ln x_i}\right)^2$.

6. (1) $\hat{a}=\frac{2\bar{x}-1}{1-\bar{x}}$；

(2)$\hat{a}=-\left(1+\frac{n}{\sum_{i=1}^{n}\ln x_i}\right)$.

习题 7.2

1. $\overline{X}$，$X_i(i=1,2,\cdots,n)$均为μ的无偏估计量，$\overline{X}$较$X_i(i=1,2,\cdots,n)$更有效.

3. $a=\frac{n_1-1}{n_1+n_2-2}$，$b=\frac{n_2-1}{n_1+n_2-2}$.

4. $\hat{\mu}_2$ 较 $\hat{\mu}_1$ 有效.

习题 7.3

1. (77.6，82.4).
2. (480.4，519.6).
3. (1 783.85，2 116.15).
4. (145.58，162.42).
5. [−140.96，168.96].
6. (−0.63，3.43).
7. (7.4，21.1).
8. (0.222，3.601).

第 7 章总习题

1.(1) $\hat{\theta}=\frac{1}{6-\overline{X}}-2$； (2)$\hat{\theta}=-\frac{n}{\sum\limits_{i=1}^{5}\ln(X_i-5)}-1$.

2.(1)0.25； (2)0.282 8.

3.(1) $\hat{\theta}=\sqrt{\frac{1}{2n}\sum\limits_{i=1}^{n}X_i^2}$； (2)$\hat{\theta}=\frac{1}{n}\sum\limits_{i=1}^{n}|X_i|$.

4.$k=\sqrt{\frac{\pi}{2n(n-1)}}$.

5.$a=\frac{n_1}{n_1+n_2}$,$b=\frac{n_2}{n_1+n_2}$.

7.$n\geqslant 97$.

8.$n\geqslant(2u_{\alpha/2}\cdot\sigma_0/l)^2$.

9.(4.75,4.96).

10.(138.39,428.73).

11.(−0.899,0.019).

12.(0.285,2.95).

13.(0.938,2.484).

习题 8.2

1.$u=-1.833$,可以.

2.(1)$u=-1.696\ 8$,能;(2)不能.

3.(1)$t=-5.92$,不能;(2)$t=-4.02$,不能.

4.$H_0:\mu\leqslant 25\ 000$,$t=1.6<t_{0.05}(15)=1.75$,接受 H_0,认为广告不真实.

5.$\bar{x}=681.171\ 4$,$\bar{y}=679.444\ 4$,$u=2.195\ 0$,有显著差异.

6.$u_1=1.237\ 4$,$u_2=-0.499\ 3$.(1)能;(2)不能;(3)不能;(4)$u_3=1.165\ 7$,不能.

习题 8.3

1.(1)$\chi^2_{0.995}(25)=10.520<\chi^2=46<\chi^2_{0.005}(25)=46.928$,无显著变化;
(2)$\chi^2=46>\chi^2_{0.025}(25)=40.646$,有显著变化.

2.$t=0.745\ 5$,$f=1.239$,可以认为这两箱灯泡是同一批生产的.

3.$f=5.663$,处理后含脂率的标准差有显著变化.

4.$f=15.90$,乙厂铸件重量的标准差是比甲厂的小.

第 8 章总习题

1. $\frac{\overline{X}}{Q}\sqrt{n(n-1)}$.

2. (1)(−1.96, 1.96)；　(2)0.921.

3. 大些.

4. $\overline{x}=23.106, s=1.611$.

(1)$u=1.8827$，$\alpha=0.1$ 时直径均值与 $\mu=22.4$ 有显著差异，产品不合格；$\alpha=0.05$时直径均值与 $\mu=22.4$ 无显著差异，产品合格；

(2)$t=1.7529$，$\alpha=0.1$ 时直径均值与 $\mu=22.4$ 有显著差异，产品不合格；$\alpha=0.05$时直径均值与 $\mu=22.4$ 无显著差异，产品合格；

(3)由不同的显著性水平得到不同的结果，说明假设检验的结果不是绝对的，α 为犯弃真错误的概率，可根据实际情况确定.

5. 采用第(1)种.

6. (1)$t=-1.3856$，能；(2)$t=-2.3094$，不能；(3)$t=-1.7321$，能.

7. $s_1^2=0.6764$，$s_2^2=0.6034$，$f=1.1210$.

(1)无显著差异；(2)$t=1.0959$，无显著差异.

8. $u_{AB}=-1.2728$，$u_{AC}=-1.015$，$u_{BC}=0.4513$.

(1)无显著差异；(2)不能；(3)不能；(4)不能.

习题 9.1

1. $f=6.13>F_{0.01}(4,15)=4.89$，拒绝 H_0，认为施肥方案对农作物产量有显著影响.

2. $f=8.96>F_{0.05}(2,12)=3.89$，拒绝 H_0，即 3 台机器的日产量之间存在显著差别.

3. $f=3.41>F_{0.05}(3,19)=3.13$，拒绝 H_0，即这四个行业之间的服务质量存在显著差异；$f=3.41<F_{0.01}(3,19)=5.01$，接受 H_0，即这四个行业之间的服务质量不存在显著差异.

习题 9.2

1. (1)$\hat{Y}=327.8103-0.2116x$，这表明价格每变动一个单位，销售量平均向相反方向变动 0.2116 个单位；(2)$R^2=0.9237$，这表明样本回归线未解释的销售量的偏差仅占总偏差的 7.36%，拟合程度较高.

2. (1)设企业研究与发展经费为 x，利润为 Y，建立模型 $Y=\beta_0+\beta_1 x+\varepsilon$，则样本回归

函数为 $\hat{Y}=-24.77+25.86x$;(2)$R^2=0.3225$,这表明样本回归线只对利润偏差的 32.25%作出了解释,拟合程度不高;(3)$f=3.807$,不显著.

3.(2)设财政收入为 Y,国内生产总值为 x,则模型为 $Y=\beta_0+\beta_1 x+\varepsilon$;(3)样本回归函数为 $\hat{Y}=-6306+0.2155x$;$t=46.8732$,显著;(4)预测值为 $\hat{Y}_0=90928.2$,预测区间为(71 304.14,110 552.3).

第 9 章总习题

1. $f=2.15<F_{0.05}(3,22)=3.05$,接受 H_0,即四种灯泡的使用寿命无显著差异.
2. $f=7.55>F_{0.05}(3,16)=3.24$,拒绝 H_0,即四种教学法的效果存在显著性差异.
3. (1)设当年红利为 Y,每股账面价值为 x,则模型为 $Y=\beta_0+\beta_1 x+\varepsilon$,样本回归函数为 $\hat{Y}=0.4798+0.0729x$,参数的经济意义是每股账面价值增加 1 元时,当年红利将平均增加 0.072 9 元;(2)$t=3.7506$,显著;(3)1.956 元.
4. (2)负线性相关;(3)设投诉率为 Y,航班正点率为 X,则 $\hat{Y}=6.0178-0.704x$,参数的经济意义是航班正点率每提高一个百分点,相应的投诉率平均(次/10 万名乘客)下降 0.070 4;(4)$f=24.6736$,显著;(5)0.385 8.

附录 A

一、选择题

1.C 2. A 3.A 4.D 5.D 6.B 7.C 8.A 9.D 10.D 11.D 12.A 13.C 14.B 15.C 16.C 17.B 18.A 19.C 20.C 21.B 22.A 23.B

二、填空题

1. $\frac{3}{4}$;2. $\frac{1}{2}e^{-1}$;3. np^2;4. $\sigma^2+\mu^2$;5. $\mu(\mu^2+\sigma^2)$;6. $\frac{3}{4}$;7. $2e^2$;8. $\frac{2}{5n}$;

9. $\frac{1}{2}$;10. $\frac{2}{9}$;11. $\frac{9}{2}$;12. $\frac{1}{3}$.

三、解答题

1. (1) $\frac{7}{24}$;(2) $f(z)=\begin{cases}2z-z^2, & 0<z<1,\\(2-z)^2, & 1\leqslant z<2,\\0, & \text{其他}.\end{cases}$

2. (1) $\hat{\theta}=2\overline{X}-\frac{1}{2}$;(2) $4\overline{X}^2$ 不是 θ^2 的无偏估计量.

3. (1) $\frac{1}{2}$;(2) $f(z)=\begin{cases}\frac{1}{3}, & -1\leqslant z<2,\\0, & \text{其他}.\end{cases}$

4.(2) $D(T)=E(T^2)=\frac{2}{n(n-1)}$.

5.(1) $f_{Y|X}(y|x)=\begin{cases}\frac{1}{x}, 0<y<x,\\ 0, 其他.\end{cases}$；(2) $P\{X\leqslant 1|Y\leqslant 1\}=\frac{e-2}{e-1}$.

6.(1) $P\{X=1|Z=0\}=\frac{4}{9}$；

(2)

Y \ X	0	1	2
0	$\frac{1}{4}$	$\frac{1}{3}$	$\frac{1}{9}$
1	$\frac{1}{6}$	$\frac{1}{9}$	0
2	$\frac{1}{36}$	0	0

7. $A=\frac{1}{\pi}$；$f_{Y|X}(y|x)=\frac{1}{\sqrt{\pi}}e^{-(x-y)^2}$，$-\infty<x<+\infty$，$-\infty<y<+\infty$.

8.(1)

Y \ X	0	1	2
0	$\frac{1}{5}$	$\frac{2}{5}$	$\frac{1}{15}$
1	$\frac{1}{5}$	$\frac{2}{15}$	0

(2) $\mathrm{Cov}(X,Y)=-\frac{4}{45}$.

9.(1)

Y \ X	−1	0	1
0	0	$\frac{1}{3}$	0
1	$\frac{1}{3}$	0	$\frac{1}{3}$

(2)

Z	−1	0	1
P	$\frac{1}{3}$	$\frac{1}{3}$	$\frac{1}{3}$

(3) $\rho_{XY}=0$.

10. (1) $f_X(x)=\begin{cases} x, & 0<x<1, \\ 2-x & 1\leqslant x<2, \\ 0, & \text{其他}. \end{cases}$

(2) $f_{X|Y}(x|y)=\begin{cases} \dfrac{1}{2(1-y)}, & y<x<2-y, 0<y<1, \\ 0, & \text{其他}. \end{cases}$

11. (1) $f_V(v)=\begin{cases} 2e^{-2v}, & v>0, \\ 0, & \text{其他}. \end{cases}$

(2) $E(U+V)=2$.

12. (1) $f(x,y)=\begin{cases} \dfrac{9y^2}{x}, & 0<x<1, 0<y<x, \\ 0, & \text{其他}. \end{cases}$

(2) $f_Y(y)=\begin{cases} -9y^2\ln y, & 0<y<1, \\ 0, & \text{其他}. \end{cases}$

(3) $P\{X>2Y\}=\dfrac{1}{8}$.

13. (1) $\theta=\overline{X}$; (2) $\theta=\dfrac{2n}{\sum\limits_{i=1}^{n}\dfrac{1}{X_i}}$.

14. (1) $F_Y(y)=\begin{cases} 0, & y<0, \\ \dfrac{3y}{4}, & 0\leqslant y<1, \\ \dfrac{1}{2}\left(1+\dfrac{y}{2}\right), & 1\leqslant y<2, \\ 1, & y\geqslant 2. \end{cases}$

(2) $E(Y)=\dfrac{3}{4}$.

15. (1)

Y \ X	0	1
0	$\frac{2}{9}$	$\frac{1}{9}$
1	$\frac{1}{9}$	$\frac{5}{9}$

(2) $P\{X+Y\leqslant 1\}=\dfrac{4}{9}$.

16. (1) $P\{Y=n\}=(n-1)\left(\frac{1}{8}\right)^{2}\left(\frac{7}{8}\right)^{n-2}(n=2,3,\cdots)$；(2) $E(Y)=16$.

17. (1) $\hat{\theta}=2\overline{X}-1,\overline{X}=\frac{1}{n}\sum_{i=1}^{n}X_i$；(2) $\hat{\theta}=\min\{X_1,X_2,\cdots,X_n\}$.

18. (1) $f(x,y)=\begin{cases}3, & 0<x<1,x^2<y<\sqrt{x},\\0, & 其他.\end{cases}$

(2) U 与 X 不独立，因为 $P\left\{U\leqslant\frac{1}{2},X\leqslant\frac{1}{2}\right\}\neq P\left\{U\leqslant\frac{1}{2}\right\}P\left\{X\leqslant\frac{1}{2}\right\}$.

(3) $F_Z(z)=\begin{cases}0, & z<0,\\ \frac{3}{2}z^2-z^3, & 0\leqslant z<1,\\ \frac{1}{2}+2(z-1)^{\frac{3}{2}}-\frac{3}{2}(z-1)^2, & 1\leqslant z<2,\\ 1, & z\geqslant 2.\end{cases}$

19. (1) $f_T(t)=\begin{cases}\frac{9t^8}{\theta^9}, & 0<t<\theta,\\0, & 其他.\end{cases}$ (2) $a=\frac{10}{9}$.

20. (1) $P\{Y\leqslant E(Y)\}=\frac{4}{9}$. (2) $f_Z(z)=\begin{cases}z, & 0<z<1,\\z-2, & 2<z<3,\\0, & 其他.\end{cases}$

21. (1) $f_Z(z)=\begin{cases}\frac{2}{\sqrt{2\pi}\sigma}\mathrm{e}^{-\frac{z^2}{2\sigma^2}}, & z\geqslant 0,\\0, & z<0.\end{cases}$ (2) $\hat{\sigma}=\frac{\sqrt{2\pi}}{2n}\sum_{i=1}^{n}z_i$.

(3) $\hat{\sigma}=\sqrt{\frac{1}{n}\sum_{i=1}^{n}z_i^2}$.

22. (1) $\mathrm{Cov}(X,Z)=\lambda$. (2) $\begin{cases}P\{Z=k\}=\frac{1}{2}\frac{\lambda^{|k|}}{|k|!}\mathrm{e}^{-\lambda}(k=\pm1,\pm2,\cdots),\\P\{Z=0\}=\mathrm{e}^{-\lambda}.\end{cases}$

23. (1) $\hat{\sigma}=\frac{\sum_{i=1}^{n}|X_i|}{n}$. (2) $E(\hat{\sigma})=\sigma,D(\hat{\sigma})=\frac{\sigma^2}{n}$.

参 考 文 献

[1] 赵国石,刘丁酉. 概率论与数理统计[M]. 上海:上海财经大学出版社，2007.
[2] 盛骤，谢式千. 概率论与数理统计[M]. 北京:高等教育出版社，2001.
[3] 袁荫棠. 概率论与数理统计[M]. 北京:中国人民大学出版社，1998.
[4] 周誓达. 概率论与数理统计[M]. 北京:中国人民大学出版社,2005.
[5] 郭民之. 概率论与数理统计[M]. 北京:科学出版社，2012.